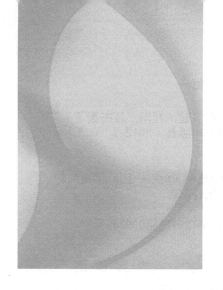

UML基础
与Rose建模案例

（第3版）

● 吴建 郑潮 汪杰 编著

人民邮电出版社

北 京

图书在版编目（ＣＩＰ）数据

UML基础与Rose建模案例 / 吴建，郑潮，汪杰编著
. -- 3版. -- 北京：人民邮电出版社，2012.7（2023.8重印）
ISBN 978-7-115-27389-5

Ⅰ．①U… Ⅱ．①吴… ②郑… ③汪… Ⅲ．①面向对
象语言，UML－程序设计 Ⅳ．①TP312

中国版本图书馆CIP数据核字(2012)第039346号

内 容 提 要

本书介绍了使用 UML（统一建模语言）进行软件建模的基础知识以及 Rational Rose 2007 工具的使用方法。

本书在第 2 版的基础上，充分吸取了读者宝贵的反馈意见和建议，更新了大部分案例。书中前 11 章是基础部分，对软件工程思想、UML 的相关概念、Rational Rose 工具、RUP 软件过程，以及 UML 的双向工程等进行了详细的介绍；后 3 章是案例部分，通过档案管理系统、新闻中心管理系统以及汽车租赁系统 3 个综合实例，对 UML 建模（以 Rational Rose 2007 为实现工具）的全过程进行了剖析；最后的附录中给出了 UML 中常用的术语、标准元素和元模型，便于读者查询。

本书是一本基础与实例紧密结合的 UML 书籍，可以作为从事面向对象软件开发人员的学习指导用书，也可以作为高等院校计算机或软件工程相关专业的教材。

UML 基础与 Rose 建模案例（第 3 版）

- ◆ 编　著　吴　建　郑　潮　汪　杰
  　责任编辑　贾鸿飞
- ◆ 人民邮电出版社出版发行　　北京市崇文区夕照寺街 14 号
  邮编　100061　电子邮件　315@ptpress.com.cn
  网址　http://www.ptpress.com.cn
  三河市君旺印务有限公司印刷
- ◆ 开本：787×1092　1/16
  印张：20.25　　　　　　　　2012 年 7 月第 3 版
  字数：490 千字　　　　　　2023 年 8 月河北第30次印刷

ISBN 978-7-115-27389-5

定价：35.00 元

读者服务热线：**(010) 81055410** 印装质量热线：**(010) 81055316**
反盗版热线：**(010) 81055315**

前　　言

面向对象的建模语言出现在 20 世纪 70 年代,随着编程语言的多样化以及软件产品在更多领域的应用,当时的软件工程学者开始分析与设计新的软件方法论。在这期间出现了超过 50 种的面向对象方法,对于这些不同符号体系的开发方法,软件设计人员和程序员往往很难找到完全适合他们的建模语言,而且这也妨碍了不同公司,甚至是不同项目开发组间的交流与经验共享。因此,有必要确立一款标准统一的、能被绝大部分软件开发和设计人员认可的建模语言,UML 应运而生。1997 年 11 月 17 日,UML1.1 被 OMG(对象管理组织)采纳,正式成为一款定义明确、功能强大、受到软件行业普遍认可、可适用于广泛领域的建模语言。

如今,UML 已经成为面向对象软件系统分析设计的必备工具,也是广大软件系统设计人员、开发人员、项目管理员、系统工程师和分析员必须掌握的基础知识。

本书是《UML 基础与 Rose 建模案例》的第 3 版。在第 1 版和第 2 版面市后的几年时间里,本书受到了广大读者的欢迎。许多热心读者向我们提出了宝贵的意见和建议;很多高校将第 1 版选作计算机或软件工程相关专业的教材,并在实践中总结出 Rose 建模方面的教学经验反馈给我们,在此向他们表示衷心的感谢。

本书在第 2 版的基础上做了较大改动,增加了许多新的内容,主要的特点如下。

- 扩充丰富了 UML 知识,在 UML1.4 的基础上,介绍了 UML 2.0 的知识。
- 本版将以软件 Rose 2007 结合 UML 进行讲解,并进一步细化 Rose 操作。
- 调整优化了书的整体结构,使得章节安排更加合理。
- 增加了大量的 UML 小案例以方便读者学习理解。
- 写法更加优化,表达更加清晰、循序渐进,通俗易懂。
- 修正了第 2 版中的一些错误。

为了方便教学使用,本书配备了教学大纲和课件,如果需要,可以访问人民邮电出版社的网站 www.ptpress.com.cn 获取,或者发 E-mail 至 jiahongfei@ptpress.com.cn 索取。

本书主要由吴建、郑潮和汪杰编写,为本书提供资料的还有韩建文、付冰、何贤辉、胡标、姜琴英、厉蒋和李功等。在编写过程中,我们力求精益求精,但本书难免存在一些不足之处,如果读者在学习中遇到问题,可以发 E-mail 到 jiahongfei@ptpress.cn 与我们联系。

编　者
2012 年 1 月

前　言

目　　录

第 1 章　软件工程与 UML 概述

本章将对软件工程和 UML 进行简要的介绍，共分两节，每节介绍一个主题：软件工程概述、UML 概述。通过对本章的阅读，读者可以对软件和 UML 有一个总体的认识。

1.1　软件工程概述

1.1.1　软件工程的发展历史

从 20 世纪 60 年代中期到 70 年代中期，软件行业进入了一个大发展时期。这一时期软件作为一种产品开始被广泛使用，同时出现了所谓的软件公司。这一时期的软件开发方法仍然沿用早期的自由软件开发方式。但是随着软件规模的急剧膨胀，软件的需求日趋复杂，软件的性能要求相对变高，随之而来的软件维护难度也越来越大，开发的成本相应增加，导致失败的软件项目比比皆是，这样的一系列问题导致了"软件危机"。

1968 年，前北大西洋公约组织的科技委员会召集了一批一流的程序员、计算机科学家以及工业界人士共商对策，通过借鉴传统工业的成功作法，他们主张通过工程化的方法开发软件来解决软件危机，并冠以"软件工程"（Software Engineering）这一术语。30 余年来，尽管软件行业的一些毛病仍然无法根治，但软件行业的发展速度却超过了任何传统工业，并未出现真正的软件危机。如今软件工程已成了一门学科。

软件工程是一门建立在系统化、规范化、数量化等工程原则和方法上的，关于软件开发各个阶段的定义、任务和作用的工程学科。软件工程包括两方面内容：软件开发技术和软件项目管理。软件开发技术包括软件开发方法学、软件工具和软件工程环境；软件项目管理包括软件度量、项目估算、进度控制、人员组织、配置管理和项目计划等。

1.1.2　软件工程的生命周期

软件开发是一套关于软件开发各阶段的定义、任务和作用的，建立在理论上的一门工程学科。它对解决"软件危机"，指导人们利用科学和有效的方法来开发软件，提高及保证软件开发的效率和质量起到了一定的作用。

经典的软件工程思想将软件开发分成以下 5 个阶段：需求捕获（Requirement Capture）阶段、系统分析与设计（System Analysis and Design）阶段、系统实现（System Implementation）阶段、测试（Testing）阶段和维护（Maintenance）阶段。

（1）需求捕获（Requirement Capture）阶段

需求捕获阶段就是通常所说的开始阶段。实际上，真正意义上的开始阶段要做的是选择合适的项目——立项阶段。其实，软件工程中的许多关于思想的描述都是通俗易懂的。立项阶段，顾名思义，就是从若干个可以选择的项目中选择一个最适合自己的项目的阶段。这个选择的过程是至关重要的，因为它将直接决定整个软件开发过程的成败。通常情况下，要考虑几个主要的因素：经济因素（经济成本、受益等）、技术因素（可行性、技术成本等）和管理因素（人员管理、资金运作等）。

在立项之后，才真正进入了软件开发阶段（当然，这里所说的是广义的软件开发，狭义的软件开发通常指的是编码）。需求捕获是整个开发过程的基础，也直接影响着后面的几个阶段的进展。纵观软件开发从早期纯粹的程序设计到软件工程思想的萌发产生和发展的全过程，不难发现，需求捕获的工作量在不断增加，其地位也随之不断提升。这一点可以从需求捕获在整个开发过程中所占的比例（无论是时间、人力，还是资金方面）不断地提高上可以看出。

（2）系统分析与设计（System Analysis and Design）阶段

系统分析与设计包括分析和设计两个阶段，而这两个阶段是相辅相成、不可分割的。通常情况下，这一阶段是在系统分析员的领导下完成的，系统分析员不仅要有深厚的计算机硬件与软件的专业知识，还要对相关业务有一定的了解。系统分析通常是与需求捕获同时进行，而系统设计一般是在系统分析之后进行的。

（3）系统实现（System Implementation）阶段

系统实现阶段也就是通常所说的编码（Coding）阶段。在软件工程思想出现之前，这基本上就是软件开发的全部内容，而在现代的软件工程中，编码阶段所占的比重正在逐渐缩小。

（4）测试（Testing）阶段

测试阶段的主要任务是通过各种测试思想、方法和工具，使软件的 Bug 降到最低。微软（Microsoft）宣称他们采用零 Bug 发布的思想确保软件的质量，也就是说只有当测试阶段达到没有 Bug 时他们才将产品发布。测试是一项很复杂的工程。

（5）维护（Maintenance）阶段

在软件工程思想出现之前，这一阶段是令所有与之相关的角色头疼的。可以说，软件工程思想很大程度上是为了解决软件维护的问题而提出的。因为，软件工程有 3 大目的——软件的可维护性、软件的可复用性和软件开发的自动化，可维护性就是其中之一，而且软件的可维护性是复用性和开发自动化的基础。在软件工程思想得到迅速发展的今天，虽然软件的可维护性有了很大的提高，但目前软件开发中所面临的最大的问题仍是维护问题。每年都有许多软件公司因为无法承担对其产品的高昂的维护成本而宣布破产。

值得注意的是，软件工程主要讲述软件开发的道理，基本上是软件实践者的成功经验和失败教训的总结。软件工程的观念、方法、策略和规范都是朴实无华的，一般人都能领会，关键在于运用。不可以把软件工程方法看成是"诸葛亮的锦囊妙计"——在出了问题后才打开看看，而应该事先掌握，预料将要出现的问题，控制每个实践环节，防患于未然。

1.2　建模的目的

在软件界有这么一条真理：一个开发团队首要关注的不应是漂亮的文档、世界级的会议、响亮的口号或者华丽的源码，而是如何满足用户和项目的需要。

为了保证软件满足要求，开发组织必须深入到使用者中间了解对系统的真实需求；为了开发具有持久质量保证的软件，开发组织必须建立一个富有弹性的、稳固的结构基础；为了快速、高效地开发软件并使无用和重复开发最小化，开发组织必须具有精干的开发人员、正确的开发工具和合适的开发重点。为了实现以上要求，在对系统生存周期正确估计的基础上，开发组织必须具有能够适应商业和技术需求变化的健全的开发步骤。

建模是所有建造优质软件活动中的中心一环。本节主要介绍建模的优点、建模的重要性、建模中的 4 条原则和面向对象建模。

1.2.1　建模的重要性

1．一个揭示建模重要性的例子

如果你想给自己的爱犬盖个窝，开始的时候你的手头上有一堆木材、一些钉子、一把锤子、一把木锯和一把尺子。在开工之前只要稍微计划一下，你就可以几个小时之内，在没有任何人帮助的情况下盖好一座狗窝。只要它容得下你的爱犬、能遮风挡雨就可以了。就算差一点，只要你的狗不那么娇贵也是说得过去的。

如果你想为你的家庭建一座房子，开始的时候你的手头上也有一堆木材、一些钉子和一些基本的工具。但是这将要占用你很长的时间，因为你家庭成员的要求肯定要比你的狗高出很多。在这种情况下，除非你长期从事这项工作，否则最好在打地基之前好好地规划一下。首先，要为将要建造的房子设计一幅草图。如果想建造一座满足家庭需要的高质量的房屋，你需要画几张蓝图，考虑各个房间的用途以及照明取暖设备的布局。做好以上工作以后，你就可以对工时和工料做出合理的估计。尽管以人的能力可以独自盖一座房子，但是你会发现同其他人合作会更有效率，这包括请人帮忙或者买些半成品材料。只要坚持你的计划并且不超过时间和财力的限制，你的建造计划就成功了一多半。

如果你想建造一幢高档的写字楼，那么刚刚开始就准备好材料和工具是无比愚蠢的行为，因为你可能正在使用其他人的钱，而这些人将决定建筑物的大小、形状和样式。通常情况下，投资人甚至会在开工以后改变他们的想法，你需要做额外的计划，因为失败的代价巨大。你有可能只是很多个工作组之一，所以你的团队需要各种各样的图纸和模型以便同其他小组进行沟通。只要人员、工具配置得当，按照计划施工，你肯定会交付令人满意的工作。如果你想在建筑行业长久地干下去，你不得不在客户的需求和实际的建筑技术之间找到好的契合点。

2．软件的建模

许多软件开发组织总是像建造狗窝一样进行软件开发，而且他们还妄图开发出高质量的软件产品。这样的开发模式或许有些时候会奏效，有时候还可能开发出令用户赞叹的软件。但是，通常情况下都会失败。

如果你像盖房子或者盖写字楼一样开发软件，问题就不仅仅是写代码，而是怎么样写正确的代码和怎么样少写代码了。这就使得高质量的软件开发变成了一个结构、过程和工具相结合的问题。所以说，如果没有对结构、过程和工具加以考虑，所造成的失败是惨重的。每个失败的软件项目都有其特殊的原因，但是成功的项目在许多方面是相似的。软件组织获得成功的因素有很多，但是一个基本的因素就是对建模的使用。

3．模型的实质

那么模型究竟是什么？简而言之，模型是对现实的简化。

模型提供系统的蓝图，包含细节设计，也包含对系统的总体设计。一个好的模型包括重要的因素，而忽略不相干的细节。每一个系统可以从不同的方面使用不同的模型进行描述，因此每个模型都是对系统从语义上近似的抽象。模型可以是结构的、侧重于系统的组织，也可以是行为的、侧重于系统的动作。

4．建模的目标

建立模型可以帮助开发者更好地了解正在开发的系统。通过建模，要实现以下 4 个目标。

（1）便于开发人员展现系统。

（2）允许开发人员指定系统的结构或行为。

（3）提供指导开发人员构造系统的模板。

（4）记录开发人员的决策。

建模不是复杂系统的专利，小的软件开发也可以从建模中获益。但是，越庞大复杂的项目，建模的重要性越大。开发人员之所以在复杂的项目中建立模型，是因为没有模型的帮助，他们不可能完全地理解项目。

通过建模，人们可以每次将注意力集中在一点，这使得问题变得容易。这就是 Edsger Dijkstra 提出的"分而治之"的方法：通过将问题分割成一系列可以解决的、较小的问题来解决复杂问题。

5．通用建模语言的必要性

对比项目的复杂度会发现，越简单的项目，使用规范建模的可能性越小。实际上，即便是最小的项目，开发人员也要建立模型，虽然说很不规范。开发者可以在一块黑板或者一小片纸上概略地描述一下系统的某个部分，团队可以使用 CRC（类－责任－协作者模型）卡片来验证设计的可行性。这些模型本身没有任何错误，只要有用就尽可能地使用。但是这种不正规的模型通常情况下很难被其他开发者所共享，因为太有个性色彩了。正因为这样，通用建模语言的存在成为必然。

每个项目都可以从建模中受益。甚至在自由软件领域，模型可以帮助开发小组更好地规划系统设计，更快地开发。所有受人关注的有用的系统都有一个随着时间的推移越来越复杂的趋势，如果不建立模型，那么失败的可能性就和项目的复杂度成正比。

1.2.2　建模四原则

在工程学科中，对模型的使用有着悠久的历史，人们从中总结出了 4 条基本的建模原则。

（1）选择建立什么样的模型对如何发现和解决问题具有重要的影响。换句话说，就是认真选择模型。正确的模型有助于提高开发者的洞察力，指导开发者找到主要问题；而错误的模型会误导开发者将注意力集中在不相关的问题上。

（2）每个模型可以有多种表达方式。假设你正在建一幢高楼，有时你需要一张俯视图，以使参观者有一个直观的印象；有时你又需要认真考虑最低层的设计，例如铺设自来水管或者电线。

相同的情况也会在软件模型中出现。有时你想要一个快速简单的、可实行的用户接口模型；其他时候你又不得不进入底层与二进制数据打交道。无论如何，使用者的身份和使用的原因是评判模型好坏的关键。分析者和最终的用户关心"是什么",而开发者关心"怎么做"。所有的参与者都想在不同的时期、从不同的层次了解系统。

(3)最好的模型总是能够切合实际。一幢高楼的物理模型如果只有有限的几个数据,那么它不可能真实地反映现实的建筑;一架飞机的数学模型如果只考虑理想的飞行条件和良好的制造技术,那么很可能掩盖实际飞行中的致命缺陷。避免以上情况的最好办法就是让模型与现实紧密联系。所有的模型都是简化的现实,关键的问题是必须保证简化过程不会掩盖任何重要的细节。

(4)孤立的模型是不完整的。任何好的系统都是由一些几乎独立的模型拼凑出来的。就像建造一幢房子一样,没有一张设计图可以包括所有的细节。至少楼层平面图、电线设计图、取暖设备设计图和管道设计图是需要的。而这里所说的"几乎独立"是指每个模型可以分开来建立和研究,但是他们之间依然相互联系。就像盖房子一样,电线设计图可以独立存在,但是在楼层平面图甚至是管道图中仍然可以看到电线的存在。

1.2.3　面向对象建模

全世界的工程师建造了多种多样的模型,每一种模型建立的方式都是不同的,而且都有其侧重点。

在软件业中,建立模型的方法多种多样,两种最常用的方法是:基于算法方法建模和面向对象建模。

传统的软件开发采用基于算法的方法。在这种方法中,主要的模块是程序或者函数,这使得开发人员将注意力集中在控制流和将庞大的算法拆分成各个小块上。虽然说这种方法本身并没有错误,但是随着需求的变化和系统的增长,运用这种方法建立起来的系统很难维护。

现代的软件开发采用面向对象的方法。在这种方法中,主要的模块是对象或者类。对象通常是从问题字典或者方法字典中抽象出来的,类是对一组具有共同特点的对象的描述。每一个对象都有自己的标识、状态和行为。

比如考虑一个包含界面、中间层和数据库的简单的订货系统。在用户界面层上,有一些具体的对象,例如按钮、菜单以及对话框。在数据库中,也有一些具体的对象,例如包含客户、产品和订单信息的表。在中间层,存在如事务或交易的规则和客户、产品、订单等问题实体的高层视图。面向对象方法之所以是现在软件开发的主流,原因非常简单,因为它已经被证实在任何情况下都能很好的建模。而且,大多数现代的编程语言、操作系统和编程工具都是不同形式的面向对象的体现。

1.3　UML 概述

1.3.1　UML 的历史

面向对象的分析与设计(OOA&OOD)方法的发展在 20 世纪 80 年代末至 90 年代中出现了一个高潮,UML(Unified Modeling Language,统一建模语言)是这个高潮的产物。它不仅统一了 Booch、Rumbaugh 和 Jacobson 的表示方法，而且在此基础上有了进一步的发展，并最终统一为大众所接受的标准建模语言。

公认的面向对象建模语言出现于 20 世纪 70 年代中期。从 1989～1994 年，其数量从不到 10 种增加到了 50 多种。在众多的建模语言中，语言的创造者努力宣传自己的产品，并在实践中不断完善。但是，使用面向对象方法的用户并不了解不同建模语言的优缺点及相互之间的差异，因而很难根据应用特点选择合适的建模语言，于是爆发了一场"方法大战"。20 世纪 90 年代中期，一批新方法出现了，其中最引人注目的是 Booch 1993、OOSE 和 OMT-2 等。

Booch 是面向对象方法最早的倡导者之一，他提出了面向对象软件工程的概念。1991 年，他将以前面向 Ada 的工作扩展到整个面向对象设计领域。Booch 1993 比较适合于系统的设计和构造。Rumbaugh 等人提出了面向对象的建模技术（OMT）方法，采用了面向对象的概念，并引入各种独立于语言的表示符。这种方法用对象模型、动态模型、功能模型和用例模型共同完成对整个系统的建模，所定义的概念和符号可用于软件开发的分析、设计和实现的全过程，软件开发人员不必在开发过程的不同阶段进行概念和符号的转换。OMT-2 特别适用于分析和描述以数据为中心的信息系统。Jacobson 于 1994 年提出了 OOSE 方法，其最大特点是面向用例（Use Case），并在用例的描述中引入了外部角色的概念。用例的概念是精确描述需求的重要武器，但用例贯穿于整个开发过程，包括对系统的测试和验证。OOSE 比较适合支持商业工程和需求分析。此外，还有 Coad/Yourdon 方法，即著名的 OOA/OOD，它是最早的面向对象的分析和设计方法之一，该方法简单、易学，适合于面向对象技术的初学者使用，但由于该方法在处理能力方面的局限，目前已很少使用。

概括起来，首先，面对众多的建模语言，用户由于没有能力区别不同语言之间的差别，因此很难找到一种比较适合其应用特点的语言；其次，众多的建模语言实际上各有千秋；最后，虽然不同的建模语言大多雷同，但仍存在某些细微的差别，极大地妨碍了用户之间的交流。因此在客观上，有必要在精心比较不同的建模语言优缺点及总结面向对象技术应用实践的基础上，组织联合设计小组，根据应用需求，取其精华，去其糟粕，求同存异，统一建模语言。

1994 年 10 月，Grady Booch 和 Jim Rumbaugh 首先将 Booch 93 和 OMT-2 统一起来，并于 1995 年 10 月发布了第一个公开版本，称之为统一方法 UM 0.8（Unitied Method）。1995 年秋，OOSE 的创始人 Jacobson 加盟到这一工作中。经过 Booch、Rumbaugh 和 Jacobson 3 人的共同努力，于 1996 年 6 月和 10 月分别发布了两个新的版本，即 UML 0.9 和 UML 0.91，并将 UM 重新命名为 UML（Unified Modeling Language）。UML 的开发者倡议并成立了 UML 成员协会，以完善、加强和促进 UML 的定义工作。当时的成员有 DEC、HP、I-Logix、Itellicorp、IBM、ICON Computing、MCI Systemhouse、Microsoft、Oracle、Rational Software、TI 以及 Unisys。UML 成员协会对 UML 1.0 及 UML 2.0 的定义和发布起了重要的促进作用。

1.3.2　UML 包含的内容

首先，UML 融合了 Booch、OMT 和 OOSE 方法中的基本概念，而且这些基本概念与其他面向对象技术中的基本概念大多相同，因而，UML 必然成为这些方法以及其他方法的使用者乐于采用的一种简单一致的建模语言；其次，UML 不是上述方法的简单汇合，而是在这些方法的基础上广泛征求意见，集众家之长，几经修改而完成的，UML 扩展了现有方法的应用范围；最后，UML 是标准的建模语言，而不是标准的开发过程。

作为一种建模语言，UML 的定义包括 UML 语义和 UML 表示法两个部分。

（1）UML 语义

描述基于 UML 的精确元模型定义。元模型为 UML 的所有元素在语法和语义上提供了简单、一致和通用的定义性说明，使开发者能在语义上取得一致，消除了因人而异的表达方法所造成的影响。此外 UML 还支持对元模型的扩展定义。

（2）UML 表示法

定义 UML 符号的表示法，为开发者或开发工具使用这些图形符号和文本语法为系统建模提供了标准。这些图形符号和文本所表达的是应用级的模型，在语义上它是 UML 元模型的实例。

1.3.3　UML 的定义

UML 是一种面向对象的建模语言。它的主要作用是帮助用户对软件系统进行面向对象的描述和建模（建模是通过将用户的业务需求映射为代码，保证代码满足这些需求，并能方便地回溯需求的过程）；它可以描述这个软件从需求分析直到实现和测试的开发全过程。UML 通过建立各种联系，如类与类之间的关系、类/对象怎样相互配合实现系统的行为状态等（这些都称为模型元素），来组建整个结构模型。UML 提供了各种图形，比如用例图、类图、时序图、协作图和状态图等，来把这些模型元素及其关系可视化，让人们可以清楚容易地理解模型，可以从多个视角来考察模型，从而更加全面地了解模型，这样同一个模型元素可能会出现在多个 UML 图中，不过都保持相同的意义和符号。

1．UML 的组成

UML 由视图（View）、图（Diagram）、模型元素（Model Element）和通用机制（General Mechanism）等几个部分组成。

视图（View）是表达系统的某一方面特征的 UML 建模元素的子集；视图并不是图，它是由一个或多个图组成的对系统某个角度的抽象。在建立一个系统模型时，通过定义多个反映系统不同方面的视图，才能对系统做出完整、精确的描述。

图（Diagram）是模型元素集的图形表示，通常是由弧（关系）和顶点（其他模型元素）相互连接构成的。UML 通常提供 9 种基本的图，把这几种基本图结合起来就可以描述系统的所有视图。

模型元素（Model Element）代表面向对象中的类、对象、接口、消息和关系等概念。UML 中的模型元素包括事物和事物之间的联系，事物之间的关系能够把事物联系在一起，组成有意义的结构模型。常见的联系包括关联关系、依赖关系、泛化关系、实现关系和聚合关系。同一个模型元素可以在几个不同的 UML 图中使用，不过同一个模型元素在任何图中都保持相同的意义和符号。

通用机制（General Mechanism）用于表示其他信息，比如注释、模型元素的语义等。另外，UML 还提供扩展机制（Extension Mechanism），使 UML 能够适应一个特殊的方法/过程、组织或用户。

UML 是用来描述模型的，通过模型来描述系统的结构或静态特征，以及行为或动态特征。

为方便起见，用视图来划分系统各个方面，每一个视图描述系统某一方面的特征。这样一个完整的系统模型就由许多视图来共同描述。

UML 中的视图大致可以分为如下 5 种。

（1）用例视图（Use Case View），强调从用户的角度看到的或需要的系统功能，是被称为"参与者"的外部用户所能观察到的系统功能的模型图。

（2）逻辑视图（Logical View），展现系统的静态或结构组成及特征，也称为结构模型视图（Structural Model View）或静态视图（Static View）。

（3）并发视图（Concurrency View），体现了系统的动态或行为特征，也称为行为模型视图（Behavioral Model View）或动态视图（Dynamic View）。

（4）组件视图（Component View），体现了系统实现的结构和行为特征，也称为实现模型视图（Implementation Model View）。

（5）配置视图（Deployment View），体现了系统实现环境的结构和行为特征，也称为环境模型视图（Environment Model View）或物理视图（Physical View）。

视图是由图组成的，UML 提供了 9 种不同的图。

（1）用例图（Use Case Diagram），描述系统功能。

（2）类图（Class Diagram），描述系统的静态结构。

（3）对象图（Object Diagram），描述系统在某个时刻的静态结构。

（4）时序图（Sequence Diagram），按时间顺序描述系统元素间的交互。

（5）协作图（Collaboration Diagram），按照时间和空间顺序描述系统元素间的交互和它们之间的关系。

（6）状态图（State Diagram），描述了系统元素的状态条件和响应。

（7）活动图（Activity Diagram），描述了系统元素的活动。

（8）组件图（Component Diagram），描述了实现系统的元素的组织。

（9）配置图（Deployment Diagram），描述了环境元素的配置，并把实现系统的元素映射到配置上。

提示：在 UML 2.0 中，将会提供 13 种图，本书将会在附录 A 中介绍。

2．UML 的建模机制

UML 有两套建模机制：静态建模机制和动态建模机制。静态建模机制包括用例图、类图、对象图、包、组件图和配置图。动态建模机制包括消息、状态图、时序图、协作图、活动图。

对于本节中的诸多概念，读者暂时只需了解即可，在后面的章节中将会结合实例进行详细的介绍。

1.3.4 UML 的应用领域

UML 的目标是以面向对象图的方式来描述任何类型的系统。其中最常用的是建立软件系统的模型，但它同样可以用于描述非软件领域的系统，如机械系统、企业机构或业务过程，以及处理复杂数据的信息系统、具有实时要求的工业系统或工业过程等。

总之，UML 是一个通用的标准建模语言，可以对任何具有静态结构和动态行为的系统进行建模。此外，UML 适用于系统开发过程中从需求规格描述到系统完成后测试的不同阶段。

在需求分析阶段，可以用用例来捕获用户需求。通过用例建模，描述对系统感兴趣的外部角色及其对系统（用例）的功能要求。分析阶段主要关心问题域中的主要概念（如抽象、类和对象等）和机制，需要识别这些类以及它们相互间的关系，并用 UML 类图来描述。为实现用例，类之间需要协作，这可以用 UML 动态模型来描述。在分析阶段，只对问题域的对象（现实世界的概念）建模，而不考虑定义软件系统中技术细节的类（如处理用户接口、数据库、通信和并行性等问题的类）。这些技术细节将在设计阶段引入，设计阶段将为构造阶段提供更详细的规格说明。

编程（构造）是一个独立的阶段，其任务是用面向对象编程语言将来自设计阶段的类转换成实际的代码。在用 UML 建立分析和设计模型时，应尽量避免考虑把模型转换成某种特定的编程语言。因为在早期阶段，模型仅仅是理解和分析系统结构的工具，过早考虑编码问题十分不利于建立简单、正确的模型。

UML 模型还可作为测试阶段的依据。系统通常需要经过单元测试、集成测试、系统测试和验收测试。不同的测试小组使用不同的 UML 图作为测试依据：单元测试使用类图和类规格说明；集成测试使用部件图和协作图；系统测试使用用例图来验证系统的行为；验收测试由用户进行，以验证系统测试的结果是否满足在需求捕获阶段所确定的需求。

第 2 章　Rational Rose 使用

本章主要介绍建模工具 Rational Rose 2007 的安装以及使用。

2.1　Rational Rose 概论

无论何种复杂程度的工程项目，设计都是从建模开始的，设计者通过创建模型和设计蓝图来描述系统的结构。比如，电子工程设计人员使用惯用标记和示意图进行复杂系统的最初设计，会计总是在表格上规划公司的财务蓝图，而行政管理人员则常使用组织流图这种可视化的方式来描述所管理的部门。

建模的意义重大，"分而治之"是一个古老而有效的概念。可以想象，把特别复杂而困难的问题细化分解之后，一次只是设法解决其中一个，事情就变得容易多了。模型的作用就是使复杂的信息关联简单易懂，它使使用者容易洞察复杂的原始数据背后的规律，并能有效地将系统需求映射到软件结构上去。

2.1.1　常用 UML 建模工具

工欲善其事必先利其器，有了好的建模理论必须要有好的建模工具。当前很多工具都能够实现 UML 建模，下面简单介绍一些常用的建模工具。

（1）StarUML（简称 SU）是一种生成类图和其他类型的统一建模语言（UML）图表的工具。StarUML 是一个开源项目之一，发展快、灵活、可扩展性强。

（2）ArgoUML 是一个用于绘制 UML 图的应用软件，它用 Java 构造，并遵守开源的 BSD 协议。因为它本身由 Java 构建的缘故，所以 ArgoUML 能运行在任何支持 Java 的平台上。

（3）Frame UML 是一个免费的 UML 工具，支持 UML 2.x。可以在 Windows 2000/XP/Vista/Windows 7 中运行，支持 12 种图，但不包括对象图，因为对象图可以使用其他图替代。

（4）UMLet 是一个开放源代码轻量级 UML 建模工具。UMLet 能够快速建模，并且能够导出各种格式如 SVG、JPG、PDF 以及 LaTeX-friendly EPS。可在 Windows、OS X、Linux 上单独运行，或者以使用 Eclispe 插件的方式运行。

（5）Papyrus UML 是一个开放源代码基于 Eclipse 环境的 UML 2.x 建模工具。

（6）Rational Rose 建模工具。

Rational Rose 是由美国的 Rational 公司开发的一种面向对象的可视化建模工具。利用这个工具，可以建立用 UML 描述的软件系统模型，而且可以自动生成和维护 C++、Java、Visual Basic 和 Oracle 等语言和系统的代码。2002 年，Rational 软件公司被 IBM 公司收购，Rational 成为

IBM 的第五大品牌。

随着软件的不停发展，目前 Rational Rose 已经发展了多个版本。其中最新版本为 Rational Software Architect（RSA）。但是该软件体积比较庞大，同时对机器要求比较高，本书将以 Rational Rose 2007 版本作为本书的教学软件（该版本支持 UML 2.x），在此版本之前使用比较广泛的是 Rational Rose 2003 版本，读者可以根据需要来选择安装。

2.1.2 Rational Rose 的优势

1．保证模型和代码高度一致

Rose 可以真正意义上地实现正向、逆向和双向工程。在正向工程中，Rose 可以为模型生成相应的代码；在逆向工程中，Rose 可以从用户原来的软件系统导出该系统的模型；而在双向工程中，Rose 可以真正实现模型和代码之间的循环工程，从而保证模型与代码的高度一致，并通过保护开关使得用户在双向工程中不会丢失或覆盖已经开发出的任何代码。

2．支持多种语言

Rose 本身能够支持的语言包括：C++、Visual C++、Java、Smalltalk、Ada、Visual Basic、PowerBuilder 和 Forte，也能够为 CORBA 应用产生接口定义语言 IDL 和为数据库应用产生数据库描述语言 DDL。

同时，还有超过 150 个的 Rose-Link 软件厂商为 Rose 提供对其他语言和领域的支持。这也从一个侧面反映出 Rose 在 OOA 和 OOD 领域应用的广泛性。

为了最大程度地给 Rose 用户提供便利和实惠，Rose 将产品划分成企业版和专家版，用户可以根据自己在开发语言方面的需要灵活选择不同的版本。

3．为团队开发提供强有力的支持

Rose 提供了两种方式来支持团队开发：一种是采用 SCM（软件配置管理）的团队开发方式；另一种是没有 SCM 情况下的团队开发方式。这两种方式为用户提供了极大的灵活性，用户可以根据开发的规模和开发人员数目以及资金情况等选择一种方式进行团队开发。

一般情况下，建议用户采用具有 SCM 的团队开发方式，这样能够在配置管理工具对大规模并行团队开发的良好支持下进行模型的开发，同时也利于模型版本的管理，为将来模型的重用奠定坚实的基础。

进行大规模并行团队开发时，Rose 不仅支持 SCM 工具对整个模型进行管理，而且用户可以将模型中的包映射成控制单元，并使用 SCM 工具管理这些控制单元，而每个控制单元本身可以分派给不同的开发人员进行并行开发。

Rose 与 ClearCase 和 SourceSafe（微软产品）等 SCM 工具实现内部集成，只要遵守微软版本控制系统的标准 API-SCC（源代码控制），API 的任何版本控制系统均可以集成到 Rose 中作为配置管理工具。

总之，Rational Rose 在团队开发方面的优势有以下几点：

（1）支持模型的团队并行开发。模型在 Rose 中可以被分解成控制单元，进行相应的版本控制。

（2）通过虚拟路径映射机制支持模型文件或控制单元在工作空间中的移动或复制。

（3）通过与标准版本控制系统的集成，支持团队管理多个不同项目的模型。

（4）提供一个可视化的分辨工具，支持归并功能并可报告控制单元间的差异。

（5）与 Microsoft Repository 有很好的集成，支持将 Rose 模型发布到 Microsoft Repository 中，以方便另一建模工具将此模型输入，从而增加了模型的可重用性。

（6）由于提供了在 Rational Rose 中增加框架的功能，使得团队能够重用在早期建模工作中开发的众多设计模型。

4．支持 UML

Rational 麾下拥有三位面向对象技术的大师：Grady Booch、James Rumbaugh、Ivar Jacobson，由他们共同创造的 UML 统一了面向对象的建模方法，消除了对象建模的差别。作为面向对象开发的行业标准语言，UML 是唯一可以在 UNIX 和 Windows 平台上共用的标准语言。

5．支持模型的 Internet 发布

Rose 的 Internet Web Publisher 能够创建一个基于 Web 的 Rose 模型的 HTML 版本，使得其他人员能够通过标准的浏览器如 IE 浏览器或者 Chrome 来浏览该模型。

6．生成使用简单且定制灵活的文档

Rose 本身提供了直接产生模型文档的功能，但是如果利用 Rational 文档生成工具 SoDA 提供的模型文档模板就可以轻松自如地自动生成 OOA 和 OOD 阶段所需的各种重要文档。值得注意的是，无论是 Rose 自身还是 SoDA 所产生的文档均为 Word 文档，并且在 Rose 中可以直接启动 SoDA，而 SoDA 与 Word 是完全无缝集成的。

7．支持关系型数据库的建模

利用 Rose 能够进行数据库的建模。Rose 能够为 ANSI、Oracle、SQL Server、Sybase、Watcom 等支持标准 DDL 的数据库自动生成数据描述语言 DDL。Rose 与 ErWin 之间也能够紧密集成，并且能够相互导出另一方的模型。另外，Rose 还能够实现 Oracle 的正向和逆向工程，使得用户能够从 Oracle 的关系 Schema 中产生对象模型，并可以进一步扩展该对象模型以使用 Oracle 8 的对象能力；可视化已有的关系数据库；方便已有商业对象的发现和合成；保护在已有关系数据库领域的投资，同时尽享对象建模和开发带给应用的所有好处。

2.2 Rational Rose 安装前的准备

（1）安装 Rose 需要 Windows 2000/Windows XP/Windows 7 或以上版本。如果是 Windows 2000 则要确认已经安装了 Server Pack 2。

（2）安装 Rose，必须先得到 Rose 的安装包。建议购买 Rational 公司的正版软件，Rational 现已被 IBM 收购，读者可以从 www.ibm.com 获取相关信息。

2.3 Rational Rose 的安装

本节将介绍 Rose 的安装和使用。我们将以 Rational Rose 2007 版本作为例子，如果读者目前使用的是 Rose 2003 也没有关系，因为两者的操作基本一样。

2.3.1　安装前的准备

安装前，需要准备好计算机、操作系统以及安装盘。目前的计算机配置基本上都能满足 Rose 的安装需求。本书的运行环境如下：

（1）计算机：某品牌笔记本电脑；

（2）操作系统：Windows XP；

（3）Rose 版本：Rational Rose 2007。

2.3.2　安装步骤

（1）双击启动 Rational Rose 2007 的安装程序，进入安装向导界面，如图 2-1 所示。在该图上面会让用户选择安装选项。

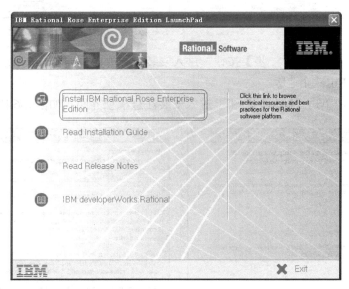

图 2-1　Rational Rose 2007 安装启动界面

（2）单击【Install IBM Rational Rose Enterprise Edition】按钮，进入如图 2-2 所示的界面，在该界面中软件提示需要进行系统升级（主要是安装引擎 InstallShield 比较老，需要升级，如果版本较新则不需要进行升级）。

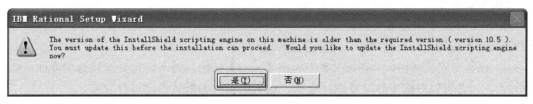

图 2-2　提示进行 InstallShield 升级

（3）单击【是】按钮，系统在进行短暂的升级后进入如图 2-3 所示的界面，该界面是安装向导。

（4）在图 2-3 中单击【下一步】按钮，进入选择部署方式界面。如图 2-4 所示。该界面中，用户可以选择"Enterprise deployment"进行网络安装，也可以选择"Desktop Installation From CD Image"来进行本地桌面安装。这里选择"Desktop Installation From CD Image"进行本地桌面安装。

图 2-3　安装向导

图 2-4　选择安装方式

（5）在图 2-4 中单击【下一步】按钮，进入安装向导界面，如图 2-5 所示。该界面提示马上要安装 Rational Rose 企业版。

（6）在图 2-5 中单击【Next】按钮，进入安装注意事项界面，如图 2-6 所示。

图 2-5　安装向导

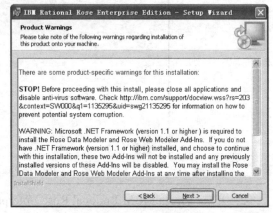
图 2-6　安装注意事项

（7）在图 2-6 中单击【Next】按钮，进入软件许可证协议界面，如图 2-7 所示。这里只要选择【接受】即可。

（8）在图 2-7 中单击【接受】按钮，进入设置安装路径界面，如图 2-8 所示。读者可以单击【Change】按钮选择安装路径（建议采用默认路径）。

（9）设置完安装路径后，在图 2-8 中单击【Next】按钮，进入自定义安装选项界面，如图 2-9 所示。读者可以根据实际需要进行选择。这里笔者按照默认设定进行安装。

（10）在图 2-9 中单击【Next】按钮，进入开始安装界面，如图 2-10 所示。

（11）在图 2-10 中单击【Install】按钮，开始复制文件，如图 2-11 所示。

（12）系统安装完毕，完成安装界面如图 2-12 所示。（注意：安装的时候可能会提示重新启动计算机，读者选择重新启动即可。）

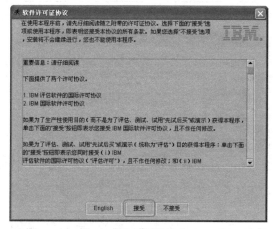

图 2-7　接受许可协议

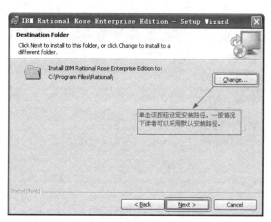

图 2-8　设置安装路径

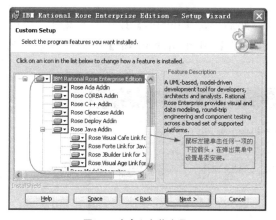

图 2-9　自定义安装选项

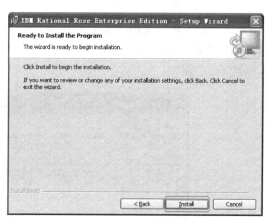

图 2-10　开始安装

图 2-11　复制文件

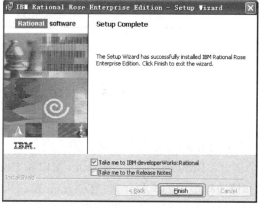

图 2-12　安装完成

　　（13）单击【Finish】按钮后，会弹出注册对话框，要求用户对软件进行注册，如图 2-13 所示。用户应该根据实际情况选择注册方式。如笔者采用的是 "Import a Rational License File" 导入一个注册文件的方式来注册的，选择后单击【下一步】按钮。

（14）系统弹出导入文件对话框，如图 2-14 所示。

注：系统提供了多种注册方式供用户选择。建议读者购买正版软件，如果是试用版本，则不用注册。

 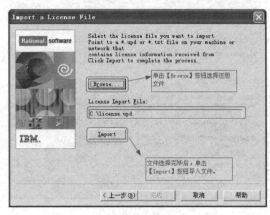

图 2-13　软件注册　　　　　　　　　　　　　图 2-14　选择注册文件

（15）首先单击【Browse】按钮选择注册文件，然后单击【Import】按钮导入文件。系统会弹出一个确认导入的对话框，如图 2-15 所示。在图 2-15 中单击【Import】按钮完成导入并注册成功。

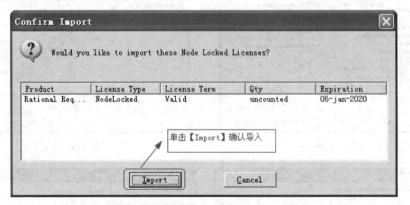

图 2-15　确认导入

2.4　Rational Rose 使用介绍

Rational Rose 是菜单驱动式的应用程序，可以通过工具栏使用其常用工具。它的界面分为 3 个部分：Browser 窗口、Diagram 窗口和 Document 窗口。Browser 窗口用来浏览、创建、删除和修改模型中的模型元素；Diagram 窗口用来显示和创作模型的各种图；而 Document 窗口则用来显示和书写各个模型元素的文档注释。

2.4.1　Rational Rose 主界面

启动 Rational Rose 2007 后，出现如图 2-16 所示的启动界面。

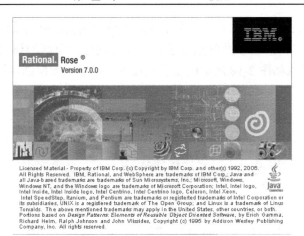

图 2-16　启动界面

　　启动界面消失后，进入到 Rational Rose 2007 的主界面，首先弹出如图 2-17 所示的对话框。这个对话框用来设置启动的初始动作，分为【New】（新建模型）、【Existing】（打开现有模型）和【Recent】（最近打开模型）3 个选项卡。

　　第 1 个选项卡是【New】，如图 2-17 所示，用来选择新建模型时所采用的模板。目前 Rational Rose 2007 版本所支持的模板有 J2EE（Java 2 Enterprise Edition，Java 2 平台企业版），J2SE（Java 2 Standard Edition，Java 2 平台标准版）的 1.2、1.3 和 1.4 版，JDK（Java Development Kit，Java 开发工具包）的 jdk-116 版和 jdk-12 版，JFC（Java Fundamental Classes，Java 基础类库）的 jdk-11 版，Oracle8-datatypes（Oracle-8 的数据类型），Rational Unified Process（即 RUP，Rational 统一过程），VB6 Standard（VB6 标准程序），VC6 ATL（VC6 Active Templates Library，VC6 活动模板库）的 3.0 版，以及 VC6 MFC（VC6 Microsoft Fundamental Classes，VC6 基础类库）的 3.0 版。

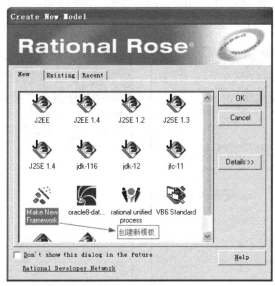

图 2-17　"新建模型"选项

　　为了建造新的模型，必须选择一个与将要建造的系统的目标和结构相对应的模板，而新的模型将用所选模板定义的一组模型元素进行初始化。如果想查看某个模板的描述，选中此模板，然后单击【Details】按钮。如果想新建一个不使用模板的模型，单击【Cancel】按钮，这样一个只含有默认内容的空白的新模型就建好了。如果想创建一个新的模板，选择【Make New Framework】模板，进入如图 2-18 所示的创建模板界面，至于如何创建模板，由于篇幅有限，这里就不作介绍。

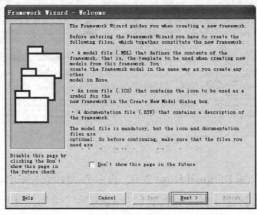

图 2-18　创建模版

　　图 2-17 所示的第 2 个选项卡是【Existing】。若想打开一个已经存在的模型，浏览对话框左侧的列表，逐级找到要打开的模型文件所在的文件夹，再从右侧的列表中选出该模型文件，单击【Open】按钮或者双击模型图标即可，如图 2-19 所示。如果当前已经有模型存在，Rational Rose 将首先关闭当前的模型。如果当前的模型中包含了未保存的改动，系统会弹出一个对话框询问是否要保存对当前模型的改动。

　　第 3 个选项卡是【Recent】，如图 2-20 所示。在这个界面，可以选择打开一个最近打开过的模型文件。只要找到相应的模型，单击【Open】按钮或者双击图标即可。如果当前已经有模型被打开，在打开新的模型之前，Rose 会先关闭当前的模型。如果当前的模型中包含了未保存的改动，系统会弹出一个对话框询问是否保存对当前模型的改动。

图 2-19　"打开现有模型"选项

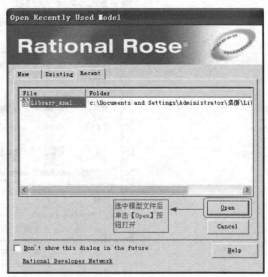

图 2-20　"最近打开模型"选项

由于暂时不需要任何模版，只需要新建一个空白的新模型，故在图 2-17 中单击【Cancel】按钮，这样就显示出了 Rational Rose 的主界面，如图 2-21 所示。

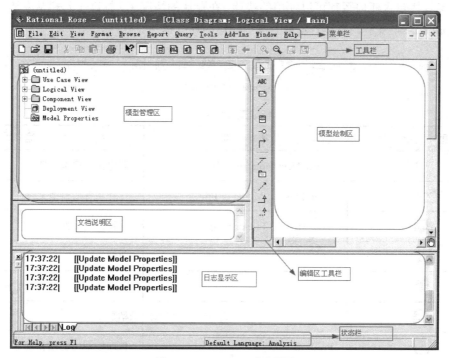

图 2-21　Rational Rose 的主界面

由图 2-21 可以看到，Rational Rose 的主界面由标题栏、菜单栏、工具栏、工作区和状态栏组成。默认的工作区又由 3 个部分组成，左方是模型管理和文档区，右方是主要的编辑绘制区，而下方是日志区。下面就对各组成部分做简单说明。

1．标题栏

标题栏用来显示当前正在编辑的模型名称，由于此时的空模型刚刚新建，还没有被保存，所以标题栏上显示为 untitled（未命名的），如图 2-22 所示。

图 2-22　标题栏

2．菜单栏

菜单栏包含了所有可以进行的操作，一级菜单有【File】（文件）、【Edit】（编辑）、【View】（视图）、【Format】（格式）、【Browse】（浏览）、【Report】（报告）、【Query】（查询）、【Tools】（工具）、【Add-Ins】（插入）、【Window】（窗口）和【Help】（帮助），如图 2-23 所示。本小节将简要介绍一下各级菜单（在本书的附录中将会详细列出所有菜单项的说明）。

　　File　Edit　View　Format　Browse　Report　Query　Tools　Add-Ins　Window　Help

图 2-23　菜单栏

3．工具栏

Rose 中有两个工具栏：标准工具栏（Standard）和编辑区工具栏（Toolbox）。

标准工具栏包含任何图都可以使用的选项。在默认的情况下，标准工具栏从左到右依次分为 7 组，如图 2-24 所示。表 2-1 显示了这些操作的详细信息。

图 2-24　标准工具栏

表 2-1　　　　　　　　　　　　　　　　标准工具栏图标

图　标	按　钮	用　途
	Create New Model or File	创建新的模型文件
	Open Existing Model or File	打开现有的模型文件
	Save Model，File or Script	保存模型文件
	Cut	剪切
	Copy	复制
	Paste	粘贴
	Print	打印模型中的图和规范
	Context Sensitive Help	访问帮助文件
	View Documentation	显示或隐藏文档区
	Browse Class Diagram	浏览类图
	Browse Interaction Diagram	浏览交互图
	Browse Component Diagram	浏览组件图
	Browse State Machine Diagram	浏览状态机图
	Browse Deployment Diagram	浏览配置图
	Browse Parent	浏览图的父图
	Browse Previous Diagram	浏览前一个图
	Zoom In	放大比例
	Zoom Out	缩小比例
	Fit In Window	设置显示比例，使整个图放进窗口
	Undo Fit In Window	撤销【Fit In Window】操作

编辑区工具栏位于工作区内，如图 2-25 所示（编辑区工具栏按钮将会在使用过程中介绍）。

图 2-25　编辑区工具栏

所有的工具栏都可以定制。

> Rose 操作：
>
> 要定制工具栏，在菜单栏中选择【Tools】→【Options】命令，然后选择【Toolbars】标签，如图 2-26 所示。在【Standard Toolbar】复选框中可以选择显示或隐藏标准工具栏；在【Diagram toolbar】复选框中可以选择显示或隐藏编辑区工具栏。

标准工具栏包含了最常用的一些操作，用户也可以根据自己的需要自行添加或删除标准工具栏中的按钮。

> Rose 操作：
>
> 单击图 2-26 所示的【Customize toolbars】属性区下的【Standard】按钮，或者右键单击标准工具栏，在弹出菜单中选择【Customize】命令，都可看到图 2-27 所示的对话框。在对话框中选择相应的按钮并单击【添加→】或【←删除】按钮，即可添加或删除标准工具栏中的按钮。

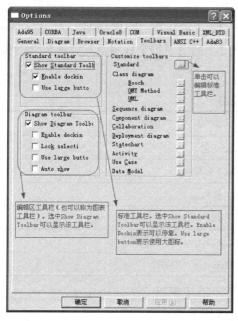

图 2-26　Options 对话框

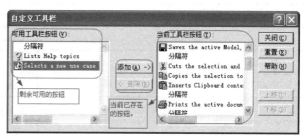

图 2-27　自定义工具栏

提示：其他编辑工具栏一样可以进行自定义按钮设置，原理类似。读者还可以通过选择【View】→【Toolbars】→【Configure】菜单命令来进行工具栏设置。

4．工作区

（1）工作区分为 3 个部分，左边的部分是浏览器和文档区，如图 2-28 所示。其中上方是浏览器，下方是文档区。

　　浏览器是层次结构，组成树形视图样式，用于在 Rose 模型中迅速漫游。浏览器可以显示模型中的所有元素名称，包括用例、关系、类和组件等，每个模型元素可能又包含其他元素。利用浏览器用户可以：增加模型元素（参与者、用例、类、组件、图等）；浏览现有的模型元素；浏览现有的模型元素之间的关系；移动模型元素；更名模型元素；将模型元素添加到图中；将文件或者 URL 链接到模型元素上；将模型元素组成包；访问模型元素的详细规范；打开图。

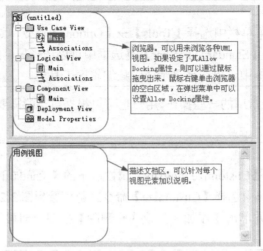

图 2-28　浏览器和文档区

　　浏览器中有 4 个视图：Use Case View（用例视图）、Logical View（逻辑视图）、Component View（组件视图）和 Deployment View（配置视图）。表 2-2 列出了每个视图及其中所包含的模型元素。

表 2-2　　　　　　　　　　　　　　　　　**Rational Rose** 中的视图

视　　图	内　　容
Use Case View（用例视图）	Package（包）
	Use Case（用例）
	Actor（参与者）
	Class（类）
	Use Case Diagram（用例图）
	Class Diagram（类图）
	Collaboration Diagram（协作图）
	Sequence Diagram（时序图）
	Statechart Diagram（状态图）
	Activity Diagram（活动图）
Logical View（逻辑视图）	Class（类）
	Class Utility（类的效用）
	Use Case（用例）
	Interface（接口）

续表

视　图	内　容
	Package（包）
	Class Diagram（类图）
	Use Case Diagram（用例图）
	Collaboration Diagram（协作图）
	Sequence Diagram（时序图）
	Statechart Diagram（状态图）
	Activity Diagram（活动图）
Component View（组件视图）	Package（包）
	Component（组件）
	Component Diagram（组件图）
Deployment View（配置视图）	Process（进程）
	Processor（处理器）
	Device（设备）

　　要隐藏浏览器可以鼠标右键单击浏览器空白区域，从弹出的菜单中选择【Hide】，即可隐藏浏览器。或者选择菜单栏选项【View】→【Browser】，Rose 就会显示或者隐藏浏览器。

　　文档区用于为 Rose 模型元素建立文档，如对浏览器中的每一个参与者写一个简要定义，只要在文档区输入这个定义即可。将文档加入类中时，从文档区输入的所有内容都将显示为所产生的代码的注释。当在浏览器或者编辑区中选择不同的模型元素的时候，文档区会自动更新显示所选元素的文档。

　　（2）主要编辑区如图 2-29 所示。在主要编辑区中，可以打开模型中的任意一张图，并利用左边的工具栏对图进行浏览和修改。如果修改图中的模型元素，Rose 会自动更新浏览器。同样，通过浏览器改变元素时，Rose 也会自动更新相应的图。这样 Rose 就可以保证模型的一致性。编辑区左侧的编辑区工具栏按钮随着每种 UML 图而改变。

　　（3）日志区如图 2-30 所示，在日志区里记录了对模型所做的所有重要动作。

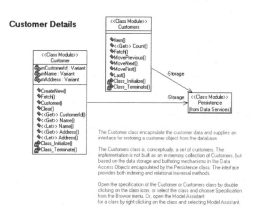

图 2-29　主要编辑区

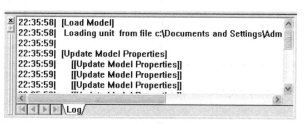

图 2-30　日志区

5. 状态栏

状态栏显示了一些提示和当前所用的语言，如图 2-31 所示。

| For Help, press F1 | Default Language: Analysis |

图 2-31 状态栏

上面分区域介绍了 Rational Rose 的主界面，详细的界面说明，将在后续的章节中结合实际操作具体说明。

2.4.2 Rational Rose 中的四个视图

Rose 模型中有 4 个视图：Use Case View（用例视图）、Logical View（逻辑视图）、Component View（组件视图）和 Deployment View（配置视图）。每个视图针对不同的对象，具有不同的作用。下面简要介绍一下这四个视图。

1. Use Case View（用例视图）

用例视图包括系统中的所有参与者、用例和用例图，还可能包括一些时序图或协作图。用例视图是系统中与实现无关的视图，它只关注系统功能的高层形状，而不关注系统的具体实现方法。图 2-32 是一个订单系统中的用例视图。

用例视图包括的模型元素如表 2-3 所示。

图 2-32 用例视图

表 2-3	用例视图中的模型元素
图　　标	含　　义
	Package（包）
	Use Case（用例）
	Actor（参与者）
	Class（类）
	Use Case Diagram（用例图）
	Class Diagram（类图）
	Collaboration Diagram（协作图）
	Sequence Diagram（时序图）
	Statechart Diagram（状态图）
	Activity Diagram（活动图）

续表

图　　标	含　　义
	File（文件）
	URL（网址）
	Attribute（属性）
	Operation（操作）
	State（状态）
	Activity（活动）
●	Start State（起始状态）
◉	End State（结束状态）
	Swimlane（泳道）
	Object（对象）

2．Logical View（逻辑视图）

逻辑视图关注系统如何实现用例中提出的功能，提供系统的详细图形，描述组件之间如何关联。另外，逻辑视图还包括需要的特定类、类图和状态图。利用这些细节元素，开发人员可以构造系统的详细信息。图 2-33 是一个订单系统中的逻辑视图。

图 2-33　逻辑视图

逻辑视图包括的模型元素如表 2-4 所示。

表 2-4 逻辑视图中的模型元素

图 标	含 义
🗄	Class（类）
🗐	Class Utility（类的效用）
⬭	Use Case（用例）
⊸○	Interface（接口）
📁	Package（包）
🗐	Class Diagram（类图）
🗐	Use Case Diagram（用例图）
🗐	Collaboration Diagram（协作图）
🗐	Sequence Diagram（时序图）
🗐	Statechart Diagram（状态图）
🗐	Activity Diagram（活动图）
🗐	File（文件）
🗐	URL（网址）
🔑	Attribute（属性）
◆	Operation（操作）
▭	State（状态）
▭	Activity（活动）
•	Start State（起始状态）
◉	End State（结束状态）
▯	Swimlane（泳道）
🗎	Object（对象）

3．Component View（组件视图）

组件视图包含模型代码库、可执行文件、运行库和其他组件的信息。组件是代码的实际模块。在 Rose 中，组件和组件图在组件视图中显示，如图 2-34 所示。组件视图显示代码模块之间的关系（演示的案例是通过 Visual Basic 来开发系统的，所以显示的是和 Visual Basic 相关的组件视图）。

组件视图包括的模型元素如表 2-5 所示。

表 2-5 组件视图中的模型元素

图 标	含 义
📁	Package（包）
🗐	Component（组件）
🗐	Component Diagram（组件图）

续表

图 标	含 义
	File（文件）
	URL（网址）

4．Deployment View（配置视图）

配置视图关注系统的实际配置，可能与系统的逻辑结构有所不同。例如，系统可能使用三层逻辑结构，但配置可能是两层的。配置视图还要处理其他问题，如容错、网络带宽、故障恢复和相应时间等。图 2-35 显示了配置视图。

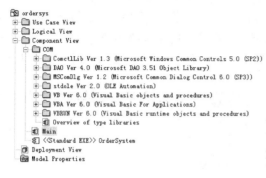

图 2-34　组件视图　　　　　　　　　　　　　图 2-35　配置视图

配置视图包括的模型元素如表 2-6 所示。

表 2-6　　　　　　　　　　　　　　配置视图中的模型元素

图 标	含 义
	Process（进程）
	Processor（处理器）
	Device（设备）
	File（文件）
	URL（网址）

2.4.3　使用 Rational Rose 建模

1．创建模型

> Rose 操作：
> （1）在菜单栏中选择【File】→【New】，或者单击标准工具栏中的【New】 □ 按钮；
> （2）在弹出的图 2-17 所示的对话框中，选择要用的模板，单击【Ok】按钮。如果不使用模板，单击【Cancel】按钮；

如果选择使用模板，Rose 会自动装入此模板的默认包、类和组件。模板提供了每个包中的类和接口，各有相应的属性和操作。通过创建模板，可以收集类与组件，然后在这个基础上设计和建立多个系统。如果单击【Cancel】按钮，则表示创建一个空项目，用户需要从头开始创建模型。

2．保存模型

Rational Rose 的保存与其他应用程序类似。可以通过菜单栏或者工具栏来实现。

> Rose 操作：
>
> （1）保存模型。通过选择菜单栏【File】→【Save】或者标准工具栏的【Save】按钮 ，可以保存系统建模。如果是初次保存的模型会弹出图 2-36 所示的对话框，找到相应的目录，填好文件名后单击【保存】按钮即可。如果想将模型保存到另一个文件中，选择菜单选项【File】→【Save As】，在弹出的另存模型的对话框中（如图 2-36 所示），操作如上。
>
> （2）保存日志。鼠标单击日志窗口，激活日志窗口，如图 2-37 所示。通过菜单栏【File】→【Save Log As】或者用鼠标右键单击日志窗口，在弹出的菜单栏中选择【Save Log As】来保存。系统会弹出一个对话框，让用户选择将日志保存到哪个文件中，如图 2-37 所示。

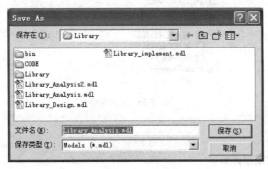
图 2-36　另存模型对话框

图 2-37　自动保存日志对话框

3．导出与导入模型

面向对象机制的一大优势就是重用技术。重用不仅适用于代码，也适用于模型。Rose 支持导出与导入模型和模型元素操作。

（1）导出模型

> Rose 操作：
>
> 选择菜单项【File】→【Export Model】，弹出图 2-38 所示的对话框，输入导出文件名（.ptl）即可。

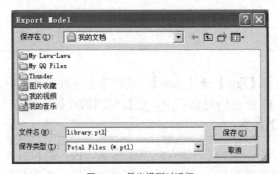
图 2-38　导出模型对话框

（2）导出包

> Rose 操作：
>
> 从类图中选择要导出的包，选择菜单项【File】→【Export <包名> Package】，弹出图 2-39 所示的对话框，输入导出文件名（.ptl）即可。

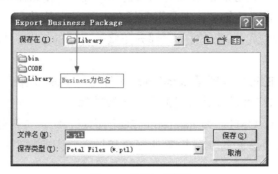

图 2-39　导出包对话框

（3）导出类

> Rose 操作：
>
> 从类图中选择要导出的类，选择菜单项【File】→【Export <类名>】，弹出图 2-40 所示的对话框，输入导出的文件名（.ptl）即可。

（4）导入模型、包或类

> Rose 操作：
>
> 选择菜单项【File】→【Import】，弹出图 2-41 所示的对话框，从中选出要导入的文件名，供选择的文件类型有：.ptl、.mdl、.cat、.sub。

图 2-40　导出类对话框

图 2-41　导入对话框

4．发布模型

可以把 Rose 建立的模型发布到网络上，使得其他相关人员都能够浏览模型。

> Rose 操作：
>
> （1）选择菜单栏的【Tools】→【Web Publisher】选项，在弹出的图 2-42 所示的对话框中选择要发布的模型视图和包。

（2）从图 2-42 的 Selections 区域中选择要发布的模型视图和包。

（3）设定细节内容（即【level of Detail】单选框）。如图 2-42 所示，该单选框内有 3 个选项：【Documentation Only】（只发布文档）、【Intermediate】（中间层）和【Full】（全部）。选项【Documentation Only】是把要发布的细节的数量限制在对不同模型元素的注释之内，不包括如操作、属性和关系等的细节或者细节链接。而【Intermediate】选项允许用户发布所有在模型元素规范中定义的细节，但是不包括在细节表或者语言（如 Java、C＋＋等）表之内的细节。【Full】选项允许用户发布大部分完整的有用的细节，包括在模型元素细节表中的信息。

（4）选择发布模型的符号（即【Notation】单选框）。Rose 提供了 3 种选择：【Booch】、【OMT】和【UML】，用户可以根据自己的需要进行选择。

UML 结合了 Booch、OMT、和 Jacobson 方法的优点，统一了符号体系，并从其他的方法和工程实践中吸收了许多经过实际检验的概念和技术，因此模型中提供了对其他方法的支持。

（5）选择是否发布继承项目、属性、关联和文档包等内容。

（6）在 HTML Root File Name 文本框中输入发表模型的根文件名。

（7）如果要选择图形文件格式，在图 2-42 中点击【Diagrams】按钮，出现图 2-43 所示的窗口。有三种格式类型可以选择：Windows Bitmaps（BMP）、Portable Network Graphics（PNG）和 JPEG，也可以选择不发布任何图。

（8）准备好后，单击【Publish】按钮。Rose 会创建发布模型的所有 Web 页面。

（9）如果需要，可以单击【Preview】按钮浏览发布的模型。

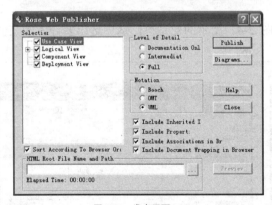

图 2-42　发布界面

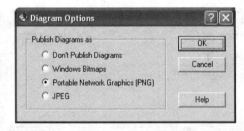

图 2-43　选择图形文件格式

5. 使用控制单元

Rose 通过使用控制单元支持多用户的并行开发。Rose 中的控制单元可以是 Use Case View（用例视图）、Logical View（逻辑视图）或 Component View（组件视图）中的任何包。此外，对 Deployment View（配置视图）和 Model Properties（模型特性）也可以进行控制。在控制一个单元时，这个单元中的所有模型元素存放在独立于模型其他部分的文件中。这样独立文件可以利用支持 SCC 的版本控制工具进行控制，例如 Rational ClearCase、Microsoft SourceSafe 和 Rose 自带的基本工具。要创建和管理控制单元，鼠标右键单击要控制的包并选择【Units】选项，如图 2-44 所示。

图 2-44 控制单元

（1）创建控制单元

Rose 操作：

　　右键单击要控制的包，选择菜单中的【Units】→【Control <package>】。在弹出的图 2-45 所示的对话框中，输入控制单元的文件名即可。

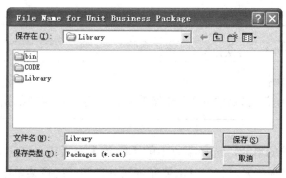

图 2-45 创建控制单元

提示：此时浏览器中的图标上用文件夹的页面符号表示控制该包。

（2）卸载控制单元

Rose 操作：

　　要卸载控制单元，首先右键单击要卸载的单元，然后选择菜单中的【Units】→【Unload <包名> Package】即可。

提示：此时从浏览器中删除包项目表示从模型中删除。

（3）卸载视图中的所有控制单元

Rose 操作：

　　右键单击视图，选择菜单中的【Units】→【Unload Subunits of <view>】即可。

（4）重装控制单元

Rose 操作：

　　右键单击要重装的单元，选择菜单中的【Units】→【Reload <包名> Package】，看到弹出图 2-46 所示的对话框，从中选择要装入的控制单元即可。

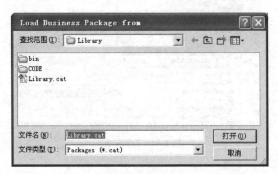

图 2-46　重装控制单元

（5）取消单元的控制

Rose 操作：

首先要确认已经装入了该控制单元。右键单击要取消控制的单元，选择菜单中的【Units】
→【Uncontrol <package>】即可。

提示：控制单元中的文件并不会从计算机上删除。

（6）对控制单元写保护

如果希望在任何时候都可以浏览但不能修改项目，可以对控制单元写保护。

Rose 操作：

右键单击要写保护的单元，选择菜单中的【Units】→【Write Protect <包名> Package】
即可。如果允许写入控制单元，右键单击要允许写入的包，选择菜单中的【Units】→【Write
Enable <包名> Package】即可。

6. 使用模型集成器

Rose 中的 Model Integrator（模型集成器）可以比较和合并多个 Rose 模型。这个功能在多
个设计人员共同开发时十分有用。每个人可以独立工作，最后再将所有的模型集成到一起。

比较模型时，Rose 会显示模型之间的区别。比较步骤如下。

Rose 操作：

（1）首先，选择菜单栏选项【Tools】→【Model Integrator】，弹出图 2-47 所示的窗口。

（2）在菜单中选择【File】→【Contributors】项。

（3）在弹出的对话框（如图 2-48 所示）中按省略号按钮选择第一个 Rose 模型进行比较。

（4）按【New】按钮（图 2-48 所示对话框的右上方左起第一个按钮）增加其他 Rose 模型。

（5）选择其他文件，直到选择了全部要比较的文件。

（6）按【Compare】按钮即可显示模型之间的差别，如图 2-49 所示。

（7）按【Merge】按钮就是合并模型。模型集成器会合并文件。如果遇到冲突，窗口的
右下角会出现一条消息，告知用户尚未解决的项目数。可以使用工具栏按钮【Previous
Conflict】和【Next Conflict】移动到冲突处。

（8）解决完所有的冲突之后，就可以保存新模型了。

图 2-47 模型集成器

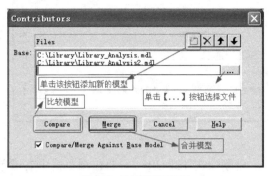

图 2-48 比较模型对话框

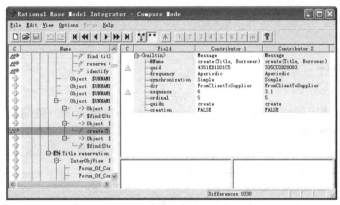

图 2-49 模型之间的差别

7．在 Rose 模型元素中增加文件与 URL

Rose 模型包含着系统的大量信息，但是有些时候某些文档在 Rose 模型之外，如需求文档、版本声明和测试脚本等。可以将这些文件链接到 Rose 模型中的特定元素。例如，将 Word 文件链接到浏览器窗口的层次之后，只要在浏览器中双击文件名，就可以启动 Word 和装入文件。以下就是将文件链接到 Rose 模型中的步骤：

> Rose 操作：
> （1）右键单击浏览器中的模型元素，如【Use Case View】、【Logical View】等。
> （2）在弹出菜单中选择【New】→【File】命令，弹出图 2-50 所示的对话框。
> （3）在对话框中选择相应的文件。

将 URL 链接到 Rose 模型中的步骤与将文件链接到 Rose 模型中的步骤相似：

> Rose 操作：
> （1）右键单击浏览器中的模型元素。
> （2）在弹出菜单中选择【New】→【URL】，在该模型元素的下方会出现一个 URL 的图标，如图 2-52 所示。
> （3）右键单击该 URL 图标，选择【Rename】可以修改 URL，如图 2-51 所示。

图 2-50　添加文件链接

图 2-51　添加 URL 链接

要删除文件或 URL，只要在浏览器中右键单击文件名或 URL 并在弹出菜单中选择【Delete】命令即可。

提示：这个删除操作只删除 Rose 模型与文件之间的链接，而不会从系统中删除文件。

2.4.4　UML 图设计

图设计是 Rose 使用的核心内容，这里通过 Use Case（用例图）做简要的介绍，具体设计步骤可参考后续章节的内容。

1．创建 Use Case

Rose 操作：

（1）右键单击浏览器中的【Use Case View】包。

（2）在弹出的菜单中选择【New】→【Use Case Diagram】命令，如图 2-52 所示。

（3）输入图的名称，如图 2-53 所示。

（4）双击新创建的图将其打开。

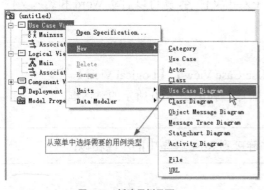

图 2-52　新建用例界面

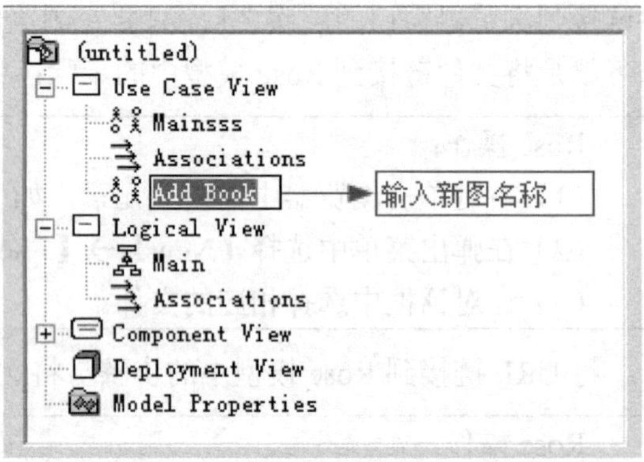

图 2-53　输入图名称

2．打开 Use Case

从浏览器中的视图中选中需要打开的 Use Case 图，双击将其打开。

此操作也可以通过菜单实现，步骤如下。

Rose 操作：

（1）选择菜单【Browse】→【Use Case Diagram】，在弹出对话框中进行选择，如图 2-54 所示。

（2）在【Package】（包）列表中选择图所在的包。

（3）在【UseCase Diagrams】列表框中选择所要打开的图。

（4）单击【OK】按钮打开。

3．删除图

Rose 操作：

（1）在 Rose 浏览器中右键单击欲删除的图。

（2）在弹出菜单中单击【Delete】并确定，如图 2-55 所示。

图 2-54　【Select Use Case Diagram】对话框

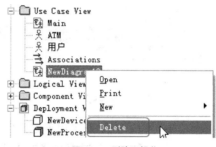

图 2-55　删除图操作

4．Use Case 设计

新建一个 Use Case 图以后，可以在图 2-56 所示的设计页面中设计 Use Case 图。图中左侧是 Use Case 的工具栏，右侧是进行图形化建模的面板。

接下来可以进行 Use Case 的设计工作，像通常使用的图形设计界面一样，工具栏上的元素可以随意拖放到设计窗口中，如图 2-57 所示。

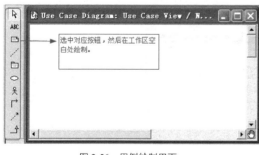

图 2-56　用例绘制界面

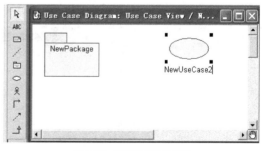

图 2-57　用例角色新建界面

5．Use Case 编辑

视图中的元素可以方便地进行复制、剪切以及删除等操作。

（1）编辑元素

Rose 操作：

如果要删除视图中的元素，用鼠标选中，直接按 Delete 键即可删除。或者右键单击该元素，在弹出菜单中选择【Edit】→【Delete】命令，即可删除。

每次窗口中删除的元素，其实没有被真正删除，必须在浏览器窗口中通过右键菜单才能删除，如图 2-58 所示。

用户也可以直接鼠标右键单击要删除的元素，在弹出菜单中选择【Edit】→【Delete from Model】命令彻底删除，如图 2-59 所示。

通过快捷键 Ctrl+D 删除更为方便快捷。

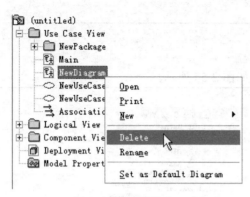

图 2-58 元素删除界面　　　　　　　　　　图 2-59 彻底删除元素

从菜单中可以看到用户可以通过【Cut】命令剪切、【Copy】命令复制、【Paste】命令粘贴，同时还可以进行【Undo】撤销和【Redo】重做等操作。

（2）元素格式设定

除了以上基本操作之外，还可以对视图中的元素的显示属性进行设定。用户可以通过右键单击选定元素，然后在弹出菜单中选择【Format】菜单，如图 2-60 所示。

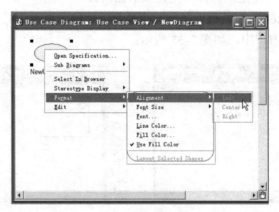

图 2-60 编辑元素属性

从图中的菜单可以看到，可以通过【Alignment】菜单来调整对齐元素位置、【Font Size】菜单设定字体大小、【Font】菜单设定字体、【Line Color】菜单设定线条颜色、【Fill Color】菜单设定填充颜色。

有关 Rose 的更详细操作，本书将会在后面章节中通过实例来介绍。

第3章 UML 语言初览

UML 是一种通用的建模语言，它本身具有的可扩展性使其不仅可以用于软件系统开发各个阶段的建模，也可以用于商业建模和其他几乎所有类型的建模。

本章将从 UML 的结构入手，分别介绍 UML 的事物、关系和图。

3.1 概　　述

UML 按照不同的类型，可以有不同的分类方法。

从 UML 的基本建模元素考虑，UML 可以分成图、事物以及关系这 3 个部分，这 3 个部分也可以称为 UML 的基本构造块。但是这种分类没有考虑到其他附属因素，如公共机制、规则等。

有些书将 UML 体系分成基本构造块、规则和公共机制这三个部分。其中基本构造块就是前面介绍的图、事物以及关系。

本书将从整个建模角度来考虑，在 UML 体系分类中增加了视图的内容，将 UML 分成以下几个部分。

（1）视图（View）。视图是表达系统的某一方面特征的 UML 建模元素的子集，视图并不是图，它是由一个或者多个图组成的对系统某个角度的抽象。在建立一个系统模型时，通过定义多个反映系统不同方面的视图，才能对系统做出完整、精确的描述。

（2）图（Diagram）。视图由图组成，UML 通常提供 9 种基本的图，把这几种基本图结合起来就可以描述系统的所有视图。

提示：在 UML 2.0 中，UML 提供了 13 种基本图。

（3）模型元素。UML 中的模型元素包括事物和事物之间的联系。事物描述了一般的面向对象的概念，如类、对象、接口、消息和组件等。事物之间的关系能够把事物联系在一起，组成有意义的结构模型。常见的联系包括关联关系、依赖关系、泛化关系、实现关系和聚合关系。同一个模型元素可以在几个不同的 UML 图中使用，不过同一个模型元素在任何图中都保持相同的意义和符号。

（4）通用机制。UML 提供的通用机制可以为模型元素提供额外的注释、信息或语义。这些通用机制同时提供扩展机制，扩展机制允许用户对 UML 进行扩展，以便适应一个特定的方法/过程、组织或用户。

UML 2.0 的组成结构如图 3-1 所示。

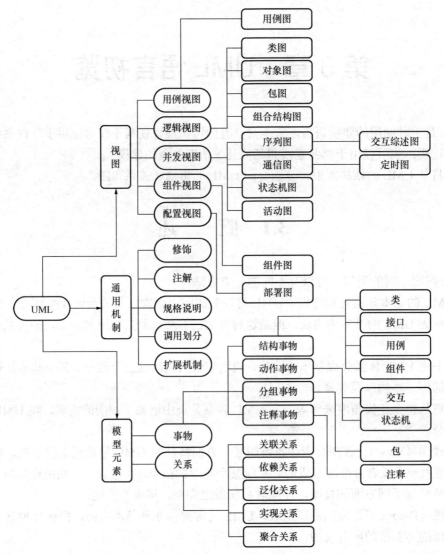

图 3-1　UML 2.0 的组成结构图

　　图中事物（Things）、关系（Relationships）是组成 UML 模型的基本模型元素，而图主要由模型元素事物和关系构成，视图由各种图构成。

　　下面通过表格介绍 UML 2.0 和 UML1.4 的区别。在 UML2.0 中用更为受限的通信图代替了协作图，还增加了几种新的图，如交互综述图、定时图、协议状态图、组成结构图等。表3-1 所示给出了 UML2.0 和 UML1.4 中各种图的异同。

表 3-1　　　　　　　　　　　　　　　　　　UML1.4 与 UML2.0 的比较

UML1.4	UML2.0	变 化 说 明
用例图	用例图	
类图	类图	
对象图	对象图	对象图画在类图中而非它自己的空间中

续表

UML1.4	UML2.0	变 化 说 明
组成对象图（包图）	包图	尽管 UML1.4 使用包图说明规范的组织结构，但是它没有对包图做出明确的定义
组件图	组件图	
配置图	配置图	
状态图	状态机图	虽然名称不同，但技术上完全相同
	协议状态机图	抽象级别比较高的状态机图
活动图	活动图	活动图的修改较为彻底，UML2.x 的活动图独立于状态机，并拥有自己的元模型
	组成结构图	交互图和组成对象图的结合
	交互图	交互图是一组图的统称，包括通信图、交互综述图、定时图及时序图
协作图		该功能被分到新的交互图里完成
时序图	时序图	（见交互图）
	通信图	（见交互图）
	交互综述图	（见交互图）
	定时图	（见交互图）

提示：本书介绍的内容主要以 UML 1.x 为主，因为 Rose 对 2.0 并不能很好地支持。因此本书在后面介绍相关内容的时候，名称仍然采用 UML1.x 的表达方式。

3.2 视　　图

随着系统复杂性的增加，建模就成了必不可少的工作。理想情况下，系统由单一的图形来描述，该图形明确地定义了整个系统，并且易于人们相互交流和理解。然而，单一的图形不可能包含系统所需的所有信息，更不可能描述系统的整体结构功能。一般来说，系统通常是从多个不同的方面来描述。

一个系统视图是对于从某一视角或某一点上看到的系统所做的简化描述，描述中涵盖了系统的某一特定方面，而省略了与此方面无关的实体。

3.2.1 "RUP 4+1"视图

在介绍 UML 视图之前，首先介绍大名鼎鼎的 "4+1" 视图。

"4+1" 视图最早由 Philippe Kruchten 提出，他在 1995 年的《IEEE Software》上发表了题为《The 4+1 View Model of Archiecture》的论文，引起了业界的极大关注，并最终被 RUP 采

纳，发展成"RUP 4+1"视图，现在已经成为架构设计的结构标准。"RUP 4+1"视图结构如图 3-2 所示。

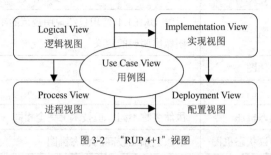

图 3-2　"RUP 4+1"视图

> 提示："RUP 4+1"视图和"4+1"视图基本上一致，只是有些关键字叫法做了修改。如"RUP 4+1"中的"Implementation"在"4+1"中叫"Development"（开发视图）、"RUP 4+1"中的"Deployment"在"4+1"中叫"Physical"（物理视图）、"RUP 4+1"中的"Use Case View"在"4+1"中叫"Scenarios"（场景视图）。

从图中可以看出，所谓的"RUP 4+1"其实是由 5 个视图组成，其中"4"表示以下 4 个视图。

（1）逻辑视图（Logical View）：逻辑视图用来揭示系统功能的内部设计和协作情况。逻辑视图从系统的静态结构和动态行为角度显示如何实现系统的功能。静态结构描述类、对象及其关系等，动态行为主要描述对象之间发送消息时产生的动态协作、一致性和并发性等。逻辑视图的使用者主要是设计人员和开发人员。

逻辑视图体现了系统的功能需求。

（2）实现视图（Implementation View）：描述了在开发环境中软件的静态组织结构，用来显示组建代码的组织方式，描述了实现模块和它们之间的依赖关系。它通过系统输入输出关系的模型图和子系统图来描述。要考虑软件的内部需求：开发的难易程度，重用的可能性、通用性、局限性等等。开发视图的风格通常是层次结构，层次越低，通用性越好。实现视图的使用者主要是软件编程人员，方便后续的设计与实现。

实现视图体现了系统的可扩展性、可移植性、可重用性、易用性以及易测试性。

（3）进程视图（Process View）：进程视图显示系统的并发性，解决在并发系统中存在的通信和同步问题。进程视图关注进程、线程、对象等运行时概念，以及相关的并发、同步、通信等问题。进程视图和实现视图的关系：实现视图一般偏重程序包在编译时期的静态依赖关系，而这些程序运行起来之后会表现为对象、线程、进程，处理视图比较关注的正是这些运行时单元的交互问题。进程视图的使用者主要是系统集成人员。

进程视图体现了系统的稳定性、鲁棒性、安全性以及伸缩性。

（4）配置视图（DeploymentView）：描述了软件到硬件的映射，反映了分布式特性。配置视图关注"目标程序及其依赖的运行库和系统软件"最终如何安装或部署到物理机器中，以及如何部署机器和网络来配合软件系统的可靠性、可伸缩性等要求。配置视图和进程视图的关系：进程视图特别关注目标程序的动态执行情况，而配置视图重视目标程序的静态位置问题；配置视图是综合考虑软件系统和整个 IT 系统相互影响的架构视图。配置视图的使用者主要是系统工程人员，解决系统的拓扑结构、系统安装、通信等问题。

配置视图体现了系统的安装部署要求。

其中"1"表示的是用例视图，如下所示。

（5）用例视图（Use Case View）。用例视图强调从系统的外部参与者（主要是用户）角度看到的或需要的系统功能。

用例视图描述系统应该具备的功能，也就是被称为参与者的外部用户所能观察到的功能。用例是系统中的一个功能单元，可以被描述为参与者与系统之间的一次交互作用。参与者可以是一个用户或者是另一个系统。客户对系统要求的功能被当作多个用例在用例视图中进行描述，一个用例就是对系统的一个用法的通用描述。用例模型的用途是列出系统中的用例和参与者，并显示哪个参与者参与了哪个用例的执行。

用例视图是其他视图的核心，它的内容直接驱动其他视图的开发。系统要提供的功能都是在用例视图中描述的，用例视图的修改会对所有其他的视图产生影响。此外，通过测试用例视图，还可以检验和最终校验系统。

3.2.2　UML 视图

UML 视图延续了"RUP 4+1"视图的思路，只是在某些视图名称上面做了些许改变，其包含以下视图：

（1）逻辑视图（Logical View）：含义同"RUP 4+1"视图的逻辑视图。通常逻辑视图由多种图表示，如类图、对象图以及包图等。

（2）组件视图（Component View）：含义同"RUP 4+1"视图的实现视图。组件视图通常由组件图表示。

（3）并发视图（Concurrency View）：含义同"RUP 4+1"视图的进程视图。并发视图主要由状态图、活动图、时序图以及协作图等表示。

（4）配置视图（Deployment View）：含义同"RUP 4+1"视图的配置视图。配置视图主要由配置图表示。

（5）用例视图（Use Case View）：含义同"RUP 4+1"视图的用例视图。用例视图主要由用例图表示。

具体结构如图 3-3 所示。

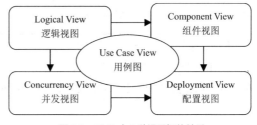

图 3-3　UML 中 5 种视图间的关系

3.3　UML 中的事物

从图 3-1 中可以看到，UML 中的事物包括结构事物、行为事物（动作事物）、组织（分组事物）事物和辅助事物（也称注释事物）。这些事物是 UML 模型中面向对象的基本的建筑块，它们在模型中属于静态部分，代表物理上或概念上的元素。

3.3.1　结构事物（Structure Things）

结构事物主要包括 7 种，分别是类、接口、用例、协作、活动类、组件和节点。

（1）类（Class）

类是具有相同属性、相同方法、相同语义和相同关系的一组对象的集合。一个类可以实现一个或多个接口。在 UML 图中，类用包括类名、属性和方法的矩形来表示。

Rose 操作：

在 Rose 中打开左侧树形浏览器的【Logical View】→【Main】节点，双击【Main】打开对应视图。然后单击【Toolbox】工具栏上面的 ▤ 类按钮，并在【Main】视图编辑区单击，即可创建一个类。如图 3-4 所示。

图中【NewClass】表示默认创建的类名，单击该图可以选中（类图图框的四个角出现 4 个黑色小方块），然后单击【NewClass】字符串可以修改类名。

图 3-5 是一个完整的类图。

提示：鼠标单击图框四周的其中一个小方块按住并拖放，可以对类图缩放，后面其他模型元素也可以这样操作。

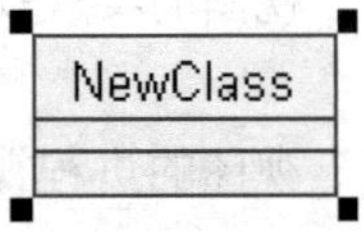

图 3-4 类

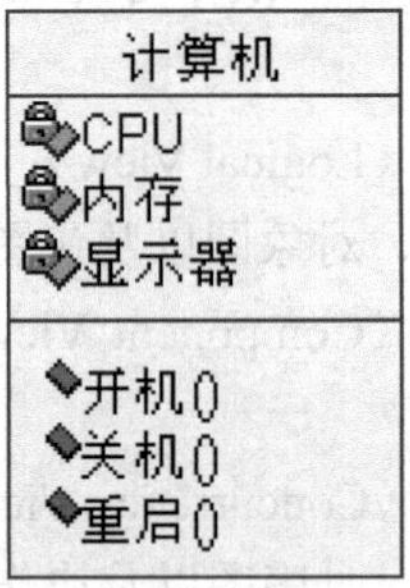

图 3-5 计算机类

Rose 操作：

双击类图或者右键单击类图，在弹出菜单中选择【Open Specification】命令（如图 3-6 所示），系统会弹出类图属性设置对话框，如图 3-7 所示。

图 3-6 【Open Specification】菜单

图 3-7 类属性设置

第 *3* 章 UML语言初览

在类属性对话框中，可以设置类名称、设定类的类型、说明文档以及编辑类的方法和属性等。类的详细操作，本书将在后面章节详细介绍。

提示：在视图中增加的任何模型元素都会自动在左侧的浏览器中添加，如图3-8所示。

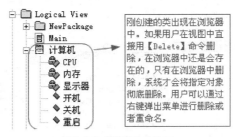

图3-8　浏览器中的类图

提示：要删除一个模型中的一个元素，可以参考第2章中介绍的方法。

（2）接口（Interface）

接口是指类或组件所提供的、可以完成特定功能的一组操作的集合。换句话说，接口描述了类或组件的对外的、可见的动作。通常，一个类实现一个或多个接口。在 UML 图中，接口通常用一个圆形来表示。

Rose 操作：

在 Rose 中打开左侧树形浏览器的【Logical View】→【Main】节点，双击【Main】打开对应视图。然后单击【Toolbox】工具栏上面的 ⊸ 接口按钮，并在【Main】视图编辑区单击，即可创建一个接口，如图 3-9 所示。其中【NewInterface】是默认接口名称，选中该接口，然后单击【NewInterface】字符串可以修改接口名称，如图 3-10 所示。

图3-9　接口　　　　　　　　　　　　　　图3-10　修改接口名称

从图中可以看出，接口在 Rose 中默认显示为一个圆圈。同理，用户可以通过右键单击接口，在弹出菜单中选择【Open Specification】命令来打开接口属性对话框进行设置。

需要注意的是，在 Rose 中，描述接口的图形有好多种，这里简单介绍其中如何改变接口的显示形式。

Rose 操作：

首先选中接口，右键单击并在弹出菜单中选择【Options】→【stereotype Display】命令，可以看见接口有 4 种显示方式，分别是【None】、【Label】、【Decoration】和【Icon】，其中【Icon】是默认的显示方式。如图 3-11 所示。

－43－

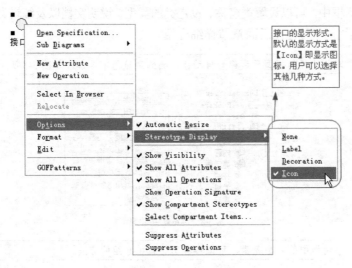

图 3-11 【stereotype Display】菜单

图 3-12 显示的是其他几种方式。

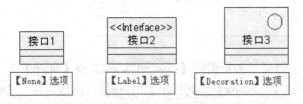

图 3-12 Rose 中接口的其他几种显示方式

（3）用例（Use Case）

用例定义了系统执行的一组操作，对特定的用户产生可以观察的结果。在 UML 图中，用例通常用一个实线椭圆来表示。如图 3-13 所示。

Rose 操作：

在 Rose 中打开左侧树形浏览器的【User Case View】→【Main】节点，双击【Main】打开对应视图。然后单击【Toolbox】工具栏上面的 ⬭ 用例按钮，并在【Main】视图编辑区单击，即可创建一个用例，如图 3-13 所示。用例默认名称为【NewUseCase】。

NewUseCase

图 3-13 用例

Rose 操作：

用户可以选中用例，然后单击文字【NewUseCase】即可直接修改用例名称。也可以双击该图标或者右键单击图标在弹出菜单中选择【Open Specification】命令，在弹出的属性设置对话框中进行设置，如图 3-14 所示。

图 3-14 用例属性设置

（4）协作（Collaboration）

协作定义了交互的操作，表示一些角色和其他元素一起工作，提供一些合作的动作。一个给定的类可能是几个协作的组成部分，这些协作代表构成系统的模式的实现。在 UML 图中，协作通常用一个虚线椭圆来表示。如图 3-15 所示。

提示：Rose 中并没有直接提供绘制协作的方法。用户可以首先绘制一个用例，打开属性设置对话框，然后在其属性设置对话框中的【Stereotype】下拉框中选择【use-case realizaion】即可。也可以将【use-case realizaion】类型的按钮添加到工具栏上面。添加方法在第 2 章中有过介绍。

（5）活动类（Active Class）

活动类是指类对象有一个或多个线程或进程的类。活动类和类相似，只是它的对象代表的元素的行为和其他的元素同时存在。在 UML 图中，活动类的表示方法和普通类的表示方法相似，也是使用一个矩形，只是最外面的边框使用粗线，如图 3-16 所示。

图 3-15 协作　　　　　　　　　　　　　　图 3-16 活动类

（6）组件（Component）

组件是物理上可替换的，实现了一个或多个接口的系统元素。在 UML 图中，组件的表示图形比较复杂。

Rose 操作：

在 Rose 中打开左侧树形浏览器的【Component View】→【Main】节点，双击【Main】

打开对应视图。然后单击【Toolbox】工具栏上面的 组件按钮，并在【Main】视图编辑区单击，即可创建一个组件，如图 3-17 所示。组件默认名称为【NewComponent】。

同理用户可以直接修改组件名称或者打开属性对话框来设置更多属性。

（7）节点（Node）

节点是一个物理元素，它在运行时存在，代表一个可计算的资源，比如一台数据库服务器。在 UML 图中，节点使用一个立方体来表示。节点通常包括处理器（Processor）和设备（Device）。

Rose 操作：

在 Rose 中双击【Deployment View】打开对应视图。然后单击【Toolbox】工具栏上面的 处理器按钮或者 设备按钮，并在右侧视图编辑区单击，即可创建一个节点。如图 3-18 所示。处理器默认名称为【NewProcessor】，设备默认名称为【NewDevice】。

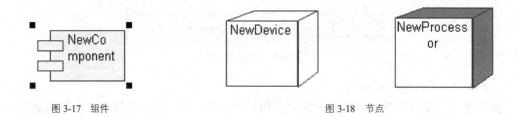

图 3-17　组件　　　　　　　　　　　　图 3-18　节点

3.3.2　行为事物（Behavior Things）

行为事物也称动作事物，是 UML 模型中的动态部分，代表时间和空间上的动作。行为事物主要有两种：交互和状态机。它们是 UML 模型中最基本的两个动态事物元素，通常和其他的结构元素、主要的类、对象连接在一起。

（1）交互（Interaction）

交互是在特定上下文中的一组对象，为共同完成一定的任务而进行的一系列消息交换所组成的动作。交互包括消息、动作序列（消息产生的动作）、对象之间的连接。在 UML 图中，交互的消息通常画成带箭头的直线，如图 3-19 所示。

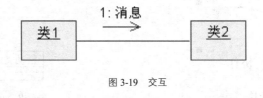

图 3-19　交互

提示：交互将在第 6 章介绍绘制。

（2）状态机（State Machine）

状态机是对象的一个或多个状态的集合。在 UML 图中，状态机通常用一个圆角矩形来表示，如图 3-20 所示。

状态机图

图 3-20　状态机

提示：状态机图将在第 7 章介绍绘制。

3.3.3　组织事物（Grouping Things）

组织事物也称分组事物，是 UML 模型中组织的部分，可以把它看作一个个的盒子，每个盒子里面的对象关系相对复杂，而盒子与盒子之间的关系相对简单。组织事物只有一种，称为包（Package）。

包是一种有组织地将一系列元素分组的机制。包与组件的最大区别在于，包纯粹是一种概念上的东西，仅仅存在于开发阶段结束之前，而组件是一种物理元素，存在于运行时。在 UML 图中，包通常表示为一个类似文件夹的符号。

> Rose 操作：
> 在 Rose 中打开左侧树形浏览器的【Logical View】→【Main】节点，双击【Main】打开对应视图。然后单击【Toolbox】工具栏上面的 ⊡ 包按钮，并在【Main】视图编辑区单击，即可创建一个包。如图 3-21 所示。
> 图中【NewPackage】表示默认创建的包名。

NewPackage

图 3-21　包

提示：在 Rose 中，多个视图都提供了包。

3.3.4　辅助事物（Annotation Things）

辅助事物也称注释事物，属于这一类的只有注释（Annotation）。

注释就是 UML 模型的解释部分。在 UML 图中，一般表示为折起一角的矩形。

> Rose 操作：
> 在 Rose 中打开左侧树形浏览器的【Logical View】→【Main】节点，双击【Main】打开对应视图。然后单击【Toolbox】工具栏上面的 ⊡ 注释按钮，并在【Main】视图编辑区单击，即可创建一个注释。接着继续从编辑区的工具栏中选择【Anchor Note to Item】 ╱ 按钮（注释连接线），连接注释和被注释元素。如图 3-22 所示。

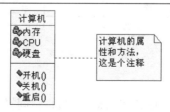

图 3-22　注释

提示：在 Rose 中，每个视图都提供了注释功能。

3.4 UML 中的关系

UML 中的关系（Relationships）主要包括 5 种：关联关系、聚合关系、依赖关系、泛化关系和实现关系。

3.4.1 关联（Association）关系

关联关系是一种结构化的关系，指一种对象和另一种对象有联系。给定关联的两个类，可以从其中的一个类的对象访问到另一个类的相关对象。在 UML 图中，关联关系用一条实线表示。

另外，关联可以有方向，表示该关联在某方向被使用。只在一个方向上存在的关联，称作单向关联（Unidirectional Association）或者叫导航关联，在两个方向上都存在的关联，称作双向关联（Bidirectional Association）。

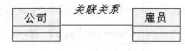

图 3-23　关联关系

图 3-23 为关联关系图。

3.4.2 聚合关系

聚合也称为聚集，是关联的特例。聚合表示类与类之间的关系是整体与部分的关系，即一个表示整体的模型元素可能由几个表示部分的模型元素聚合而成。

如果在聚集关系中处于部分方的对象可同时参与多个处于整体方对象的构成，则该聚集称为共享聚合。

如果部分类完全隶属于整体类，部分与整体共存，整体不存在了部分也会随之消失（或失去存在价值了），则该聚集称为复合聚合（简称为组成）。

聚合关系用一端带有空心小菱形的直线表示，小菱形端连接表示整体事物的模型元素，另一端连接表示部分事物的模型元素。

图 3-24 是一个聚合关系图，表示歌唱大赛由专业评委等对象组成（具体表示为共享聚合关系，因为专业评委可能同时参加多个歌唱大赛）。

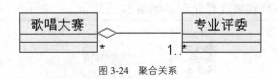

图 3-24　聚合关系

组合关系
组合关系是在聚合关系之上的更紧密的耦合关系，它同样是描述元素之间部分与整体的关系，但是部分类需要整体类才能存在，当整体类被销毁时，部分类将同时被销毁。组合关系用一端带有实心小菱形的直线表示，小菱形端连接表示整体事物的模型元素，另一端连接表示部分事物的模型元素。

3.4.3　依赖（Dependency）关系

依赖关系描述两个模型元素（类、用例等）之间的语义关系：其中一个模型元素是独立的，另一个模型元素不是独立的，它依赖于独立的模型元素，如果独立的模型元素改变，将影响依赖于它的元素。

与关联关系的区别为对象间表现非固定关系，如手机与充电器的关系。在 UML 图中，依赖关系用一条带有箭头的虚线来表示。

图 3-25　依赖关系

图 3-25 显示的是手机和充电器是一种依赖关系。

3.4.4　泛化（Generalization）关系

UML 中的泛化关系定义了一般元素和特殊元素之间的分类关系，与 C++及 Java 中的继承关系有些类似。

泛化可划分成普通泛化和受限泛化。

1. 普通泛化

普通泛化就是没有给泛化添加约束。在 UML图中，普通泛化关系用一条带有空心箭头的实线来表示。

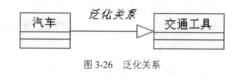

图 3-26　泛化关系

普通泛化关系如图 3-26 所示。图中表示【汽车】是【交通工具】的一种。

2. 受限泛化

可以给泛化关系附加约束条件，说明该泛化关系的使用方法或扩充方法，称为受限泛化。预定义的约束有 4 种：多重、不相交、完全和不完全。这些约束都是语义约束。

3.4.5　实现（Realization）关系

实现关系将一种模型元素（如类）与另一种模型元素（如接口）连接起来，其中接口只是行为的说明而不是结构或者实现。真正的实现由前一个模型元素来完成。

通常在两种地方会遇到实现关系：

（1）一种是在接口和实现它们的类或构件之间；

（2）另一种是在用例和实现它们的协作之间。

在 UML 图中，实现关系一般用一条带有空心箭头的虚线来表示。

图 3-27 表示的是一种实现关系，类【car】实现了接口【runable】。

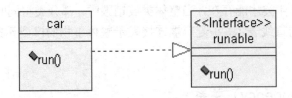

图 3-27　实现关系

以上讲述了 UML 中的 5 种最常用的关系，除了需要注意各种关系的区别与联系以外，还要了解对关系的修饰。

提示：由于 UML 中模型元素之间的关系同第 5 章中介绍的类之间的关系基本类似，因此 UML 关系的详细知识将会在第 5 章类图中介绍。同时在第 5 章的类图中还会详细介绍如何在 Rose 中绘制各种关系图。

3.5　UML 中的图

在前面我们已经知道，UML 的视图是由各种图组成的。在 UML 1.4 中提供了 9 种常用的图，如用例图、类图、对象图、状态图、活动图、时序图、协作图、组件图以及配置图。

根据这些图的基本功能以及实现行为，可以将其划分成 2 个分类：结构行为、动态行为。

结构行为描述了系统中的结构成员及其相互关系。包括类图、对象图、用例图、组件图和配置图。

动态行为描述了系统随时间变化的行为。动态行为是从结构行为图中抽取的系统的瞬间值的变化来描述的。动态行为图包括状态图、活动图、时序图以及协作图（其中时序图和协作图又称为交互图）。

表 3-2 列出了 UML 的图和图所包括的主要概念。不能把这张表看成是一套死板的规则，应将其视为对 UML 常规使用方法的指导，因为 UML 允许使用混合图。

表 3-2　　　　　　　　　　　　　　　UML 图分类

主要的域	图	主 要 概 念
结构行为图	类图、对象图	类、关联、泛化、依赖关系、实现、接口
	用例图	用例、参与者、关联、扩展、包括、用例泛化
	组件图	组件、接口、依赖关系、实现
	配置图	节点、构件、依赖关系、位置
动态行为图	状态图	状态、事件、转换、动作
	活动图	状态、活动、完成转换、分叉、结合
	时序图	交互、对象、消息、激活
	协作图	协作、交互、协作角色、消息

UML 中的各种图是 UML 模型的重要组成部分，本节将概述一下组成 UML 的几种图，更详细的介绍可参考后面的章节。

1．用例图（Use Case Diagram）

用例图展现了一组用例、参与者以及它们间的关系。可以用用例图描述系统的静态使用情况。在对系统行为组织和建模方面，用例图是相当重要的。用例图的例子如图 3-28 所示。

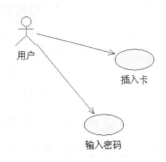

图 3-28　用例图举例

提示：

① 小人形状的用户和 ATM 是参与者；

② 椭圆形状的插入卡、输入密码是用例；

③ 这些概念在后续章节会有详细的阐述。

2．类图（Class Diagram）

类图展示了一组类、接口和协作及它们间的关系，在建模中所建立的最常见的图就是类图。系统可有多个类图，单个类图仅表达了系统的一个方面。一般在高层给出类的主要职责，在低层给出类的属性和操作。类图的例子如图 3-29 所示。

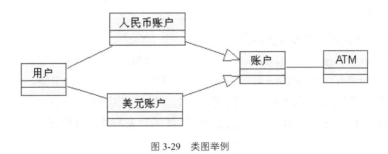

图 3-29　类图举例

提示：

① 图中反映了 5 个类之间的关联关系；

② 人民币账户类和美元账户类从账户类继承；

③ 账户与 ATM 相关联；

④ 用户与两种账户类相关联。

3．对象图（Object Diagram）

对象图（Object Diagram）是类图的变体，它使用与类图相似的符号描述，不同之处在于对象图显示的是类的多个对象实例而非实际的类。可以说，对象图是类图的一个例子，用于显示系统执行时的一个可能的快照，即在某一时间点上系统可能呈现的样子。

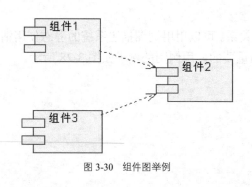

图 3-30　组件图举例

对象图与类图表示的不同之处在于它用带下划线的对象名称来表示对象，显示一个关系中的所有实例。

4．组件图（Component Diagram）

组件图，又称构件图，它由组件、接口和组件之间的联系构成。其中的组件可以是源码、二进制码或可执行程序。组件图表示系统中的不同物理部件及其联系，它表达的是系统代码本身的结构。组件图的例子如图 3-30 所示。

> 提示：图中有 3 个组件，组件 1 与组件 3 和组件 2 存在着依赖关系。

5．配置图（Deployment Diagram）

配置图展现了对运行时处理节点以及其中组件的配署。它描述系统硬件的物理拓扑结构（包括网络布局和组件在网络上的位置），以及在此结构上执行的软件（即运行时软件在节点中的分布情况）。用配置图说明系统结构的静态配置视图，即说明分布、交付和安装的物理系统。配置图的例子如图 3-31 所示。

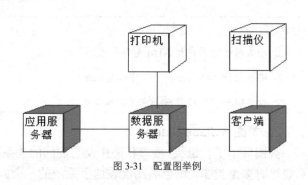

图 3-31　配置图举例

> 提示：图中有 3 个处理机（应用服务器、数据服务器以及客户端）与和 2 个设备（打印机和扫描仪），相互之间是关联的关系。

6．时序图（Sequence Diagram）

时序图显示多个对象之间的动态协作，重点是显示对象之间发送消息的时间顺序。时序图也显示对象之间的交互，即在系统执行时，某个指定时间点将发生的事情。时序图的一个用途是表示用例中的行为顺序，当执行一个用例行为时，时序图中的每一条消息对应了一个类操作或状态机中引起转换的触发事件。用时序图说明系统的动态视图。时序图的例子如图 3-32 所示。

图 3-32　时序图举例

提示：该图反映了用户与 ATM 的交互过程，用户把卡插入 ATM 中，ATM 向用户发出需要密码指令，用户再把密码提供给 ATM……

7．协作图（Collaboration Diagram）

协作图在对一次交互中有意义的对象和对象间的连接建模，它强调收发消息对象的组织结构，按组织结构对控制流建模。除了显示消息的交互之外，还显示对象以及它们之间的关系。协作图的例子如图 3-33 所示。

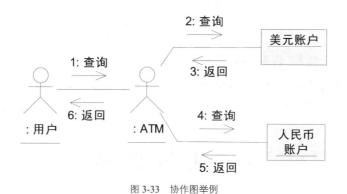

图 3-33 协作图举例

提示：用户向 ATM 提出查询要求，ATM 根据用户提供的信息，选择对于美元账户或者人民币账户的查询路径，并返回信息给用户。

8．状态图（Statechart Diagram）

状态图展示了一个特定对象的所有可能状态以及由于各种事件的发生而引起的状态间的转移。一个状态图描述了一个状态机，用状态图说明系统的动态视图。状态图对于接口、类或协作的行为建模尤为重要，可用它描述用例实例的生命周期。状态图的例子如图 3-34 所示。

提示：

① 标有"开始"和"结束"的是开始状态和结束状态；

② 整个状态的转换过程如下：从开始状态进入插入卡状态，经过输入密码操作，进入等待密码验证状态，然后进行密码验证，之后进入密码验证成功状态，再进行其他工作，最后工作完成取卡，进入到结束状态。

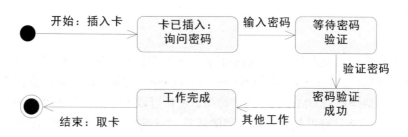

图 3-34 状态图举例

9．活动图（Activity Diagram）

活动图是状态图的一个变体，显示了系统中从一个活动到另一个活动的流程。活动图显示了一些活动，强调的是对象之间的流程控制。活动图的例子如图 3-35 所示。

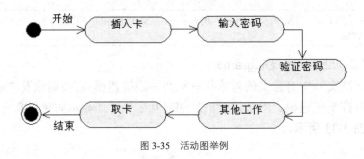

图 3-35　活动图举例

提示：

① 标有"开始"和"结束"的是开始状态和结束状态。

② 活动图以活动作为节点，从开始状态起步，进行插入卡活动，然后输入密码，系统验证密码，并进行其他工作，最后用户取卡，接着活动结束。

3.6　通　用　机　制

UML 中的几种通用机制使得 UML 变得简单和更易于使用。使用通用机制可以为模型元素提供额外的注释、信息或语义，还可以对 UML 进行扩展，更为方便的是可以在 UML 中的任何时候用同样的方法来使用这些机制。

3.6.1　修饰

在使用 UML 建模时，可以将图形修饰附加到 UML 图中的模型元素上。这种修饰（Adornment）为图中的模型元素增加了语义。比如说，当一个元素代表某种类型的时候，它的名称可以用粗体字形来显示；当同一元素表示该类型的实例时，该元素的名称用一条下划线修饰。在 UML 图中，通常将修饰写在相关元素的旁边，所有对这些修饰的描述与它们所影响的元素的描述放在一起。

3.6.2　注释

一种建模语言无论表现力有多强，也不能表示所有的信息。为了能够为一个模型添加不能用建模语言来表示的信息，UML 为用户提供注释（Note）功能。注释是以自由的文本形式出现的，它的信息类型是不被 UML 解释的字符串。注释可以附加到任何模型中去，可以放置在模型的任意位置上，并且可以包含任意类型的信息。一般来说，在 UML 图中用一条虚线将注释连接到它为之解释的或细化的元素上。

使用注释的目的是为了让模型更清晰，下面是注释使用的一些技巧。

（1）将注释放在要注释的元素旁边，用依赖关系的线将注释和被注释的元素连起来。

（2）可以隐藏元素或使隐藏的元素可见，这样会使模型图简洁。

（3）如果注释很长或不仅仅是普通文本，可以将注释放到一个独立的外部文件中（如 Word

文档），然后链接或嵌入到模型中。

3.6.3　规格说明

模型元素具有许多用于维护该元素的数据值特性，特性用名称和被称为标记值的值定义。标记值是一种特定的类型，例如一个整型或一个字符串。UML 中有许多预订义的特性，如文档（Documentation）、职责（Responsibility）、永久性（Persistence）和并发性（Concurrency）。

3.6.4　通用划分

UML 对其模型元素规定了两种类型的通用划分（General Division）：型—实例（值）和接口—实现。

1. 型—实例

型—实例（Type-Instance）描述一个通用描述符与单个元素项之间的对应关系。通用描述符称为型元素，它是元素的类，含有类的名字和对其内容的描述；单个元素是实例元素，它是元素的类的实例。一个型元素可以对应多个实例元素。

实例元素使用与通用描述符相同的表示图形，但是名字的表示与通用描述符不同：实例元素名字带有下划线，而且后面还要接上冒号和通用描述符的名字，如图 3-36 所示。

类与对象就是一种型—实例划分。类是对象的抽象，是通用描述符，类有类名和对类的属性和服务的描述；对象是类的实例，含有相应属性的具体值和对服务操作的引用。数据类型与数据值也是一种型—实例划分。某个数据类型为通用描述符，如 "string"，而它的一个实例为该数据类型的具体值，如 "Name"。关于型—实例的例子如图 3-37 所示。

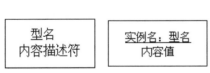

图 3-36　型—实例描述

图 3-37　型—实例的示例

2. 接口—实现

另一种通用划分为接口—实现。接口声明了一个规定了服务的约定，接口的实现负责执行接口的全部语义并实现该项服务。如图 3-38 所示的 Web 应用服务器组件实现了两个接口：配置和应用。

图 3-38　接口—实现的示例

3.6.5　扩展机制

UML 的扩展机制（extensibility）允许 UML 的使用人员根据需要自定义一些构造型语言

成分。扩展机制既可以扩展 UML 的功能，还可以使语言用户化，以方便用户使用。下一节将对 UML 的扩展机制做详细介绍。

3.7　UML 建模的简单流程

利用 UML 建造系统时，在系统开发的不同阶段有不同的模型，并且这些模型的目的是不同的。在分析阶段，模型的目的是捕获系统的需求，建立"现实世界"的类和协作的模型。在设计阶段，模型的目的是在考虑实现环境的情况下，将分析模型扩展为可行的技术方案。在实现阶段，模型是那些写并编译的实际源代码。在部署阶段，模型描述了系统是如何在物理结构中部署的。

尽管各个阶段的模型各不相同，但它们通常都是通过对早期模型的内容进行扩展而建立的。正因为如此，所有的模型都应该保存，这样就可以容易地回顾、重做或扩展初始的分析模型，并且在设计阶段的模型和实现阶段的模型中逐渐引入所做的改变了，构建系统所需的几种模型如图 3-39 所示。

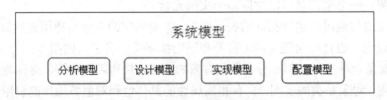

图 3-39　构建系统模型所需的模型

系统建立模型的过程就是将任务划分为需求分析阶段、分析阶段、设计阶段、实现阶段、配置阶段，几个阶段连续的迭代的过程。

第4章 用例视图

4.1 概　述

　　用例图（Use Case Diagram）是由软件需求分析到最终实现的第一步，它描述人们希望如何使用一个系统。用例图显示谁将是相关的用户、用户希望系统提供什么服务，以及用户需要为系统提供的服务，以便使系统的用户更容易地理解这些元素的用途，也便于软件开发人员最终实现这些元素。用例图在各种开发活动中被广泛地应用，但是它最常用来描述系统以及子系统。

　　实际中，当软件的用户开始定制某软件产品时，最先考虑的一定是该软件产品功能的合理性、使用的方便程度和软件的用户界面等特性。软件产品的价值通常就是通过这些外部特性动态的体现给用户的，对于这些用户而言，系统是怎样被实现的、系统的内部结构如何不是他们所关心的内容。而 UML 的用例视图就是软件产品外部特性描述的视图。用例视图从用户的角度而不是开发者的角度来描述对软件产品的需求，分析产品所需的功能和动态行为。因此对整个软件开发过程而言，用例图是至关重要的，它的正确与否直接影响到用户对最终产品的满意程度。

　　UML 中的用例图描述了一组用例、参与者以及它们之间的关系，因此用例图包括以下 3 方面内容：

　　（1）用例（Use Case）；（2）参与者（Actor）；（3）参与者、用例之间的关系、泛化关系、包含关系、扩展关系等。

　　用例图也可以包含注解和约束。用例图还可以包含包，用于将模型中的元素组合成更大的模块。有时，还可以把用例的实例引入到图中。用例图模型如图 4-1 所示。参与者用人形图标表示，用例用椭圆形符号表示，连线描述它们之间的关系。

图 4-1　用例图

4.2　参与者（Actor）

4.2.1　参与者概念

　　参与者（Actor）是系统外部的一个实体（可以是任何的事物或人），它以某种方式参与了用例的执行过程。参与者通过向系统输入或请求系统输入某些事件来触发系统的执行。参与者由他们参与用例时所担当的角色来表示。

在 UML 中，参与者用名字写在下面的人形图标表示。如图 4-2 所示。

> Rose 操作：
>
> 在 Rose 中，可以打开 Rose 浏览器，然后选择【Use Case View】→【Main】节点，双击打开系统默认的【Main】用例图。此时单击【Toolbox】工具栏上面的 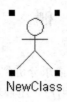 按钮，然后在右侧空白编辑区单击即可创建一个参与者。参与者默认的名称为【NewClass】。

NewClass

图 4-2　参与者

> Rose 操作：
>
> 用户可以选中参与者，然后单击文字【NewClass】即可直接修改参与者名称。也可以双击图标或者右键单击图标在弹出菜单中选择【Open Specification】命令，在弹出的属性设置对话框中进行设置，如图 4-3 所示。

每个参与者可以参与一个或多个用例。它通过交换信息与用例发生交互（因此也与用例所在的系统或类发生了交互），而参与者的内部实现与用例是不相关的，可以用一组定义其状态的属性充分描述参与者。

参与者不一定是人，也可以是一个外部系统，该系统与本系统相互作用，交换信息外部系统可以是软件系统，也可以是个硬件设备，例如在实时监控系统中的数据采集器，自动化生产系统上的数控机床等。

通常可以将参与者分成 3 大类：系统用户、与所建造的系统交互的其他系统和一些可以运行的进程。

图 4-3　参与者属性设置框

第 1 类参与者是真实的人，即用户，是最常用的参与者，几乎存在于每一个系统中。命名这类参与者时，应当按照业务而不是位置命名，因为一个人可能有很多业务。例如汽车租赁公司的客户服务代表，通常情况下是客户服务代表，但是如果他（她）自己要租车的时候，就变成了客户。所以，按照业务而不是位置命名可以获得更稳定的参与者。

第 2 类参与者是其他的系统。例如汽车租赁系统可能需要与外部应用程序建立联系，验证信用卡以便付款。其中，外部信用卡应用程序是一个参与者，是另一个系统。因此在当前项目的范围之外，需要建立与其他系统的接口。这类位于程序边界之外的系统也是参与者。

第 3 类参与者是一些可以运行的进程,如时间。当经过一定时间触发系统中的某个事件时,时间就成了参与者。例如,在汽车租赁系统中,到了还车的时间客户还没有归还汽车,系统会提醒客户服务代表致电客户。由于时间不在人的控制之内,因此它也是一个参与者。

4.2.2　确定参与者

在获取用例前要先确定系统的参与者,可以根据以下的一些问题来寻找系统的参与者。

(1) 谁或为什么使用该系统;

(2) 交互中,它们扮演什么角色;

(3) 谁安装系统;

(4) 谁启动和关闭系统;

(5) 谁维护系统;

(6) 与该系统交互的是什么系统;

(7) 谁从系统获取信息;

(8) 谁提供信息给系统;

(9) 有什么事发生在固定时间。

在建模参与者过程中,记住以下要点。

(1) 参与者对于系统而言总是外部的,因此它们在你的控制之外。

(2) 参与者直接同系统交互,这可以帮助定义系统边界。

(3) 参与者表示人和事物与系统发生交互时所扮演的角色,而不是特定的人或特定的事物。

(4) 一个人或事物在与系统发生交互时,可以同时或不同时扮演多个角色。例如,某研究生担任某教授的助教,从职业的角度看,他扮演了两个角色——学生和助教。

(5) 每一个参与者需要有一个具有业务一样的名字,在建模中,不推荐使用诸如 NewActor 这样的名字。

(6) 每个参与者必须有简短的描述,从业务角度描述参与者是什么。

(7) 像类一样,参与者可以具有分栏,表示参与者属性和它可接受的事件。一般情况下,这种分栏使用的并不多,很少显示在用例图中。

4.2.3　参与者间的关系

在用例图中,使用了泛化关系来描述多个参与者之间的公共行为。如果系统中存在几个参与者,它们既扮演自身的角色,同时也扮演更具一般化的角色,那么就用泛化关系来描述它们。这种情况往往发生在一般角色的行为在参与者超类中描述的场合。特殊化的参与者继承了该超类的行为,然后在某些方面扩展了此行为。参与者之间的泛化关系用一个三角箭头来表示,指向扮演一般角色的超类,如图 4-4 所示。这与 UML 中类之间的泛化关系符号相同。

如图 4-5 所示,假设一个汽车租赁公司,接受客户的电话预订和网上预订。参与者“客户”描述了参与者“电话客户”和“网上客户”所扮演的一般角色。如果不考虑客户是如何与系统接触的,可以使用一般角色的参与者,即父类;如果强调接触发生的形式,那么用例必须使用实际的参与者,即子类。

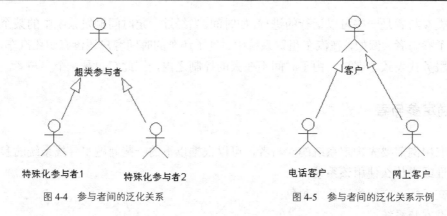

图 4-4　参与者间的泛化关系　　　　　图 4-5　参与者间的泛化关系示例

4.3　用例（Use Case）

4.3.1　用例的概念

用例是对一个系统或一个应用的一种单一的使用方式所作的描述，是关于单个活动者在与系统对话中所执行的处理行为的陈述序列。

用例是一个叙述型的文档，用来描述参与者（Actor）使用系统完成某个事件时的事情发生顺序。用例是系统的使用过程，更确切地说，用例不是需求或者功能的规格说明，但用例也展示和体现出了其所描述的过程中的需求情况。

从这些定义可知，用例是对系统的用户需求（主要是功能需求）的描述，用例表达了系统的功能和所提供的服务。

用例描述活动者与系统交互中的对话。例如，活动者向系统发出请求做某项数据处理，并向系统输入初始数据，系统响应活动者的请求，进行所要求的处理，把结果返回给活动者。这种对话表达了活动者与系统的交互过程，它可以用一系列的步骤来描述。这些步骤构成一个"场景"（Scenario），而"场景"的集合就是用例。全部的用例构成了对于系统外部可见的描述。

用例

图 4-6　用例

图形上，用例用一个椭圆来表示，用例的名字可以书写在椭圆的内部或下方。用例的 UML 图标如图 4-6 所示。

提示：用例绘制在第 3 章有详细介绍。

每个用例都必须有一个唯一的名字以区别于其他用例。用例的名字是一个字符串，它包括简单名（simple）和路径名（path name）。图 4-7 所示左边的用例使用的是简单名。用例的路径名是在用例名前加上它所属包的名字。图 4-7 所示右边的用例使用的是路径名，用例 Maintenance（续借）是属于事务包（Business）的。

图 4-7　用例的名字

4.3.2　识别用例

在本章开始已经说明了用例图对整个系统建模过程的重要性，在绘制系统用例图前，还有很多工作要做。系统分析者必须分析系统的参与者和用例，它们分别描述了"谁来做？"和"做什么？"这两个问题。

识别用例最好的办法就是从分析系统的参与者开始，考虑每个参与者是怎样使用系统的。使用这种策略的过程中可能会找出一个新的参与者，这对完善整个系统建模很有帮助。用例建模的过程就是迭代和逐步精华的过程，系统分析师从用例的名称开始，然后添加用例细节信息。这些信息由初始简短描述组成，它们被精华成完整的规格说明。

在识别用例的过程中，通过以下的几个问题可以帮助识别用例：

（1）特定参与者希望系统提供什么功能；

（2）系统是否存储和检索信息，如果是，这个行为由哪个参与者触发；

（3）当系统改变状态时，通知参与者吗；

（4）存在影响系统的外部事件吗；

（5）是哪个参与者通知系统这些事件。

4.3.3　用例与事件流

用例分析处于系统的需求分析阶段，这个阶段应该尽量避免考虑系统实现的细节问题。但是要实际建立系统，则需要更加具体的细节，这些细节写在事件流文件中。事件流的目的是为用例的逻辑流程建立文档，这个文档详细描述系统用户的工作和系统本身的工作。

虽然说事件流很详细，但其仍然是独立于实现方法的。也就是说，事件流描述的是一个系统做什么，而不是怎么做。

可以通过一个清晰的、易被用户理解的事件流来说明一个用例的行为。这个事件流包括用例何时开始和结束，用例何时和参与者交互，什么对象被交互以及该行为的基本流和可选流。

例如，图 4-3 所示的仓库管理信息系统中，用例"用户登录"可采用以下方法。

主事件流：参与者管理员或操作员输入自己的密码时，用例开始。输入的密码被提交后，服务器判断密码是否正确。如果正确，用户成功登录，系统根据用户的类型（管理员或操作员）为其分配相应的权限。

异常事件流：用户密码错误，不能登录，用例重新开始。

异常事件流：在密码提交前，用户清除输入密码，重新填写。

4.3.4 参与者、用例间的关系

用例除了与其参与者发生关联外，还可以具有系统中的多个关系，这些关系包括：泛化关系、包含关系和扩充关系。应用这些关系是为了抽取出系统的公共行为和变体。

1．关联关系

参与者与用例之间通常用关联关系来描述。参与者与用例之间的关联关系使用带箭头的实线来表示，如图 4-1 所示。

图 4-8 是汽车租赁系统用例图中的部分内容。本例中显示的是"客户"参与者以及与他交互的 3 个用例（预订、取车和还车）。【客户】可以启动【预订】、【取车】和【还车】这 3 个用例。

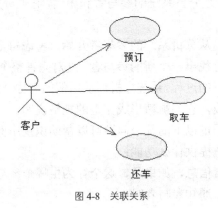

图 4-8 关联关系

Rose 操作：

（1）在 Rose 中，可以打开 Rose 浏览器，然后选择【Use Case View】→【Main】节点，双击打开系统默认的【Main】用例图。

（2）首先绘制完成参与者以及用例。这里依次绘制参与者【客户】以及用例【预订】、【取车】和【还车】。

（3）然后在【Toolbox】工具栏按钮上单击 ⌐ 按钮，接着单击参与者【客户】，并按住鼠标，拖动到用例【预订】即可创建【客户】和【预订】之间的关联关系。

（4）依次按照同样方法绘制其他关联关系。

2．泛化关系（Generalization）

一个用例可以被特别列举为一个或多个子用例，这被称为用例泛化。用例间的泛化关系和类间的泛化关系类似，即在用例泛化中，子用例表示父用例的特殊形式。子用例从父用例处继承行为和属性，还可以添加行为或覆盖、改变已继承的行为。当系统中具有一个或多个用例是一般用例的特化时，就使用用例泛化。

在图形上，用例间的泛化关系用带空心箭头的实线表示，箭头的方向由子用例指向父用例。

如图 4-9 所示是某学校信息系统用例图的部分内容。用例"查询用户"负责在学校范围内查找符合用户输入条件的人员信息。该用例有两个子用例"查询老师"和"查询学生"。这两个子用例都继承了父用例的行为，并添加了自己的行为。它们在查找过程中加入了属于自己的

查询范围。

> Rose 操作：
> （1）在 Rose 中，可以打开 Rose 浏览器，然后选择【Use Case View】→【Main】节点，双击打开系统默认的【Main】用例图。
> （2）这里主要介绍如何绘制用例间的泛化关系。首先绘制完成用例【查询用户】（父用例）、【查询教师】（子用例）和【查询学生】（子用例）。
> （3）然后在【Toolbox】工具栏按钮上单击 按钮，接着单击子用例【查询教师】，并按住鼠标，拖动到父用例【查询用户】处即可创建它们之间的泛化关系。
> （4）依次按照同样方法绘制其他泛化关系。

3. 包含关系（Include）

包含（include）指的是其中一个用例（称作基础用例）的行为包含了另一个用例（称作包含用例）的行为。基础用例可以看到包含用例，并依赖于包含用例的执行结果。但是二者不能访问对方的属性。

在 UML 中，包含关系表示为虚线箭头加<<include>>字样，箭头指向被包含的用例，如图 4-10 所示。

图 4-9　用例间的泛化关系　　　　图 4-10　包含关系

包含关系使一个用例的功能可以在另一个用例中使用，通常在以下 2 种情况下发生。

（1）如果两个以上用例有重复的功能，则可以将重复的功能分解到另一个用例中。其他用例可以和这个用例建立包含关系。

（2）一个用例的功能太多时，可以用包含关系创建多个子用例。

提示：读者可能在别的书籍中发现 UML 中还有一种<<uses>>关系，该关系是在 UML 1.1 中定义的。在 UML 1.3 以后，<<uses>>关系被替换成<<include>>关系。

如图 4-11 所示是某学校信息系统用例图的部分内容。用户请求系统做的事件（例如修改用户信息、查看详细信息和删除用户信息）都涉及查找某个用户信息。如果每次都必须编写事件序列，那么用例会变得很复杂。这里就可以使用包含关系，使用例"查询用户"被用例"修改用户信息"、"查看详细信息"和"删除用户信息"所包

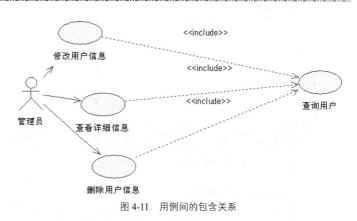

图 4-11　用例间的包含关系

含，这样就能避免许多重复的动作。

> Rose 操作：
>
> （1）在 Rose 中，可以打开 Rose 浏览器，然后选择【Use Case View】→【Main】节点，双击打开系统默认的【Main】用例图。
>
> （2）这里主要介绍如何绘制用例间的包含关系。首先绘制完成用例【修改用户信息】（基本用例）、【查看详细信息】（基本用例）、【删除用户信息】（基本用例）以及【查询用户】（包含用例）。
>
> （3）然后在【Toolbox】工具栏按钮上单击 ↗ 按钮，接着单击【修改用户信息】用例，并按住鼠标，拖动到【查询用户】处即可创建它们之间的包含关系。
>
> （4）这里需要注意的是，在绘制包含关系的时候，使用的是依赖关系的按钮 ↗（第 3 章介绍），因此在绘制完成后，连接线上面并不会出现<<include>>的标记，如图 4-12 所示。
>
> （5）因此还需要进一步设置。首先选中连接线，双击（或者通过右键菜单）打开属性设置对话框，如图 4-13 所示。
>
> （6）在【Stereotype】下拉框中选择【include】选项，然后单击【OK】按钮，此时创建完成的包含关系如图 4-14 所示。
>
> （7）依次按照同样方法绘制其他包含关系。

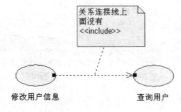

图 4-12　包含关系连接线

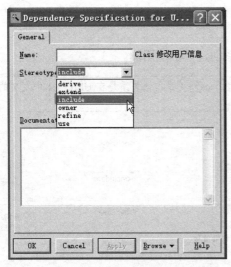

图 4-13　设置包含关系

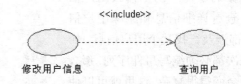

图 4-14　包含关系创建完成

4．扩展关系（Extend）

一个用例也可以被定义为基础用例的增量扩展，这称作扩展关系。扩展关系是把新行为插入到已有用例的方法。基础用例提供了一组扩展点（Extension points），在这些扩展点中可以添加新的行为，而扩展用例提供了一组插入片段，这些片段能够被插入到基础用例的扩展点中。

在 UML 中，扩展关系表示为虚线箭头加<<extend>>字样，箭头指向被扩展的用例（即基础用例），如图 4-15 所示。

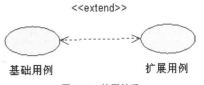

图 4-15　扩展关系

基础用例不必知道扩展用例的任何细节，它仅为其提供扩展点。事实上，基础用例没有扩展也是完整的，这一点与包含关系有所不同。一个用例可能有多个扩展点，每个扩展点也可以出现多次。但在一般情况下，基础用例的执行不会涉及扩展用例的行为，如果特定条件发生，扩展用例的行为才被执行，然后继续。

扩展关系为处理异常或构建灵活系统框架提供了一种有效的方法。

如图 4-16 所示是图书馆信息系统用例图的部分内容。基础用例是"归还图书"。如果一切顺利图书可以被归还，但如果借阅人所借图书超期，按规定就要交纳一定数额的罚金，这时就不能执行用例提供的常规动作。如果更改用例"归还图书"，势必会增加系统的复杂性。因此可以在用例"归还图书"中增加扩充点，特定条件是"图书超期"，如果满足特定条件，将执行扩展用例"交纳罚金"，这样显然能使系统更易被理解。

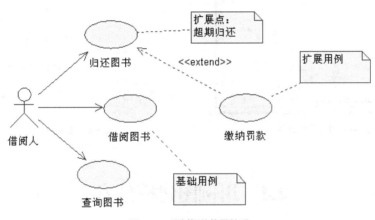

图 4-16　用例间的扩展关系

Rose 操作：

（1）在 Rose 中，可以打开 Rose 浏览器，然后选择【Use Case View】→【Main】节点，双击打开系统默认的【Main】用例图。

（2）这里主要介绍如何绘制用例间的扩展关系。首先绘制完成用例【归还图书】、【缴纳罚款】（扩展用例）。

（3）然后在【Toolbox】工具栏按钮上单击 ↗ 按钮，接着单击【缴纳罚款】用例，并按住鼠标，拖动到【归还图书】处即可创建它们之间的扩展关系。

（4）这里需要注意的是，在绘制扩展关系的时候，使用的是依赖关系的按钮 ↗（第 3 章介绍），因此在绘制完成后，连接线上面并不会出现<<extend>>的标记，如图 4-17 所示。

（5）因此还需要进一步设置。首先选中连接线，双击（或者通过右键菜单）打开属性设置对话框，如图 4-18 所示。

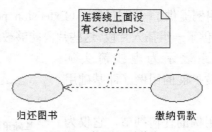

图 4-17　扩展关系连接线

（6）在【Stereotype】下拉框中选择【extend】选项，然后单击【OK】按钮，此时创建
完成的扩展关系如图 4-19 所示。

图 4-18　设置包含关系

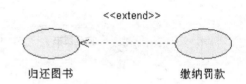

图 4-19　扩展关系创建完成

4.4　用例图建模技术

4.4.1　对语境建模

对于一个系统，会有一些事物存在于其内部，而一些事物存在于其外部。存在于系统内部
的事物的任务是完成系统外部事物所期望的系统行为，存在于系统外部并与其进行交互的事物
构成了系统的语境，即系统存在的环境。在 UML 建模过程中，用例图对系统的语境进行建模，
强调的是系统的外部参与者。对系统语境建模应当遵循以下的方法：

（1）用以下几组事物来识别系统外部的参与者：需要从系统中得到帮助以完成其任务的组；
执行系统功能时所必需的组；与外部硬件或其他软件系统进行交互的组；为了管理和维护系统
而执行某些辅助功能的组。

（2）将类似的参与者组织成泛化/特殊化的结构层次。

（3）在需要加深理解的地方，为每个参与者提供一个构造型。

（4）将参与者放入到用例图中，并说明参与者与用例之间的通信路径。

4.4.2　对需求建模

软件需求就是根据用户对产品功能的期望，提出产品外部功能的描述。需求分析所要做的工作是获取系统的需求，归纳系统所要实现的功能，使最终的软件产品最大限度地贴近用户的要求。一般要考虑系统做什么（what），而尽可能的不去考虑怎么做（how）。UML 用例图可以表达和管理系统大多数的功能需求。

对系统需求建模可以参考如下方法：

（1）识别系统外部的参与者，从而建立系统的语境；

（2）考虑每一个参与者期望的行为或需要系统提供的行为；

（3）把公共行为命名为用例；

（4）确定供其他用例使用的用例和扩展其他用例的用例；

（5）在用例图中对这些用例、参与者和它们间的关系建模；

（6）用描述非功能需求的注释修饰用例图。

4.4.3　用例粒度

在 UML 中其实并没有用例粒度的概念，笔者将用例的粒度理解成用例的细化程度。在实际操作过程中，用例粒度通常会让初学者迷惑。为了让读者了解用例粒度的概念，下面通过一个案例来说明。

比如一个读者去图书馆借书。他首先登录系统，查询了书目，出示了借书证，图书管理员查询了该人以前借阅记录以确保没有未归还的书，最后该读者借到了书。如果从比较细的角度划分，以上每个过程都可以当作一个用例。

但是用例分析是以参与者为中心的，因此用例的细化以能完成参与者目的为依据。这样，实际上适合用例是：借书。只有一个，其他都只是完成这个目的的过程。这个例子是比较明显的能够区分出参与者完整目的的，在很多情况下可能并没有那么明显，甚至会有冲突。

因此用户在实际操作过程中，应该以参与者为中心，以参与者要完成的任务来划分用例的粒度。再比如在 ATM 取钱的场景中插卡、登录、取钱以及打印回执单等都是可能的用例，显然，取钱包含了后续的其他用例，取钱粒度更大一些，其他用例的粒度则要小一些。用户可以根据实际完成的目标来界定该设定用例。比如用户仅仅是完成取钱的任务，则可以将登录、取钱、打印回执作为用例。而用户如果是要去旅行（旅行是目的），那么此时适合将取钱作为其中的一个用例。

对普通借阅者来说，图 4-20 的用例粒度就显得有些过细。

提示：在设计阶段，针对开发人员设计的用例图，则是越细越好。

图 4-21 就是一个针对普通借阅者粒度比较适中的用例。

总之用例粒度没有一个十分标准的设定。用户可以在实践中慢慢体会，只要符合 UML 的规范，符合用户需求，便于理解，都是可以接受的。

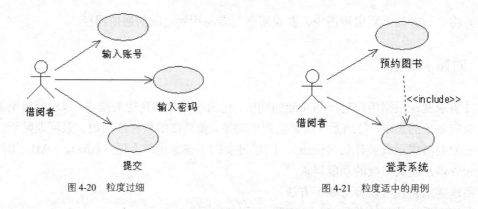

图 4-20　粒度过细　　　　　　　　　　图 4-21　粒度适中的用例

4.5　实例——图书馆管理系统中的用例视图

为了加深读者对前面章节所介绍知识的理解,本节通过一个实际的系统用例图来说明用例图的创建过程。下面将以比较常见的图书馆管理系统为例，具体介绍如何使用 Rational Rose 建立一个图书馆管理系统的用例图。

4.5.1　确定系统涉及的内容

图书馆管理系统是对书籍的借阅及读者信息进行统一管理的系统，具体包括读者的借书、还书、书籍预订；图书馆管理员的书籍借出处理、书籍归还处理、预订信息处理；还有系统管理员的系统维护，包括增加书目、删除或更新书目、增加书籍、减少书籍、增加读者账户信息、删除或更新读者账户信息、书籍信息查询、读者信息查询等。系统的总体信息确定以后，就可以分析系统的参与者、确定系统用例了。

4.5.2　确定系统参与者

确定参与者首先需要分析系统所涉及的问题领域和系统运行的主要任务:分析使用该系统主要功能的是哪些人，谁需要该系统的支持以完成其工作，还有系统的管理者与维护者。

根据图书馆管理系统的需求分析，可以确定如下几点。

（1）作为一个图书馆管理系统，首先需要读者（借阅者）的参与，读者可以登录系统查询所需要的书籍，查到所需书籍后可以考虑预订，当然最重要的是借书、还书操作。

（2）对于系统来说，读者发起的借书、还书等操作最终还需要图书馆管理员来处理，他们还可以负责图书的预订和预订取消。

（3）对于图书馆管理系统来说，系统的维护操作也是相当重要的，维护操作主要包括增加书目、删除或更新书目、增加书籍、减少书籍等操作。

由以上分析可以得出，系统的参与者主要有 3 类：读者（也可称为借阅者）、图书馆工作人员、图书馆管理系统维护者（系统管理员）。

4.5.3　确定系统用例

　　用例是系统参与者与系统在交互过程中所需要完成的事务，识别用例最好的方法就是从分析系统的参与者开始，考虑每个参与者是如何使用系统的。由于系统存在借阅者、图书馆工作人员、系统管理员 3 个参与者，所以在识别用例的过程中，可以将系统分为 3 个用例图分别考虑。

> 提示：也可以根据参与者之间的关系将系统的用例图合为一张，这样画出的用例图略显复杂，本节为简单起见，将系统的用例图分为 3 个分别介绍。

1．借阅者请求服务的用例
借阅者请求服务的用例图包含如下用例：
（1）登录系统；
（2）查询自己的借阅信息；
（3）查询书籍信息；
（4）预订书籍；
（5）借阅书籍；
（6）归还书籍。

2．图书馆工作人员处理借书、还书等的用例
图书馆工作人员处理借书、还书包含如下用例：
（1）处理书籍借阅；
（2）处理书籍归还；
（3）删除预订信息。

3．系统管理员进行系统维护的用例
系统管理员进行系统维护包含如下用例：
（1）查询借阅者信息；
（2）查询书籍信息；
（3）增加书目；
（4）删除或更新书目；
（5）增加书籍；
（6）删除书籍；
（7）添加借阅者账户；
（8）删除或更新借阅者账户。

4.5.4　使用 Rational Rose 来绘制用例图

1．创建用例图
一般情况下，用例图是 UML 中要绘制的第一个图。下面介绍创建步骤。

　　（1）在 Rose 创建所用的模型之前，首先要新建一个工程。用户可以选择【File】→【New】菜单命令来创建一个全新工程，然后将该工程保存为【library】（参见第 3 章的介绍）。

（2）在 Rose 左侧的树形浏览器中，展开【Use Case View】（用例视图）节点。可以看到系统中已经默认创建了一个名为【Main】的用例图，如果系统比较简单，可以直接在【Main】图中操作，双击即可打开该图。

（3）如果要新建一个用例图，用户可以右键单击【Use Case View】，然后在弹出菜单中选择【New】命令，如图 4-22 所示。

（4）双击【LibReader_UC】，可以打开用例图。用户可以在右侧打开的空白编辑视图区域绘制各种图形。

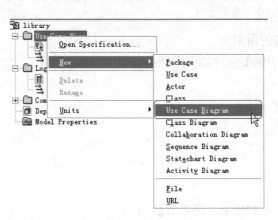

图 4-22　右键菜单

从图中可以看出，在弹出的菜单中有 4 个可用菜单项，其中前两个 "Open Specification" 和 "New" 选项最常用。表 4-1 列出了这两个选项的功能说明。

表 4-1　　　　　　　　　　　　　　用例图菜单项说明

菜　单　项	功　　能	包　含　选　项
Open Specification	打开属性说明	
New	新建 UML 元素	Package（包）
		Use Case（用例）
		Actor（角色）
		Class（类）
		Use Case Diagram（用例图）
		Class Diagram（类图）
		Collaboration Diagram（协作图）
		Sequence Diagram（时序图）
		StateChart Diagram（状态图）
		Activity Diagram（活动图）

要建立新的用例图，在弹出菜单中选择【New】→【Use Case Diagram】命令即可。

此时，在【Use Case View】树形结构下多了一个名为【NewDiagram】的图标，这个图标就是新建的用例图的图标。右键单击此图标，在弹出菜单中选择【Rename】菜单项，可以为用例图重命名（或者选中图标后，单击名称也可以直接修改）。最好为用例图模型取一个有意义的名字，此处取名为【LibReader_UC】，表示借阅者用例图，如图 4-23 所示。

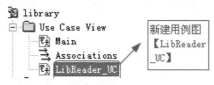

图 4-23　创建名为 LibReader_UC 的用例图

提示：用户也可以根据需求针对不同参与者创建不同的包以及不同的用例图。

2．用例图工具栏【Toolbox】

【Toolbox】工具栏在前面已经多次介绍。在 Rose 中，【Toolbox】工具栏会随着不同的图而发生改变。

表 4-2 所示列出了用例图工具栏中各个按钮的图标、按钮名字及其作用。

表 4-2　　　　　　　　　　　　　用例图工具栏

图　标	按 钮 名 称	作　用
	Selection Tool	选择一项
	Text Box	添加文本框
	Note	添加注释
	Anchor Note to Item	将图中的元素与注释相连
	Package	包
	Actor	参与者
	Use Case	用例
	Unidirectional Association	关联关系
	Dependency or instantiates	依赖和实例化（包括扩展、使用关系等）
	Generalization	泛化关系

3．添加参与者与用例

（1）绘制借阅者以及相关用例。

参与者和用例的绘制方法相同，首先点击工具栏中的图标按钮，然后在编辑区要绘制的地方单击鼠标左键。用例的图标按钮为 ○，参与者的图标按钮为 人。图 4-24 显示了图书馆系统的借阅者和相关用例。

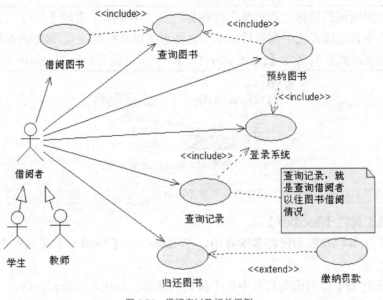

图 4-24　借阅者以及相关用例

提示：在介绍用例关系的时候，已经介绍了如何绘制参与者用例之间的关系，这里就不再详细介绍绘制步骤了。

另外在绘制关系的时候，关系的说明如<<include>>、<<extend>>等可以用鼠标拖动调整显示位置，以免图形复杂的时候看不清楚。

用例图说明：

■ 其中【预约图书】和【查询记录】用例包含了【登录系统】用例。因为必须要首先登录，读者才能预约图书和查询记录。

■ 在【归还图书】用例中，有 1 个扩展点，是图书逾期归还需要缴纳罚款。

■ 参与者【借阅者】可以泛化成【教师】和【学生】。

（2）绘制图书管理员（工作人员）及相关用例。绘制完成的结果如图 4-25 所示。

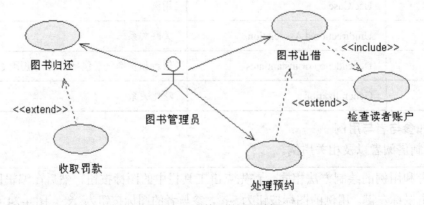

图 4-25　图书馆工作人员用例图

用例图说明：

■ 【图书归还】用例有 1 个扩展点。如果借阅者逾期归还，则需要收取罚金。

■ 【图书出借】用例包含了【检查读者账户】用例。因为出借之前要分析借阅者是否具备借书条件，如已经借阅了几本，有几本逾期未还等信息。同时【图书出借】还有一个扩展点，就是如果借阅者是预约借书的，则需要删除预约信息，然后借出图书。同时如果该图书已经被别人预约且只剩下一本，则无法出借。

图书管理员也可以查询图书以及读者信息，因此读者可以补充查询方面的用例。

（3）绘制系统管理员及相关用例。绘制完成的结果如图 4-26 所示。

用例图说明：

■　和系统管理员直接关联的用例可以分为【图书管理】、【用户管理】以及【系统维护】。

■　【图书管理】、【用户管理】以及【系统维护】等用例可以包含其他子用例来完善。用户可以根据分析设计的各种阶段来完善子用例。

■　用户应该根据不同的业务需求来设定参与者的用例。本书用例图中【图书管理】由系统管理员来操作。但是在实际操作中，也有可能是由图书馆工作人员来操作的。

■　【用户管理】允许系统管理员进行借阅者、图书馆工作人员、系统管理员等人员的信息管理。

提示：如果用例图中不列出各个子用例，也是可行的。用户可以根据系统的大小，分析阶段来决定用例粒度的大小。

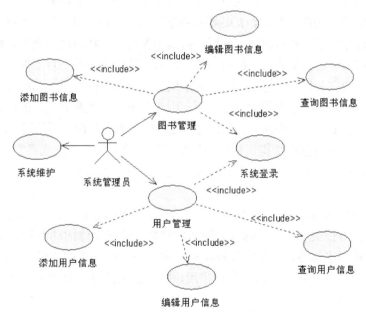

图 4-26　系统管理员用例图

第 5 章 静 态 图

5.1 概 述

在完成了系统的用例图之后，就可以根据用例图的参与者以及用例来进行 UML 的静态设计了。UML 模型中静态图的元素是应用中有实际意义的概念，这些概念包括真实世界中的概念、抽象的概念、实现方面的概念和计算机领域的概念，即系统中的各种概念。

在第 3 章中已经介绍了 UML 1.4 提供的 9 种图，在表 3-2 中将图分成了【结构行为图】和【动态行为图】。本章将类图、对象图和包图归类为静态图（也属于结构行为图）。其中类图描述系统中类的静态结构，它不仅定义系统中的类，表示类之间的关系，如关联、依赖、聚合等，还包括类的内部结构（类的属性和操作）。类图描述的是一种静态关系，在系统的整个生命周期都是有效的。通过分析用例和问题域，就可以得到相关的类，然后再把逻辑上相关的类封装成包。这样可以很好体现出系统的分层结构，使人们对系统层次关系一目了然。对象图是类图的实例，几乎有与类图完全相同的标识。它们的不同点在于对象图显示类图的多个对象实例，而不是实际的类。一个对象图是类图的一个实例。由于对象存在生命周期，因此对象图只能在系统某一时间存在。包由包或类构成，表示包与包之间的关系。包图用于描述系统的分层结构。

静态图显示了系统的静态结构，特别是存在事物的种类（例如类或者类型）的内部结构、相互之间的联系。尽管静态图可能包含具有或者描述暂时行为的事物的具体发生，但静态图不显示暂时性的信息。

静态图将行为实体描述成离散的模型元素，但是不包括它们动态行为的细节。静态图将这些行为实体看作是被类所指定、拥有并使用的物体。这些实体的动态行为由描述它们内部行为细节的其他视图来描述，包括交互视图和状态视图。动态视图要求静态图描述动态交互的事物——如果不首先说清楚什么是交互作用，就无法说清楚交互作用怎样进行的。静态图是建立其他图的基础。

5.2 类 图

在对一个软件系统进行设计和建模的时候，通常是从构造系统的基本词汇开始，包括构造这些基本词汇的基本属性和行为。然后要考虑的是这些基本词汇之间的关系，因为在任何系统中孤立的元素是很少出现的。这样系统分析师就能从结构上对所要设计的系统有清晰的认识。比如构造汽车，首先确定车厢、车轮和发动机等的基本词汇，分析它们的属性（如车厢的材质、颜色等）和行为（如发动机的运转等），然后考虑这些词汇间的关系。

系统分析师将上述的行为可视化为图，这就是通常所说的类图。类图是面向对象系统建模中最常用的图，它是定义其他图的基础，在类图的基础上，状态图、协作图、组件图和配置图等将进一步描述系统的其他方面的特性。

5.2.1　类图的概念和内容

类图（Class Diagram）是描述类、接口、协作以及它们之间关系的图，用来显示系统中各个类的静态结构。一个类图根据系统中的类以及各个类之间的关系描述系统的静态图。静态图可以包括许多的类图。静态图用于为软件系统进行结构建模，它构造系统的词汇和关系，而结构模型的可视化就是通过类图来实现的。

类图包含 7 个元素：类、接口、协作、依赖关系、泛化关系、实现关系以及关联关系。

与 UML 建模中的其他图一样，类图也可以包含注解和约束。类图中还可以含有包或子系统，它们使模型元素聚集成更大的模块。类图的内容如图 5-1 所示。

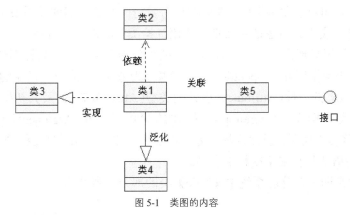

图 5-1　类图的内容

5.2.2　类图的用途

类图是系统静态图的一部分，它主要用来描述软件系统的静态结构。该图主要支持系统的功能需求，也就是系统要提供给最终用户的服务。当系统分析师以支持软件系统的功能需求为目的设计静态图时，通常以下述 3 种方法之一使用类图。

（1）对系统的词汇建模

在前面已经提到，用 UML 构建系统通常是从构造系统的基本词汇开始的，用于描述系统的边界，也就是说用来决定哪些抽象是要建模系统中的一部分，哪些抽象是处于要建模系统之外。这是非常重要的一项工作，因为系统最基本的元素在这里被确定。系统分析师可以用类图描述抽象和它们的职责。

（2）对简单协作建模

现实世界中的事物大多都是相互关系、相互影响的，将这些事物抽象成类后，情况也是如此。所要构造的软件系统中的类很少有孤立存在的，它们总是和其他类协同工作，以实现强于单个类的语义。因此，在抽象了系统词汇后，系统分析师还必须将这些词汇中是事物协同工作的方式可视化和详述。

（3）对逻辑数据库模式建模

在设计一个数据库时，通常使用数据库模式来描述数据库的概念设计。数据库模式建模是数据库概念设计的蓝本，可以使用类图对这些数据库的模式进行建模。

5.2.3 类图元素——类

在第 3 章已经简单介绍了类的知识，类是 UML 的模型元素之一。

类是面向对象系统组织结构的核心。类是对一组具有相同属性、操作、关系和语义的对象的描述。这些对象包括了现实世界中的物理实体、商业事物、逻辑事物、应用事物和行为事物等，甚至也包括了纯粹概念性的事物，它们都是类的实例。

一个类可以实现一个或多个接口。结构良好的类具有清晰的边界，并成为系统中职责均衡分布的一部分。

类定义了一组有着状态和行为的对象。其中，属性和关联用来描述状态。属性通常用没有身份的数据值表示，如数字和字符串。关联则用有身份的对象之间的关系表示。行为由操作来描述，方法是操作的实现。对象的生命期则由附加给类的状态机来描述。

在 UML 中，类用矩形来表示，并且该矩形被划分为 3 个部分：名称部分（Name）、属性部分（Attribute）和操作部分（Operation，也可以称为方法）。其中，顶端的部分存放类的名称，中间的部分存放类的属性（Attribute）、属性的类型（AttributeType）及其初始值（InitialValue），底部的部分存放类的操作（Operation）、操作的参数表（arg:ArgumentType）和返回类型（ReturnType），如图 5-2 所示。虽然这些部分可以使用像 C++、Java 等编程语言的语法来描述，但实际上，它们的语法是独立于编程语言的。

图 5-3 显示的是图书馆管理系统中【Title】类的部分内容。

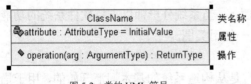

图 5-2　类的 UML 符号

图 5-3　Title 类

Rose 操作：

在第 3 章中已经介绍了如何绘制一个类，以及设置类的名称，但是没有介绍如何添加类的方法和属性。

（1）首先创建一个名为【Title】的类。

（2）然后右键单击【Title】类，在弹出菜单中选择【New Attribute】命令，可以创建一个属性；选择【New Operation】命令可以创建一个方法。如图 5-4 所示。如果要创建多个属性和方法，可以依次添加。

（3）系统默认创建的属性名为【name】、默认创建的方法名为【opname()】，如图 5-5 所示。

（4）用户可以很方便地修改属性名和方法名。一种方法是用鼠标单击属性名，然后直接修改名称。另外一种方法就是通过类属性对话框来设置属性和方法。双击类名称可以看到弹出类属性对话框，如图 5-6 所示。

（5）在图 5-6 中可以看到有【Operations】标签和【Attributes】标签。【Operations】标签用于对类方法进行管理，而【Attributes】标签用于对类属性进行管理。首先切换到【Attributes】标签。

（6）在图 5-6 中会显示已经创建的属性列表，如【name】、【name2】等。如果要修改属性名称，可以用鼠标直接单击名称进行修改；或者双击名称在弹出的设置对话框中进行设置，如图 5-7 所示。

（7）在图 5-7 中，可以直接在【Name】文本框中输入需要设置的属性名称，如图书作者名称【Author】，在设置属性的时候，一般还需要设置属性的数据类型。用户可以通过【Type】下拉框进行选择，这里选择【String】类型。设置完成后单击【OK】按钮，如图 5-8 所示。用户可以依次修改其他属性的名称和数据类型。

（8）在图 5-8 中，显示了已经修改的属性名【Author】以及设置好的数据类型【String】。用户可以直接使用右键菜单进行属性的编辑，如【Delete】命令删除属性、【Insert】命令添加新属性等。

图 5-4 菜单命令

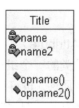

图 5-5 添加类属性和方法

图 5-6 类属性对话框

图 5-7 属性设置对话框

图 5-8　类属性的删除和添加

从图 5-3 中可以看出，类名为【Title】、【titleID】、【name】、【isbn】等为类的属性，【create】、【find】等为类的操作（方法）。

类在它的包含者内有唯一的名称，这个包含者可能是一个包或另一个类。类的多重性说明了有多少个实例可以存在，通常情况下，可以有多个（零个或多个，没有明确限制），但在执行过程中一个实例只属于一个类。下面详细介绍类的【名称】、【属性】、【操作】、【职责】等知识。

1．类名称（ClassName）

类的名称是每个类所必有的构成，用于和其他类相区分。类名称（ClassName）是一个文本串，可分为简单名称和路径名称。单独的名称即不包含冒号的字符串叫做简单名（single name）。用类所在的包的名称作为前缀的类名叫做路径名（path name），如图 5-9 所示。左边的类使用简单名，右边的类使用路径名，类 Title 是属于 Business 包的（Business::Title，包名和类名之间是两个冒号）。

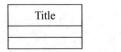

图 5-9　类的名称

2．属性（Attribute）

类的属性是类的一个组成部分，它描述了类在软件系统中代表的事物所具备的特性。类可以有任意数目的属性，也可以没有属性。属性描述了正在建模的事物的一些特性，这些特性是所有的对象所共有的。例如对学生建模，每个学生都有名字、专业、籍贯和出生年月，这些都可以作为学生类的属性。

在 UML 中类属性的语法为：

[可见性] 属性名 [：类型] [= 初始值] [{属性字符串}]

其中[　]中的部分是可选的。

（1）可见性。属性可以具有不同的可见性。可见性描述了该属性对于其他类是否可见，以及是否可以被其他类引用，而不仅仅是被该属性所在类可见。类中属性的可见性主要包括公有（Public）、私有（Private）和受保护（Protected）3 种。

如果类的某个属性具有公有可见性，那么可以在此类的外部使用和查看该属性；如果类的某个属性具有私有可见性，那么不可以从其他类中访问这个属性；另一种可见性是受保护可见性，这种可见性常与泛化和特化一起使用。其他种类的可见性可以由编程语言自己定义，但是公有和私有这两种类型的可见性通常是表达类图所必需的类型。在 UML 中，公有类型用"＋"表达，私有类型用"－"表达，而受保护类型则用"＃"表达。UML 的类中不存在默认的可见性，如果没有显示任何一种符号，就表示没有定义该属性的可见性。

（2）属性名。根据定义，类的属性首先是类的一部分，而且每个属性都必须有一个名字以区别于类中的其他属性。通常情况下属性名由描述所属类的特性的名词或名词短语组成。按照 UML 的约定，单字属性名小写。如果属性名包含了多个单词，这些单词要合并，且除了第一个单词外其余单词的首字母要大写。

（3）类型。属性具有类型，用来说明该属性是什么数据类型。典型的属性类型有：整型、布尔型、实型和枚举类型，这些称为简单类型。简单类型在不同的编程语言中有不同的定义，但是在 UML 中，类的属性可以使用任意类型，包括系统中的其他类。当一个类的属性被完整地定义后，它的任何一个对象的状态都由这些属性的特定值所决定。

（4）初始值。设定初始值有两个用处：保护系统的完整性，防止漏掉取值或被非法的值破坏系统的完整性；为用户提供易用性。

（5）属性字符串。属性字符串用来指定关于属性的其他信息，例如某个属性应该是永久的。任何希望添加在属性定义字符串值但又没有合适地方可以加入的规则，都可以放在属性字符串里。

属性也可以作为一个类属属性来定义，这就意味着此属性被该类的所有对象共享。在类图中，类属性带有一条下划线。

3．操作（Operation）

类的操作是对类的对象所能做的事务的抽象。它相当于一个服务的实现，该服务可以由类的任何对象请求以影响其行为。一个类可以有任何数量的操作或者根本没有操作。类的操作必须有一个名字，可以有参数表，可以有返回值。根据定义，类的操作所提供的服务可以分为两类，一类是操作的结果引起对象状态的变化，状态的改变也包括相应动态行为的发生；另一类是为服务的请求者提供返回值。

在 UML 中类操作的语法为：

[可见性] 操作名 [（参数表）] [：返回类型] [{属性字符串}]

其中[ ]中的部分是可选的。

（1）可见性。类中操作的可见性主要包括公有（Public）、私有（Private）、受保护（Protected）和包内公有（Package）4 种，分别用"＋"、"－"、"＃"和"～"来表示。

其中，只要调用对象能够访问操作所在的包，就可以调用可见性为公有的操作；只有属于同一个类的对象才可以调用可见性为私有的操作；只有子类的对象才可以调用父类的可见性为受保护的操作；只有在同一个包里的对象才可以调用可见性为包内公有的操作。

（2）操作名。在实际建模中，操作名是用来描述所属类的行为的动词或动词短语。在 UML 中，和属性名的表示类似，单字操作名小写。如果操作名包含了多个单词，这些单词要合并，并且除了第一个单词外其余单词的首字母要大写。

（3）参数表。参数表是一些按顺序排列的属性定义了操作的输入。参数表是可选的，即操作不一定必须有参数。参数的定义方式采用"名称：类型"的定义方式。如果存在多个参数，则将各个参数用逗号隔开。参数可以具有默认值，这意味着如果操作的调用者没有提供某个具有默认值的参数的值，那么该参数将使用指定的默认值。

（4）返回类型。返回类型是可选的，即操作不一定必须有返回类型。绝大部分编程语言只支持一个返回值，即返回类型至多一个。虽然没有返回类型是合法的，但是具体的编程语言一般要加一个关键字"void"来表示无返回值。

（5）属性字符串。如果希望在操作的定义中加入一些除了预定义元素之外的信息，就可以使用属性字符串。

4．职责（Responsibility）

类图中还可以指明另一种类的信息。在操作部分下面的区域，可以用来说明类的职责。职责是类或其他元素的契约或义务。创建一个类时，同时声明这个类的所有对象具有相同种类的状态和相同种类的行为，在较高层次上，这些相应的属性和操作正是要完成的类的职责和特性。类的职责是自由形式的文本，写成一个短语、一个句子或一段短文。在 UML 中，把职责列在类图底部的分隔栏中。举例来说，图书馆管理系统中，Title类负责查询图书的信息，并决定图书是否能够借出，如图 5-10所示。

图 5-10　类的职责

5.2.4　类图元素——接口（Interface）

在第 3 章中已经介绍了接口的基本知识。接口是在没有给出对象的实现和状态的情况下对对象行为的描述。接口包含操作但不包含属性，且它没有对外界可见的关联。一个类可以实现一个或多个接口，且所有的都可以实现接口中的操作。拥有良好接口的类具有清晰的边界，并成为系统中职责均衡分布的一部分。

接口仅作为一些抽象操作来描述，也就是说，多个操作签名一起指定一个行为。同时，一个类通过实现接口可以支持该行为。在程序运行的时候，其他对象可以只依赖于此接口，而不需要知道该类的其他任何信息。

在 UML 中，接口是用一个带有名称的小圆圈表示的，并且通过一条实线（实际上多重性总是为一对一的关联）与它的模型元素相连接，如图 5-11 所示。

当一个接口是在某个特定类中实现时，使用该接口的类通过一个依赖关系（一条带箭头的虚线）与该接口相连接。这时，依赖类仅依赖于指定接口中的那些操作，而不依赖于接口实现类中的其他部分。如果是依赖于这个类，那么依赖关系的箭头应该指向表示该类的类符号上。依赖类可以调用接口中声明的操作。为了显示接口中的操作，接口被指定为一个使用普通类矩形符号的，带有构造型<<interface>>的类，如图 5-12 所示。接口可以像类那样进行泛化和特化处理。在类图中，接口之间的继承是用类继承所使用的符号显示的。所有接口都有构造型<<interface>>。

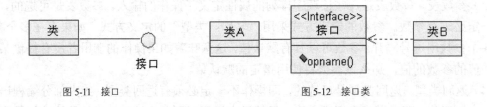

图 5-11　接口　　　　　　　　　图 5-12　接口类

5.2.5 类图元素——关系

抽象过程中，你会发现很少有类是独立存在的，大多数的类以某些方式彼此协作。如果离开了这些类之间的关系，那么类模型仅仅是一些代表领域词汇的杂乱矩形方框。因此，在进行系统建模时，不仅要抽象出形成系统词汇的事物，还必须对这些事物间的关系进行建模。

类之间的关系最常用的有 4 种，分别是表示类之间使用关系的依赖（Dependency）关系；表示类之间一般和特殊关系的泛化（Generalization）关系；表示对象之间结构关系的关联（Association）关系；表示类中规格说明和实现之间关系的实现（Realization）关系。

1. 依赖（Dependency）关系

依赖表示两个或多个模型元素之间语义上的关系。它只将模型元素本身连接起来而不需要用一组实例来表达它的意思。它表示了这样一种情形，对于一个元素（提供者）的某些更改可能会影响或提供消息给其他元素（客户），即客户以某种形式依赖于其他类元。实际建模时，类元之间的依赖关系表示某一类元以某种形式依赖于其他类元。

根据这个定义，关联、实现和泛化都是依赖关系，但是它们有更特别的语义，所以在 UML 中被分离出来作为独立的关系。在 UML 中，依赖用一个从客户指向提供者的虚箭头表示，用一个构造型的关键字来区分它的种类，如图 5-13 所示。

UML 建模过程中，常用依赖指明一个类把另一个类作为它的操作的特征标记中的参数。当被使用的类发生变化时，那么另一个类的操作也会受到影响，因为这个被使用类此时已经有了不用的接口和行为。

举例来说，类 TV 中的方法 change 使用了类 channel 的对象作为参数。因此在类 TV 和类 channel 之间存在着依赖关系。显然，当类 channel 发生变化时（电视频道改变），类 TV 的行为也发生了相应的变化。

> Rose 操作：
> 用户在 Rose 浏览器中打开【Logical View】→【Main】节点，双击打开对应图。绘制类【TV】以及类【Channel】，然后单击【Toolbox】工具栏上面的 ↗ 按钮。接着单击【TV】类并拖动到【Channel】类中，即可创建依赖关系。如图 5-14 所示。

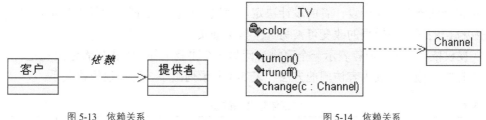

图 5-13 依赖关系   图 5-14 依赖关系

UML 定义了 4 种基本依赖类型，分别是使用（Usage）依赖、抽象（Abstraction）依赖、授权（Permission）依赖和绑定（Binding）依赖。

（1）使用依赖。使用依赖都是非常直接的，通常表示客户使用提供者提供的服务以实现它的行为。表 5-1 所示列出了 5 种使用依赖关系。

表 5-1   使用依赖关系的说明

依 赖 关 系	功　　能	关　键　字
使用	声明使用一个模型元素需要用到已存在的另一个模型元素，这样才能正确实现使用者的功能（包括了调用、实例化、参数和发送）	<<use>>
调用	声明一个类调用其他类的操作的方法	<<call>>
参数	声明一个操作和它的参数之间的关系	<<parameter>>
发送	声明信号发送者和信号接收者之间的关系	<<send>>
实例化	声明用一个类的方法创建了另一个类的实例	<<instantiate>>

其中，使用依赖是类中最常用的依赖。在实际建模中，3 种情况下产生使用依赖：客户类的操作需要提供者类的参数；客户类的操作返回提供者类的值；客户类的操作在实现中使用提供者类的对象。使用的构造型包括调用和实例。在实际建模中，调用依赖和参数依赖较少被使用。发送依赖规定客户把信号发送到非指定的目标，实例化依赖则规定客户创建目标元素的实例。

（2）抽象依赖。抽象依赖用来表示客户与提供者之间的关系，依赖于在不同抽象层次上的事物。表 5-2 所示列出了 3 种抽象依赖关系。

表 5-2   抽象依赖关系的说明

依 赖 关 系	功　　能	关　键　字
跟踪	声明不同模型中的元素之间存在一些连接，但不如映射精确	trace
精化	声明具有两个不同语义层次上的元素之间的映射	refine
派生	声明一个实例可以从另一个实例导出	derive

跟踪依赖是对不同模型中元素的连接的概念表述，通常这些模型是开发过程中不同阶段的模型。跟踪缺少详细的语义，它特别用来追溯跨模型的系统要求和跟踪模型中会影响其他模型的模型所起的变化。

精化是表示位于不同的开发阶段或处于不同的抽象层次中的一个概念的两种形式之间的关系。这并不意味着两个概念会在最后的模型中共存，它们中的一个通常是另一个的未完善的形式。原则上，在较不完善到较完善的概念之间有一个映射，但这并不意味着转换是自动的。通常，更详细的概念包含着设计者的设计决定，而决定可以通过许多途径来制定。原则上讲，带有偏移标记的对一个模型的改变可被另一个模型证实。

（3）授权依赖。授权依赖表示一个事物访问另一个事物的能力。提供者通过规定客户的权限，可以控制和限制对其内容访问的方法。表 5-3 所示列出了 3 种授权依赖关系。

表 5-3   授权依赖关系的说明

依 赖 关 系	功　　能	关　键　字
访问	允许一个包访问另一个包的内容	access
导入	允许一个包访问另一个包的内容并为被访问包的组成部分增加别名	import
友元	允许一个元素访问另一个元素，不管被访问的元素是否具有可见性	friend

（4）绑定依赖。绑定依赖是较高级的依赖类型，用于绑定模板以创建新的模型元素。表 5-4 所示列出了 1 种绑定依赖关系。

表 5-4　　　　　　　　　　　　　　绑定依赖关系的说明

依 赖 关 系	功　　能	关　键　字
绑定	为模板参数指定值，以生成一个新的模型元素	bind

绑定是将数值分配给模板的参数。它是具有精确语义的高度结构化的关系，可通过取代模板备份中的参数实现。

2．泛化（Generalization）关系

泛化关系是一种存在于一般元素和特殊元素之间的分类关系。其中，特殊元素与一般元素兼容，且还包含附加的信息。那些允许使用一般元素的地方都可以用特殊元素的一个实例来代替，但是反过来则不成立。泛化可以用于类、用例以及其他模型元素。

虽然实例间接地受到类型的影响，但是泛化关系只使用在类型上，而不是实例上。如一个类可以继承另一个类，但是一个对象不能继承另一个对象。

泛化关系描述了"is a kind of"（是……的一种）的关系。例如，彩色电视机、黑白电视机都是电视机的一种，汽车是交通工具的一种。在类中，一般元素被称作超类或父类，而特殊元素被称作子类。

在 UML 中，泛化关系用一条从子类指向父类的空心三角箭头表示，如图 5-15 所示。多个泛化关系可以用箭头线组成的树形来表示，每一个分支指向一个子类。

如图 5-16 所示，类 BookTitle（图书名）和类 MagazineTitle（杂志名）是类 Title（题名）的子类。因此，有空心三角形箭头从类 MagazineTitle 和类 BookTitle 指向类 Title。很显然类 MagazineTitle 和类 BookTitle 继承了类 Title 的某些属性，还添加了属于自己的某些新的属性。

> Rose 操作：
>
> 用户在 Rose 浏览器中打开【Logical View】→【Main】节点，双击打开对应图。绘制类【Title】、类【Book Title】以及类【Magazine Title】，然后单击【Toolbox】工具栏上面的 按钮。接着单击【Book Title】类并拖动到【Channel】类，即可创建依赖关系，同理可以依次创建其他泛化关系。如图 5-16 所示。

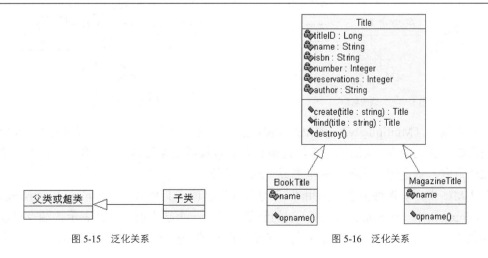

图 5-15　泛化关系　　　　　　　　　　图 5-16　泛化关系

3．关联（Association）关系

关联是描述一组具有共同结构特征、行为特征、关系和语义的链接。它是一种结构关系，指明一个事物的对象与另一个事物的对象间的关系。也就是说，如果两事物间存在链接，这些事物的类间必定存在着关联关系，因为链接是关联的实例，就如同对象是类的实例一样。举例来说，学生在大学里学习，大学又包括许多的学院，显然在学生、学院和大学间存在着某种链接。在 UML 建模设计类图时，就可以在学生、学院和大学 3 个类之间建立关联关系。

在 UML 中，关联关系用一条连接两个类的实线表示，如图 5-17 所示。

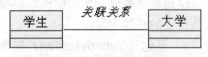

图 5-17　关联关系的 UML 符号表示

最普通的关联是二元关联。关联的实例之一是链，每个链由一组对象（一个有序列表）构成，每个对象来自于相应的类，其中二元链包含一对对象。有时同一个类在关联中出现不止一次，这时一个单独的对象就可以与自己关联。

除了关联的基本形式之外，还有 6 种应用于关联的修饰，分别是名称、角色、多重性、聚合、组合和导航性。

（1）名称（Name）。关联可以有一个名称，用来描述关系的性质，如图 5-18 所示。通常情况下，使用一个动词或动词短语来命名关联，以表明源对象在目标对象上执行的动作。名称以前缀或后缀一个指引阅读的方向指示符来消除名称含义上可能存在的歧义，方向指示符用一个实心的三角形箭头表示。

关联的名称并不是必需的，只有在需要明确地给关联提供角色名，或一个模型存在很多关联且要查阅、区别这些关联时，才有必要给出关联名称。

图中表示学生在大学学习（Study In）。

（2）角色。当一个类处于关联的某一端时，该类就在这个关系中扮演一个特定的角色。具体来说，角色就是关联关系中一个类对另一个类所表现的职责。当它们由这个关系的实例所连接时，角色名称应该是名词或者是名词短语。如图 5-19 所示，在这对关系中【学生】类将扮演【Learner】（学习者）的角色，【大学】类将扮演【Teacher】（教学者）的角色，它们是彼此相关联的。

图 5-18　关联的名称　　　　　　　　　　图 5-19　关联的角色

（3）多重性（Multiplicity）。约束是 UML 三大扩展机制之一，多重性是其中的一种约束，也是使用最广泛的约束。关联的多重性是指有多少对象可以参与该关联，多重性可以用来表达一个取值范围、特定值、无限定的范围或一组离散值。

在 UML 中，多重性被表示为用 ".." 分隔开的区间，其格式为 "minimum..maximum"，其中，minimum 和 maximum 都是 Int 型的整数。赋给一个端点的多重性表示该端点可以有多少个对象与另一个端点的一个对象关联。多重性语法的一些示例如表 5-5 所示。

表 5-5   多重性语法的示例

修　饰	语　义	修　饰	语　义
0	恰为 0	1	恰为 1
0..1	0 或 1	1..n	1 或更多
0..n	0 或更多	n	0 或更多

学生与大学间的多重性关系如图 5-20 所示。它说明一个学校可以有 1 个或更多的学生，而一个学生可能同时在 0 或多个学校中学习。

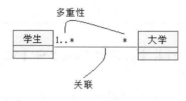

图 5-20　关联的多重性

Rose 操作：

（1）用户在 Rose 浏览器中打开【Logical View】→【Main】节点，双击打开对应图。绘制类【学生】以及类【大学】。

（2）单击【Toolbox】工具栏上面的 厂 按钮，接着单击【学生】类并按住鼠标拖动到【大学】类中，这样就绘制了关联关系。

（3）Rose 中关联关系默认是带有方向箭头的，用以表示方向。如图 5-21 所示。如果要取消箭头，可以右键单击关联关系的连接线，在弹出菜单中取消选中【Navigable】命令；反之选择即可，如图 5-22 所示。

（6）接下来设定类的多重性。首先选中关联关系的连接线，鼠标右键单击连接线左侧，并在弹出菜单中选择【Multiplicity】→【One or More】（如图 5-22 所示），关联关系连接线左端会显示【1..*】；同理在右侧选择【Multiplicity】→【n】，关联关系连接线右端会显示【*】，最后效果如图 5-20 所示。

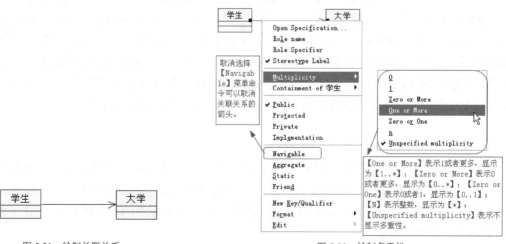

图 5-21　绘制关联关系　　　　　　　　　　　图 5-22　绘制多重性

提示：类图默认的工具栏按钮中，关联关系是有方向的，系统也有内置的无方向的关联关系按钮。用户需要通过自定义工具栏添加该按钮，该按钮名称为【Association】。自定义工具栏在第 2 章中介绍实现。

（4）聚合（Aggregation）。聚合关系是一种特殊类型的关联，它表示整体与部分关系的关联。简单地说，关联关系中一组元素组成了一个更大、更复杂的单元，这种关联关系就是聚合。聚合关系描述

图 5-23　聚合关系

了"has a"的关系。在 UML 中，聚合关系用带空心菱形头的实线来表示，其中头部指向整体，如图 5-23 所示。大学是由多个学院组成的，所以在"大学"和"学院"这两个类之间是聚合的关系。

Rose 操作：

（1）用户在 Rose 浏览器中打开【Logical View】→【Main】节点，双击打开对应图。绘制类【学院】以及类【大学】。

（2）单击【Toolbox】工具栏上面的 ↗ 按钮，接着单击【学院】类并按住鼠标拖动到【大学】类中，这样就绘制了关联关系（右键单击关联关系线，在弹出菜单中取消选择【Navigable】命令）。

（3）由于聚合关系是用空心菱形头的实线组成，所以还需要右键单击关联关系线的右端（即表示整体类的一端），在弹出菜单中选中【Aggregate】菜单命令即可。

提示：类图默认的工具栏按钮中，并没有提供聚合关系按钮，系统有内置的的聚合关系按钮。用户需要通过自定义工具栏添加该按钮，该按钮名称为【Aggregation】。自定义工具栏在第 2 章中介绍实现。

（5）组合关系（Composition）。组合关系是聚合关系中的一种特殊情况，是更强形式的聚合，又被称为强聚合。在组合中，成员对象的生命周期取决于聚合的生命周期，聚合不仅控制着成员对象的行为，而且控制着成员对象的创建和解构。在 UML 中，组合关系用带实心菱形头的实线来表示，其中头部指向整体，如图 5-24 所示。从图中可以看出，菜单和按钮不能脱离窗口对象而独立存在，如果组合被破坏，则其中的成员对象不会继续存在。

（6）导航性（Navigation）。导航性描述的是一个对象通过链（关联的实例）进行导航访问另一个对象，即对一个关联端点设置导航属性意味着本端的对象可以被另一端的对象访问。可以在关联关系上加箭头表示导航方向。只在一个方向上可以导航的关联称为单向关联（Unidirectional Association），用一条带箭头的实线来表示，如图 5-25 所示；在两个方向上都可以导航的关联称为双向关联（Bidirectional Association），用一条没有箭头的实线来表示。另外，使用导航性可以降低类间的耦合度，这也是好的面向对象分析与设计的目标之一。（在 Rose 中，↗ 按钮绘制的默认图形就是带箭头的实线，绘制方法在前面已经介绍过。）

4．实现（Realization）关系

实现是规格说明和其实现之间的关系，它将一种模型元素与另一种模型元素连接起来，比如类和接口。虽然实现关系意味着要具有接口一样的说明元素，但是也可以用一个具体的实现元素来暗示它的说明必须被支持。例如，实现关系可以用来表示类的一个优化形式和一个简单低效的形式之间的关系。

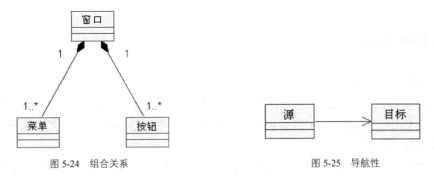

图 5-24 组合关系   图 5-25 导航性

泛化和实现关系都可以将一般描述与具体描述联系起来。泛化将同一语义层上的元素连接起来，并且通常在同一模型内。实现关系则将不同语义层内的元素连接起来，通常建立在不同的模型内。在不同发展阶段可能有两个或更多的类等级存在，这些类等级的元素通过实现关系联系在一起。等级之间不需要具有相同的形式，因为实现的类可能具有实现依赖关系，而这种依赖关系与具体类是不相关的。

实现关系通常在两种情况下被使用：在接口与实现该接口的类之间；在用例以及实现该用例的协作之间。

在 UML 中，实现关系的符号与泛化关系的符号类似，用一条带指向接口的空心三角箭头的虚线表示，如图 5-26 所示。

图 5-27 所示是实现关系的一个示例，描述的是【键盘】保证自己的部分行为可以实现【打字员】的行为。

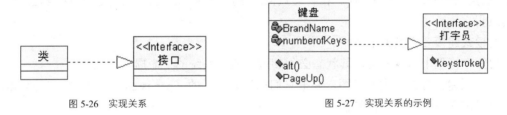

图 5-26 实现关系   图 5-27 实现关系的示例

Rose 操作：

（1）用户在 Rose 浏览器中打开【Logical View】→【Main】节点，双击打开对应图。绘制类【键盘】以及接口【打字员】。

（2）单击【Toolbox】工具栏上面的 ⚲ 按钮，接着单击【键盘】类并按住鼠标拖动到【打字员】接口处，这样就绘制了实现关系。

实现关系还有一种省略的表示方法，即将接口表示为一个小圆圈，并和实现接口的类用一条线段连接，如图 5-28 所示。

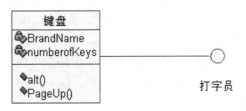

图 5-28 实现关系的省略表示

5.2.6　类图建模技术

1．对简单协作建模

前面已经介绍过，类不是单独存在的，而是要与其他类协同工作，以实现一些强于使用单个类的语义。协作是动态交互在静态视图上的映射，协作的静态结构通过类图来描述。

对协作建模要遵循如下策略。

（1）识别要建模的机制。一个机制描述了正在建模的部分系统的一些功能和行为，这些功能和行为是由类、接口和一些其他元素的相互作用产生的。

（2）对每种机制，识别参与协作的类、接口和其他协作，并识别这些事物之间的关系。

（3）用协作的脚本检测事物，通过这种方法可以发现模型中被遗漏的部分和有明显语义错误的部分。

（4）把元素和它们的内容聚合在一起。对于类，首先平衡好职责，随着时间的推移，将它们转换成具体的属性和操作。

2．对逻辑数据库模式建模

要建模的许多系统中都有永久对象，要把这些对象存储在数据库中，以便以后检索。通常使用关系数据库、面向对象数据库或混合的关系/对象数据库存储永久对象。UML 适合于对逻辑数据库模式和物理数据库本身建模。

通用的逻辑数据库建模工具是"实体－关系（E-R）"图，传统的 E-R 图只针对数据，而 UML 的类图还允许对行为建模。在物理数据库中，类图一般要把逻辑操作转化成触发器或存储的过程。

对模式建模要遵循如下策略。

（1）在模型中识别的类，其状态必须超过其应用系统的生命周期。

（2）创建包含这些类的类图，并把它们标记为永久的（persistent）。对于特定的数据库细节，可以定义自己的标记值集合。

（3）展开这些类的结构性细节，即详细描述属性的细节，并注重于关联和构造类的基数。

（4）观察系统中的公共模式（如循环关联、一对一关联和 n 元关联），它们常常造成物理数据库设计的复杂化。必要时可以创建简化逻辑结构的中间抽象。

（5）考虑这些类的行为，扩展对数据存储和数据完整性来说重要的操作。一般情况下，与对象集的操作相关的业务规则应该被封装在永久类的上一层。

（6）如果有可能，用工具把逻辑设计转换成物理设计。

3．正向工程（Forward Engineering）

建模是重要的，但是开发小组的主要产品应该是软件而不是模型。创建模型的目的是为了及时交付满足用户需求及业务发展目标的软件。因此，要保证创建的模型与交付的产品相匹配并使二者保持同步的代价降到最小。

虽然 UML 没有指定对任何面向对象语言的映射，但还是考虑了映射问题。尤其是对类图，可以把类图的内容清楚地映射到各种面向对象语言（如 Java、C＋＋、Ada 和 Smalltalk）和基于对象的语言（如 Visual Basic）上。

正向工程是通过到实现语言的映射把模型转换为代码的过程。由于 UML 中描述的模型在语义上比当前的任何面向对象语言都要丰富，所以正向工程会导致一定信息的损失，这也是需要模型的原因。

对类图进行正向工程，要遵循如下的策略。

（1）识别映射到所选择的实现语言的规则。

（2）根据所选择的语言的语义，可能会限定一些对 UML 特性的使用。

（3）用标记值详细描述目标语言，若需精确的控制，该操作可以在单个类的层次上进行，也可以在较高的层次（如协作或包）上进行。

（4）使用工具对模型进行正向工程。

4．逆向工程（Reverse Engineering）

逆向工程是通过特定实现语言的映射，把代码转换为模型的过程。逆向工程会导致大量的冗余信息，其中的一些信息属于细节层次，对于模型来说过于详细。另一方面，逆向工程又是不完整的，因为在正向工程中产生的代码已经丢失了一些信息。所以除非所使用的工具可以对原先注释中的信息进行编码，否则就不能再从代码创建一个完整的模型。

对类图进行逆向工程，要遵循如下的策略。

（1）识别从实现语言或所选的语言进行映射的规则。

（2）使用工具，指向要进行逆向工程的代码。用工具生成新的模型或修改以前进行正向工程时已有的模型。

（3）使用工具，通过查询模型创建类图。

5.3 对 象 图

在 UML 中，类图描述的是系统的静态结构和关系，而交互图描述系统的动态特性。在跟踪系统的交互过程时，往往会涉及系统交互过程的某一瞬间交互对象的状态，但系统类图和交互图都没有对此进行描述。于是，在 UML 里就用对象图来描述参与一个交互的各对象在交互过程中某一时刻的状态。

在一个复杂的系统中，出错时所涉及的对象可能会处于一个具有众多类的关系网中。分析这样的情况可能会很复杂，因此系统测试员需要为出错时刻系统各对象的状态建立对象图，这将大大的方便分析错误，解决问题。

5.3.1 对象图的概念和内容

在 UML 中，对象图（Object Diagram）表示在某一时刻一组对象以及它们之间关系的图。对象图可以被看作是类图在系统某一时刻的实例。在图形上，对象图由节点以及连接这些节点的连线组成，节点可以是对象也可以是类，连线表示对象间的关系。对象图模型如图 5-29 所示。

图 5-29　对象图

对象图除了描述对象以及对象间的连接关系外，还可包含标注和约束。如果有必要强调与对象相关类的定义，还可以把类描绘到对象图上。当系统的交互情况非常复杂时，对象图还可包含模型包和子系统。

和类图一样可以使用对象图对系统的静态设计或静态进程视图建模,但对象图更注重于现实或原型实例,这种视图主要支持系统的功能需求,也就是说,系统提供给其最终用户的服务。对象图描述了静态的数据结构。

5.3.2 对象图建模

对象图主要用来描述类的实例在特定时刻的状态。它可以是类的实例也可以是交互图的静态部分。对于复杂的数据结构,对象图也非常有用。

对于组件图和配置图来说,UML 可以直接对它们建模,组件图和配置图上分别可以包含部件或结点的实例。如果这两张图上只包含实例,而不包含任何消息,那么也可以把它们看成是特殊的对象图。

对象图的建模过程如下:

（1）确定参与交互的各对象的类,可以参照相应的类图和交互图;

（2）确定类间的关系,如依赖、泛化、关联和实现;

（3）针对交互在某特定时刻各对象的状态,使用对象图为这些对象建模;

（4）建模时,系统分析师要根据建模的目标,绘制对象的关键状态和关键对象之间的连接关系。

图 5-30 所示显示了针对某公司建模的一组对象。该图描述了该公司的部门分组情况。c 是类 Company 的对象,这个对象与 d1,d2,d3 连接,d1,d2,d3,d4 都是类 Department 的对象,它们具有不同的属性值,即有不同的名字。d1 和 d4 连接,d4 是 d1 的一个实例。

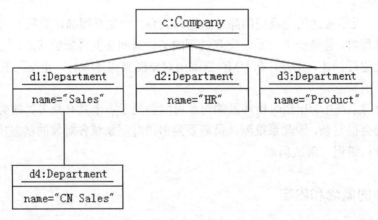

图 5-30 对象图

5.4 包 图

包图（Package Diagram）由包和包之间的关系构成,它是维护和控制系统总体结构的重要建模工具。

对复杂系统进行建模时，经常需要处理大量的类、接口、组件、节点和图，这时就有必要将这些元素进行分组，即把那些语义相近并倾向于一起变化的元素组织起来加入同一包，这样方便理解和处理整个模型，同时也便于轻松地控制这些元素的可见性，使一些元素在包外可见，一些元素是隐藏在包内的。设计良好的包是高内聚、低耦合的，并且对其内容的访问具有严密的控制。

5.4.1　包的名字

和其他建模的元素一样，每个包都必须有一个区别于其他包的名字。模型包的名字是一个字符串，它可分为简单名（simple name）和路径名（path name）。简单名是指仅包含一个简单的名称，路径名是指以包位于的外围包的名字作为前缀的包名。

图形上，包是带有标签的文件夹，如图 5-31 所示。

图 5-31　包的名字

5.4.2　包拥有的元素

包是对模型元素进行分组的机制，它把模型元素划分成若干个子集。包可以拥有 UML 中的其他元素，包括类、接口、组件、节点、协作、用例和图，包甚至还可以包含其他包。

包的作用不仅仅是为模型元素分组，它还为所拥有的模型元素构成一个命名空间，这就意味着一个模型包的各个同类建模元素不能具有相同的名字。不同模型包的各个建模元素能具有相同的名字，因为它们代表不同的建模元素。在同一包内，不同种类的模型元素能够具有相同的名字，但可能会带来不必要的麻烦，不推荐这样做。

如图 5-32 所示，可以用文字或者图形的方式来显示包的内容。

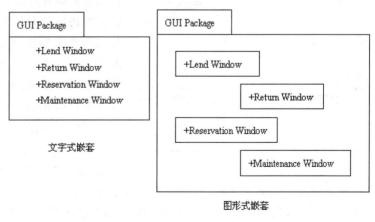

图 5-32　包拥有的元素

拥有是一种组成关系，这意味着模型元素被声明在包中，而且一个模型元素不能被一个以上的包所拥有。如果包被撤销，其中的元素也要被撤销。

5.4.3　包的可见性

像类中属性和操作的可见性一样，包内的元素也有可见性。包在软件模型中不可能是孤立存在的，包内的模型元素必然会和外部的类存在某些关系。而好的软件模型中各个包间应该做到高内聚、低耦合，为了能做到这一点，应该对包内的元素加以控制，使得某些元素能被外界访问，包内其他的元素对外界不可见。这就是所谓的包内元素可见性控制。

包的可见性共有 3 种，如表 5-6 所示。

表 5-6　　　　　　　　　　　　　　　　包的可见性

可　见　性	含　　义	前　缀　符　号
公有的（public）	此元素可以被任何引入该包的包中的元素访问	＋
受保护的（protected）	此元素可以被继承该包的包中的元素访问	＃
私有的（private）	此元素只能被同一个包的元素访问	－

如图 5-32 中的包内含的 4 个元素都是公有访问的，引入 GUI Package 的包都能看见这 4 元素。从包外看，Lend Window 的限定全名应该是 GUI Package::Lend Window。

提示：如果一个元素对一个包是可见的，那么这个元素对嵌套于该包内的所有包都是可见的，被嵌套的包可以看到包含该包的包所能看到的所有事物。

5.4.4　引入与输出

引入（import）允许一个包中的元素单向访问另一包中的元素。在 UML 中，用一个由构造型 import 修饰的依赖为引入关系建模。通过把抽象包装成有含义的组块，然后用引入关系控制对它们的访问，就能控制大量抽象的复杂性。包的公共部分称为输出（export）。如图 5-33 所示，包 Package3 输出一个类——C1。而 C2 是受保护的，所以没有被输出。一个包输出的部分仅对显式地引入这个包的其他包中的元素是可见的。

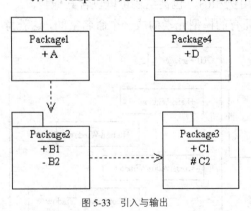

图 5-33　引入与输出

图中包 Package1 显式地引入了包 Package2，而包 Package2 也显式地引入了 Package3。因此，Package3::C1 对包 Package2 的内容是可见的，但是由于 Package3::C2 受保护，因此它是不可见的。同样，Package::B2 对包 Package1 的内容也是不可见的，因为它是私有的。由于包 Package4 没有引入 Package3，所以不允许 Package4 的内容访问 Package3 中的任何内容。

5.4.5 包中的泛化关系

在包之间可以有如下两种关系。

（1）引入和访问依赖，用于在一个包中引入另一个包输出的元素。

（2）泛化，用于说明包的家族。

第 1 种关系在本章的前面 5.5.4 中已经做了介绍，这里介绍包之间的泛化关系。

包之间的泛化关系类似于类之间的泛化关系，而且包之间的泛化关系也像类那样遵循替代原则，即特殊包可以应用到一般包被使用的地方。

就像类的继承一样，包可以替换一般的元素，并可以增加新的元素。如图 5-34 所示，包 GUI 包含两个公有类：Window 和 Form，一个受保护的类 EventHandler。特殊包 WindowGUI 继承了一般包 GUI 的公有类 Window 和受保护的类 EventHandler，覆盖了公有类 Form，并添加了一个新的类 VBForm。

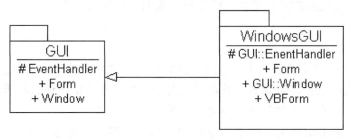

图 5-34 包间的泛化关系

5.4.6 标准元素

UML 的扩充机制同样适用于包，可以使用标记值来增加包的新特性，用构造型来描述包的新种类。UML 定义了 5 种构造型来为其扩充标准，分别是虚包（facade）、框架（framework）、桩（stub）、子系统（subsystem）和系统（system），如表 5-7 所示。

表 5-7	应用于包的标准构造型
构 造 型	用 途
虚包（facade）	描述一个只引用其他包内元素的包
框架（framework）	描述一个主要由模式组成的包
桩（stub）	描述一个作为另一个包的公共内容代理的包
子系统（subsystem）	描述正在建模中的整个系统的独立部分的包
系统（system）	描述正在建模中的整个系统的包

提示：UML 对上面的构造型并没有指明图标。

5.4.7　包图建模技术

当为较复杂的系统建模时，使用包是非常有效的建模方法。包将建模元素按语义分组，从而使得复杂的系统模型能够被构造、表达、理解和管理。

包在很多方面与类相似，但是在面对大系统模型时要特别注意区别包与类。类是对问题领域或解决方案的事物的抽象，包是把这些事物组织成模型的一种机制。包可以没有标识，因为它没有实例，在运行系统中不可见；类必须有标识，它有实例，类的实例（对象）是运行系统的组成元素。

建立包图的具体做法如下。

（1）分析系统模型元素（通常是对象类），把概念上或语义上相近的模型元素纳入一个包。

（2）对于每一个包，标出其模型元素的可视性（公共、保护或私用）。

（3）确定包与包之间的依赖关系，特别是输入依赖。

（4）确定包与包之间的泛化关系，确定包元素的多重性与重载。

（5）绘制包图。

（6）包图精化。

图 5-35 显示了图书馆信息系统的包图。整个系统大致划分成以下 4 个包：

（1）System Service：包含读者、管理员以及借书相关业务的用例、类等信息；

（2）System UI：包含操作界面、窗体相关的用例、类等信息；

（3）System Common Utilities：包括系统提供的公共用例、类等信息；

（4）System DataBase：包括数据库操作相关的用例、类等信息。

从图中也可以很容易看出各个包之间的依赖关系。

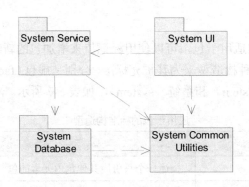

图 5-35　图书馆信息系统的包图

> 提示：用户也可以根据需要添加其他的包，如数据库包、工具包等。

Rose 操作：

用户可以直接在 Rose 浏览器的【Logical View】、【Use Case View】、【Component View】等包下面创建子包。如要在【Logical View】节点下添加一个包，只需要右键单击该节点，在弹出菜单中选择【New】→【Package】命令即可，创建的包默认名称为【NewPackage】，用户可以单击包名直接修改。在 5.6 节会介绍该种方法绘制包图。

另外用户可以在类图编辑区中绘制添加包,这样绘制便于对包进行更加详细的说明和组织。

Rose 操作:

(1)用户在 Rose 浏览器中打开【Logical View】→【Main】节点,双击打开对应图。然后在工具栏中选择 ▣,并在右侧编辑区单击,即可创建一个包。右键单击该包,在弹出菜单中选择【Open Specification…】命令即可打开属性对话框,进行名称设置以及包类型的设置,如将包名设置为【数据库】。

(2)用户还可以为包添加其他相关的信息,如可以将两个类添加到包中。首先双击【数据库】包,打开该包对应的视图,在视图中绘制两个类,两个类名为【类 A】和【类 B】。

这里需要注意,每创建一个包,系统会自动在包下面创建一个新的【Main】视图,这两个类必须在该包下面的【Main】视图中绘制。

(3)现在双击【Logical View】下默认的【Main】视图,然后右键单击包,在弹出菜单中选择【Select Compartment Items…】命令,即可看到弹出【Edit Compartment】对话框,如图 5-36 所示。

(4)添加完成后,单击【O K】按钮,效果如图 5-37 所示。

(5)如果要添加包之间的关系,只需要选择工具栏上的 ↗ 按钮即可创建,这里不再过多介绍。

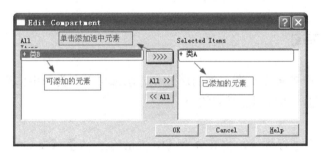

图 5-36　向包中添加元素

图 5-37　添加完成

5.5　实例——图书馆管理系统中的静态图

建立系统的静态图的过程是对系统领域问题及其解决方案的分析和设计的过程。静态图设计的主要内容是类图的建立,也就是找出系统中类与类之间的关系,并加以分析,最后用图形表示出来。

下面以"图书馆管理系统"为例来建立相应的静态图。

5.5.1　建立对象图步骤

建立对象图的步骤如下:

(1)研究分析问题领域,确定系统的需求;

(2)发现对象和对象类,明确类的属性和操作;

（3）发现类之间的静态关系，一般与特殊关系，部分和整体关系，研究类之间的继承性和多重性；

（4）设计类与关系；

（5）绘制对象类图并编制相应的说明。

从分析问题领域来涉及对象与类是比较常规的面向对象的系统分析方法，UML 采用 Rational 统一过程的 Use Case 驱动的分析方法，从业务领域得到参与者与用例，建立业务模型，读者可参考第 4 章的相关内容。

5.5.2　对象的生成

整个图书管理系统的类数目众多，这里不一一分析，以图书管理系统的读者与书籍信息、借阅信息和预留信息等为例来说明对象图的建立过程。

读者与书籍信息是图书管理系统的基本信息，是系统必需的部分。

（1）读者类的基本属性

名字、邮编、地址、城市、省份、借书、预留书籍、年龄、专业、学制

（2）书籍类的基本属性

书名、作者、类型、出版日期、价格、ISBN、页数

5.5.3　使用 Rose 绘制包图和类图

在 Rational Rose 中可以创建一个或多个类图，类的属性和方法都可以在类图中体现。通常为了便于管理，也可以首先创建包，然后创建对应的类。

1. 包图

对于图书馆项目而言，可以对类进行划分，将其分为【System Service】、【System UI】、【System Common Utilities】以及【System DataBase】这 4 个包。

> Rose 操作：
> 要创建包图或者类图，可以在 Rose 的浏览器中右键单击"Logic View"节点，从弹出菜单中选择【New】→【Package】命令或者【New】→【Class Diagram】命令，如图 5-38 所示。按照此方法依次创建 4 个包。

在弹出的快捷菜单中，最常用的功能是【Open Specification】（打开属性说明）和【New】（新建 UML 元素）。其中，【Open Specification...】可以打开当前选定对象的属性和说明，并对其进行具体的修改和更新。而【New】则可以新建 Class（类）、Class Utility、Use Case（用例）、Interface（接口）、Package（包）、Class Diagram（类图）、Use Case Diagram（用例图）、Collaboration Diagram（协作图）、Sequence Diagram（时序图）、State Chart Diagram（状态图）和 Activity Diagram（活动图）。

2. 类图

> Rose 操作：
> 创建包完成后，需要创建类。此时需要在新创建的包下面创建类图，如在包【System

Service】包下面创建类，只需要右键单击该包，在弹出菜单中选择【New】→【Class Diagram】命令即可创建类图，然后修改其名称，如名称定义为【LibService_Class】。类图的图标为📄。如图 5-39 所示。

图 5-38 右键菜单

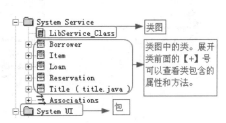

图 5-39 创建包图和类图

双击【LibService_Class】类图，将进入类图编辑区，用户可以在编辑区绘制各个类。在前面已经介绍了类的基本绘制方法，这里就不再详细介绍。绘制类主要是利用工具栏的各种按钮进行的，图 5-40 显示的是类图对应的工具栏按钮。

图 5-40 类图对应的工具栏按钮

表 5-8 依次列出了该工具栏中常用的工具。

表 5-8　　　　　　　　　　　类图工具栏中的常用工具

图　标	名　称	说　明
🔲	Selection Tool	选择工具
ABC	Text Box	文本框
🔲	Note	注释
╱	Anchor Note to Item	注释和元素的连线，虚线
🔲	Class	类
⊸	Interface	接口
┌→	Unidirectional Association	有方向关联关系
╱	Association Class	关联类
🔲	Package	包
↗	Dependency or instantiates	依赖或实例关系
↥	Generalization	泛化关系
↥	Realize	实现关系
┌	Association	关联关系（该按钮需要通过自定义工具栏添加）
┌	Aggregation	聚合关系（该按钮需要通过自定义工具栏添加）

按照前面介绍的绘制类的方法，图书馆管理系统的系统服务相关实体类如图 5-41 所示。

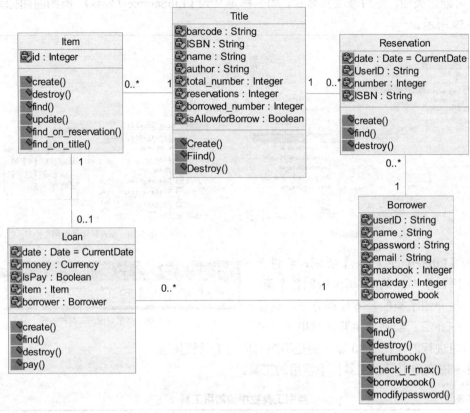

图 5-41　图书馆管理系统的类图

【类图说明】

【Title】：标题类；【Item】：书目类；【Reservation】：预约类；【Borrower】：借阅者类；【Loan】：借阅记录类；

Title 类是书库里的一条标题记录（如《UML 基础与 Rose 建模案例》一书，共有 5 本），而 Item 类则是指具体的书目（每条记录对应其中的一本），所以 Title 与 Item 之间是一对多的关系；Title 与 Reservation 之间也是一对多的关系，也就是说 Title 可以有多个预订记录，但是也可以没有预订记录。Borrower 与 Loan 以及 Borrower 与 Reservation 之间是一对多的关系。

图中省略了一些类常用的【set】和【get】方法，如【setName】、【getName】等。读者可以自己补充。

在面向对象的编程中，为了对数据库操作也通过面向对象的方法进行数据存取，需要通过持续性类来操作数据库。因此需要在数据库中添加一个永久存储的类 Persistent。所有需要永久存储的类都需要继承 Persistent 类。Persistent 类是抽象的，要求子类来实现数据的读写。因此前面介绍的 5 个类图都需要继承 Persistent。

提示：由于这部分涉及的内容比较高级，请读者参考其他相关书籍。

通常除了基本的实体类之外，还需要添加边界类。边界类主要用于控制人机交互的窗口。下面列了一些系统中使用的边界类：

（1）LoginForm：注册表单边界类，用来获取读者的用户名和密码。

（2）SearchBookForm：搜索图书边界类，用来提供图书搜索服务的界面。

（3）ReaderAccountDetail：读者账户明细边界类，用来列出读者账户的全部信息。

（4）IssueFineForm：缴纳罚款边界类，为读者缴纳罚款提供界面。

（5）LendBookForm：借阅图书边界类，为读者借阅图书提供界面。

（6）ReturnBookForm：归还图书边界类，为读者归还图书提供界面。

（7）ReserveBookForm：预约图书边界类，为读者预约图书提供界面。

（8）AddBookInfoForm：添加图书信息边界类，为管理员添加图书信息提供界面。

（9）DeleteBookInfoForm：删除图书信息边界类，为管理员删除图书信息提供界面。

（10）ModifyBookInfoForm：修改图书信息边界类，为管理员修改图书信息提供界面。

（11）AddReaderInfoForm：添加读者信息边界类，为管理员添加读者信息提供界面。

（12）DeleteReaderInfoForm：删除读者信息边界类，为管理员删除读者信息提供界面。

（13）ModifyReaderInfoForm：修改读者信息边界类，为管理员修改读者信息提供界面。

（14）DatabaseMaintainForm：数据库维护边界类，为管理员的数据库维护提供界面。

（15）MainForm：系统业务管理边界类，为管理员进行业务管理提供主界面。

第6章 交 互 图

在建好系统用例图以及类图基础上，接下来需要分析和设计系统的动态图（结构行为图），并且建立相应的动态模型了。动态模型描述了系统随时间变化的行为，这些行为是用从静态视图中抽取的系统的瞬间值的变化来描述的。在 UML 的表现上，动态模型主要是建立系统的交互图以及活动图和状态图。

时序图用来显示对象之间的关系，并强调对象之间消息的时间顺序，同时显示对象之间的交互。协作图主要用来描述对象间的交互关系，在 UML 2.0 中，协作图被改成了通信图。

6.1 时序图（Sequence Diagram）

6.1.1 时序图的概念和内容

时序图（Sequence Diagram）描述了对象之间传递消息的时间顺序，它用来表示用例中的行为顺序，是强调消息时间顺序的交互图。时序图描述类系统中类和类之间的交互，它将这些交互建模成消息交换。也就是说，时序图描述了类以及类间相互交换以完成期望行为的消息。当执行一个用例行为时，时序图中的每一条消息对应了一个类操作或状态机中引起转换的触发事件。

UML 中，图形上参与交互的各对象在时序图的顶端水平排列，每一个对象的底端都绘制了一条垂直虚线，当一个对象向另一个对象发送消息时，此消息开始于发送对象底部的虚线，终止于接收对象底部的虚线。这些消息用箭头表示，水平放置，沿垂直方向排列，在垂直方向上，越靠近顶端的消息越早被发送。当对象收到消息后，此对象把消息当作执行某种动作的命令。因此，可以这样理解，时序图向 UML 用户提供了事件流随时间推移的、清晰的和可视化的轨迹。

时序图包括了 4 个元素，分别是对象（Object）、生命线（Lifeline）、激活（Activation）和消息（Message）。

如图 6-1 所示，显示的是汽车租赁系统中客户取车的时序图。时序图涉及了 5 个对象：Customer（客户）、CommonWorker（工作人员）、RequestOrder（预订请求）、WorkRecord（工作记录）和 Car（汽车）。取车的动作从客户向工作人员提出取车要求并出示清单开始，工作人员检查客户的预订申请，确认后客户可以付款。工作人员填写工作记录，同时登记汽车的状态，最后客户取车。

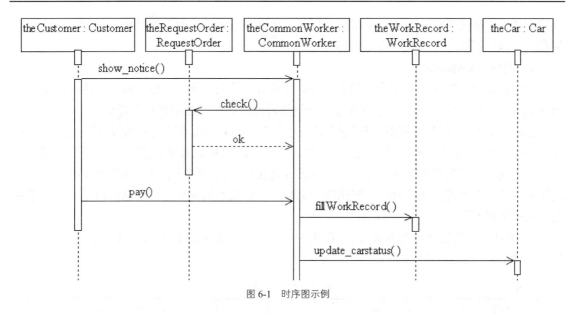

图 6-1　时序图示例

下面详细介绍时序图的组成内容。

1．对象（Object）

对象代表时序图中的对象在交互中所扮演的角色。时序图中对象的符号和对象图中对象所用的符号一样，都是使用矩形将对象名称包含起来，并且对象名称下有下划线，如图 6-2 所示。将对象置于时序图的顶部意味着在交互开始的时候对象就已经存在了，如果对象的位置不在顶部，那么表示对象是在交互的过程中被创建的。

2．生命线（Lifeline）

生命线是一条垂直的虚线，表示时序图中的对象在一段时间内的存在。每个对象的底部中心的位置都带有生命线。生命线是一个时间线，从时序图的顶部一直延伸到底部，所用的时间取决于交互持续的时间。对象与生命线结合在一起称为对象的生命线；对象的生命线包含矩形的对象图标以及图标下面的生命线，如图 6-3 所示。

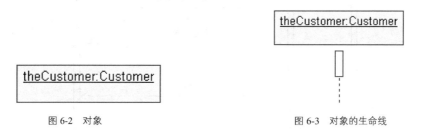

图 6-2　对象

图 6-3　对象的生命线

3．激活（Activation）

时序图可以描述对象的激活（Activation）和去激活（Deactivation）。激活代表时序图中的对象执行一项操作的时期。激活期可以被理解成 C 语言语义中一对花括号 "{}" 中的内容。激活表示该对象被占用以完成某个任务，去激活指的是对象处于空闲状态，在等待消息。在 UML 中，为了表示对象是激活的，可以将对象的生命线拓宽成为矩形，如图 6-4 所示。图中的矩形称为激活条

图 6-4　激活条（控制期）示例

或控制期，对象就是在激活条的顶部被激活的。对象在完成自己的工作后被去激活，这通常发生在一个消息箭头离开对象生命线的时候。

4．消息（Message）

消息是定义交互和协作中交换信息的类，用于对实体间的通信内容建模。消息用于在实体间传递信息，允许实体请求其他的服务，类角色通过发送和接收消息进行通信。

它可以激发某个操作、唤起信号或导致目标对象的创建或撤销。消息序列可以用两种图来表示：时序图和协作图。其中，时序图强调消息的时间顺序，而协作图强调交换消息的对象间的关系。

消息是两个对象之间的单路通信，从发送方到接收方的控制信息流。消息可以用于在对象间传递参数。消息可以是信号，即明确的、命名的、对象间的异步通信；也可以是调用，即具有返回控制机制的操作的同步调用。

在 UML 中，消息使用箭头来表示，箭头的类型表示了消息的类型，表 6-1 所示列出了 Rose 的时序图中常用的消息符号。

表 6-1   几种常用的消息符号

符　　号	含　　义	符　　号	含　　义
→	绘制两个对象之间的异步消息	⋯▷	显示过程调用返回的消息
→	在两个对象之间绘制消息	→	绘制两个对象之间的过程调用
↩	绘制反身消息		

消息箭头所指的一方是接收方，如图 6-5 所示。

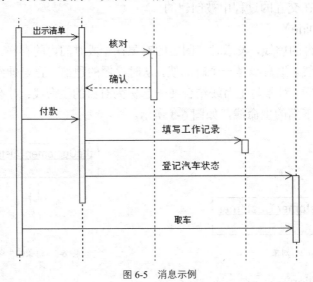

图 6-5   消息示例

> 提示：消息在生命线上所处的位置并不是消息发生的准确时间，只是一个相对的位置。如果一个消息位于另一消息的上方，只说明它先于另一个消息被发送。

6.1.2   对象的创建和撤销

在前面介绍对象的时候，已经提到过时序图中对象的默认位置是在图的顶部，如果对象在这个位置上，说明对象在交互开始之前已经存在了。如果对象是在交互的过程中创建的，那么应当位于图的中间部分。图 6-6 和图 6-7 显示的是在交互过程中创建对象的两种方法。

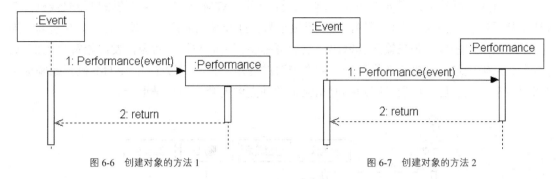

图 6-6　创建对象的方法 1　　　　　　　　　图 6-7　创建对象的方法 2

如果要撤销一个对象，只要在其生命线终止点放置一个"X"符号即可，该点通常是对删除或取消消息的回应，如图 6-8 所示。

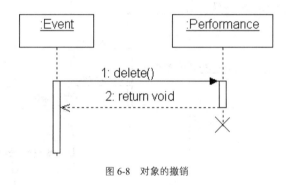

图 6-8　对象的撤销

6.1.3　时序图的建模技术

对系统动态行为建模，当强调按时间展开信息的传送时，一般使用时序图。但一个单独的时序图只能显示一个控制流。一般来说，一个完整的控制流肯定是复杂的，因此可以新建许多交互图（包括若干时序图和协作图），一些图是主要的；另一些图用来描述可选择的路径和一些例外，再用一个包对它们进行统一的管理。这样就可以用一些交互图来描述一个冗大复杂的控制流。

使用时序图对系统建模时，可以遵循如下策略。

（1）设置交互的语境，这些语境可以是系统、子系统、操作、类、用例和协作的一个脚本。

（2）通过识别对象在交互中扮演的角色，根据对象的重要性，将其按从左向右的方向放在时序图中。

（3）设置每个对象的生命线。一般情况下，对象存在于交互的整个过程，但它也可以在交互过程中被创建和撤销。

（4）从引发某个交互的信息开始，在生命线之间按从上向下的顺序画出随后的消息。

（5）设置对象的激活期，这可以可视化实际计算发生时的时间点、可视化消息的嵌套。

（6）如果需要设置时间或空间的约束，可以为每个消息附上合适的时间和空间约束。

（7）给某控制流的每个消息附上前置或后置条件，这可以更详细地说明这个控制流。

图 6-9 所示的时序图描述了某信用卡客户使用 ATM 提款的过程。

这张时序图描述涉及了 4 个对象：客户、读卡机、ATM 屏幕、客户的账户和取钱机。取钱动作从用户将卡插入读卡机开始，读卡机读卡号，打开张三的账目对象，并初始化屏幕。屏幕提示输入用户密码，张三输入其密码，然后屏幕验证密码与账户对象，发出相符合的信息。屏幕向张三提供选项，张三选择取钱，并在屏幕的提示下输入提取金额。ATM 机开始验证用户账户金额，验证通过后在其账户扣取相应金额并提供现金，最后是退卡。

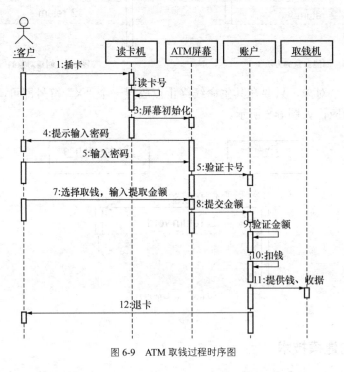

图 6-9　ATM 取钱过程时序图

6.2　协作图（Collaboration Diagram）

6.2.1　协作图的概念和内容

协作图是动态图的另一种表现形式，它强调参加交互的各对象结构的信息。协作图是一种类图，它包含类元角色和关联角色，而不仅仅是类元和关联。协作图强调参加交互的各对象的组织。

协作图只对相互间有交互作用的对象和这些对象间的关系建模，而忽略了其他对象和关联。它可以说明类操作中用到的参数、局部变量以及操作中的永久链。协作图可以被视为对象图的扩展，它除了展现出对象间的关联外，还显示出对象间的消息传递。

图形上，协作图的对象用矩形表示，矩形内是此对象的名字，连接用对象间相连的直线表示，连线可以有名字，它标注于表示连接的直线上。如果对象间的连接有消息传递，则把消息的图标沿直线方向绘制，消息的箭头指向接受消息的对象。由于从图形上绘制的协作图无法表达对象间消息发送的顺序，因此需要在消息上保留对应时序图的消息顺序号，如图 6-10 所示。

图 6-11 显示的是汽车租赁系统中客户取车的协作图。取车的动作从客户开始，他向预订申请模块发送出示清单的消息，然后由公司员工向预订申请模块发送核对的消息，预订申请在收到消息核对的信息后，回复公司员工申请存在，然后再回复客户允许客户取车。公司员工收到消息后填写工作记录和登记汽车状态。

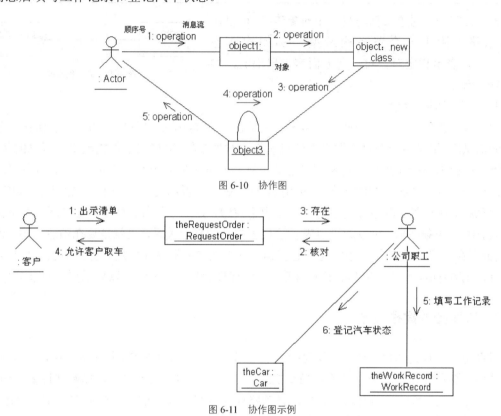

图 6-10 协作图

图 6-11 协作图示例

1．对象（Object）

对象代表协作图交互中所扮演的角色，和时序图中对象的概念类似。只不过在协作图中，无法表示对象的创建和撤销，所以对象在协作图中的位置没有限制。图 6-10 矩形中的内容代表对象。

2．链（Link）

协作图中链的符号和对象图中链所用的符号是一样的，即一条连接两个类角色的实线。表 6-2 所示列出了 Rose 协作图中常用的链符号。

表 6-2   几种常用的链符号

符 号	含 义
╱	创建对象之间的通信路径
∩	显示对象可以调用自己的属性

符 号	含 义
	在两个对象之间或一个对象本身增加消息
	在两个对象之间或一个对象本身从反方向增加消息
	显示两个对象之间的信息流
	在反方向显示两个对象之间的信息流

为了说明一个对象如何与另一个对象连接，可以在链的末路上附上一个路径构造型。例如构造型 <<local>>，表示指定对象对发送方而言是局部的，如图 6-12 所示。

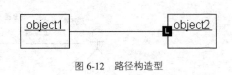

图 6-12　路径构造型

3. 消息（Message）

消息代表协作图中对象间通过链接发送的消息。图 6-10 中对象之间的箭头表明在对象间交换的消息流，消息由一个对象发出由消息所指的对象接收，链接用于传输或实现消息的传递。消息流上标有消息的序列号和对象间发送的消息。一条消息会触发接收对象中的一项操作。

协作图中的消息类型与时序图中的相同，只不过为了说明交互过程中消息的时间顺序，需要给消息添加顺序号。顺序号是消息的一个数字前缀，是一个整数，由 1 开始递增，每个消息都必须有唯一的顺序号。可以通过点表示法代表控制的嵌套关系，也就是说在消息 1 中，消息 1.1 是嵌套在消息 1 中的第一个消息，它在消息 1.2 之前；消息 1.2 是嵌套在消息 1 中的第 2 个消息，依此类推。嵌套可以具有任意深度。与时序图相比，协作图可以显示更为复杂的分支。

6.2.2　协作图的建模技术

对系统动态行为建模，当按组织对控制流建模时，一般使用协作图。像时序图一样，一个单独的协作图只能显示一个控制流。当要描述系统的复杂的控制流时，可以新建许多协作图，一些图是主要的，另一些图用来描述可选择的路径和一些例外，再用一个包对它们进行统一的管理。这样可以使描述有合理明确的结构。

使用协作图对系统建模时，可以遵循如下策略。

（1）设置交互的语境，语境可以是系统、子系统、操作、类、用例或用例的脚本。

（2）通过识别对象在交互中所扮演的角色，开始绘制协作图，把这些对象作为图的顶点放在协作图中。

（3）在识别了协作图对象后，为每个对象设置初始值。如果某对象的属性值、标记值、状态或角色在交互期发生变化，则在图中放置一个复制对象，并用变化后的值更新它，然后通过构造型<<become>>或<<copy>>的消息将两者连接。

（4）设置了对象的初始值后，根据对象间的关系开始确定对象间链接。一般先确定关联的链接，因为这是最主要的，它代表了结构的链接。然后需要确定的是其他的链接，用合适的路径构造型修饰它们，这表达了对象间是如何互相联系的。

（5）从引起交互的消息开始，按消息的顺序，把随后的消息附到适当的链接上，这描述了对象间的消息传递，可以用带小数点的编号来表达嵌套。

（6）如果需要说明时间或空间的约束，可以用适当的时间或空间约束来修饰每个消息。

（7）在建模中，如果想更详细地描述这个控制流，可以为交互过程中的每个消息都附上前置条件和后置条件。

如图 6-13 所示的协作图描述了某连锁企业对其分店的管理。

管理过程从企业主管开始，他向回收分店信息模块发送回收分店信息的消息，该模块在收到此消息后，回复给企业主管分店的申请。该申请可以是从公司提取分店库存不足的货物，也可以是推给公司分店库存过量的货物。企业主管接收到消息后将消息提交给系统操作员。操作员进行相应的操作来处理分店的申请。

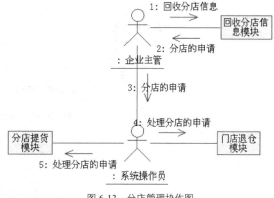

图 6-13　分店管理协作图

6.2.3　协作图与时序图的互换

协作图和时序图都是表示对象间的交互作用，只是它们侧重点有所不同。时序图描述了交互过程中的时间顺序，但没有明确地表达对象间的关系；协作图描述了对象间的关系，但时间顺序必须从序列号获得。协作图和时序图都来自 UML 元模型的相同信息，因此它们的语义是等价的，它们可以从一种形式的图转换成另一种形式的图，而不丢失任何信息。

图 6-14 所示是学生信息系统中毕业管理的时序图，它可以转换成图 6-15 所示的协作图。两者所描述的控制流相同，只是所强调的内容有所不同。学生学位评审的流程如下：教务人员将需评审的学生的学号输入学位初评模块，学位初评模块会查询相应学生的所有成绩和奖惩记录来作为学位评定的依据。学位初评模块将初评的结果打印，学位初评打印稿被提交给教务人员，控制流结束。

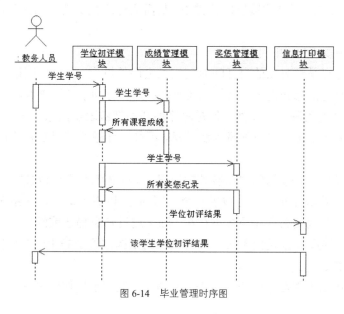

图 6-14　毕业管理时序图

- 107 -

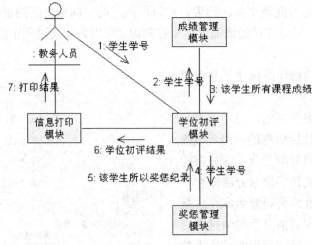

图 6-15 毕业管理协作图

6.2.4 时序图与协作图的比较

时序图与协作图描述的主要元素都是两个，即消息和类角色。实际上，这两种图极为相似，在 Rose 中提供了在两种图之间进行切换的功能。

时序图和协作图之间的相同点主要有 3 个。

（1）规定责任。两种图都直观地规定了发送对象和接收对象的责任。将对象确定为接收对象，意味着为此对象添加一个接口。而消息描述成为接收对象的操作特征标记，由发送对象触发该操作。

（2）支持消息。两种图都支持所有的消息类型。

（3）衡量工具。两种图还是衡量耦合性的工具。耦合性被用来衡量模型之间的依赖性，通过检查两个元素之间的通信，可以很容易地判断出它们的依赖关系。如果查看对象的交互图，就可以看见两个对象之间消息的数量以及类型，从而简化或减少消息的交互，以提高系统的设计性能。

时序图和协作图之间有如下区别。

（1）协作图的重点是将对象的交互映射到它们之间的链上，即协作图以对象图的方式绘制各个参与对象，并且将消息和链平行放置。这种表示方法有助于通过查看消息来验证类图中的关联或者发现添加新的关联的必要性。但是时序图却不把链表示出来，在时序图的对象之间，尽管没有相应的链存在，但也可以随意绘制消息，不过这样做的结果是有些逻辑交互根本就不可能实际发生。

（2）时序图可以描述对象的创建和撤销的情况。新创建的对象可以被放在对象生命线上对应的时间点，而在生命线结束的地方放置一个大写的 X 以表示该对象在系统中不能再继续使用。而在协作图中，对象要么存在要么不存在，除了通过消息描述或约束，没有其他的方法可以表示对象的创建或结束。但是由于协作图所表现的结构被置于静止的对象图中，所以很难判断约束什么时候有效。

（3）时序图还可以表现对象的激活和去激活情况，但对于协作图来说，由于没有对时间的描述，所以除了通过对消息进行解释，它无法清晰地表示对象的激活和去激活情况。

6.3 实例——图书馆管理系统的交互图

下面以图书馆管理系统为例，说明如何绘制交互图。

6.3.1 使用 Rose 绘制时序图

1. 创建时序图

时序图的创建过程如下，首先介绍系统管理员添加图书时序图：

> Rose 操作：
>
> 在 Rose 浏览器树形列表中的【Logical View】→【System Service】的图标上鼠标右键单击，在弹出的快捷菜单中，选择【New】（新建）→【Sequence Diagram】（时序图）命令，即可创建一个时序图。时序图默认的名称为【NewDiagram】，用户可以直接用鼠标单击修改名称，或者通过右键【Rename】菜单命令修改，笔者将其命名为【LibAddBook_Seq】，如图 6-16 所示。时序图的图标为 ▥。

2. 协作图工具栏按钮简介

双击打开【LibAddBook_Seq】时序图，编辑工具栏也会作相应的变化，如图 6-17 所示。

图 6-16　新建时序图

图 6-17　时序图工具栏

表 6-3 所示列出了时序图工具栏中各个按钮的图标、按钮名字及其作用。

表 6-3　　　　　　　　　　时序图工具栏中的按钮

图　　标	按 钮 名 称	作　　用
▷	Selection Tool	选择一项
ABC	Text Box	添加文本框
⊡	Note	添加注释
∕	Anchor Note to Item	将图中的元素与注释相连
⊟	Object	添加对象
→	Object Message	在两个对象间增加消息
⇄	Message to Self	添加反身消息
⋯▸	Return Message	返回消息
✕	Destruction Marker	生命线的中止符，即对象消亡的标志

3．添加对象

时序图与对象密不可分，要绘制时序图，首先要添加对象。

（1）向时序图增加对象。要将对象添加到时序图，首先点击工具栏中的图标按钮 早，然后在绘制区域要放置对象的位置单击鼠标左键。图 6-18 显示了一个已绘制的对象。

（2）设置对象属性。新创建的对象需要一个有意义的对象名字，读者可以修改对象的属性信息，如名字"Name"和文档说明"Documentation"等。要修改对象属性，可以双击相应的对象图，在弹出的对话框的"General"选项卡里修改，如图 6-19 所示。

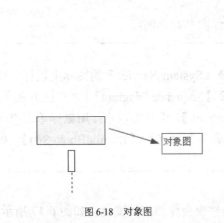

图 6-18　对象图

图 6-19　设置对象属性

提示：也可以选中要改变属性的对象，右键单击，在弹出的菜单中选择【Open Specification...】菜单项打开属性设置对话框。

（3）设置对象持续性。图 6-19 中，可以设置每个对象的持续性，Rose 提供了 3 个选项。"持续"（Persistent）对象保存在数据库或其他形式的永久存储体中，即使程序终止，对象依然存在。"静态"（Static）对象保存在内存中直到程序终止。"临时"（Transient）对象只是在短时间内保存在内存中。

如果设置了类型，系统会根据类型显示不同的图标。如果笔者设置了类型为【系统管理员】（系统管理员为在用例图中创建的参与者），名称设置为【Admin】，则显示的效果如图 6-20 所示。

从图中可以看出对象图变成了用例图中的参与者图标 숫，另外相应的类和名称会用冒号隔开。

4．添加消息

消息是对象间的通信，一个对象可以请求另一个对象做某件事。在时序图中，消息用两个对象生命线之间的箭头表示。

图 6-20　系统管理员对象

（1）增加对象间的消息。要增加对象之间的消息，首先点击工具栏中的图标按钮 →；然后将鼠标从发送消息的对象或角色的生命线拖动到接收消息的对象或角色的生命线。

之前已经创建了一个【系统管理员】对象，按照同样方法创建一个【添加图书窗口】

的对象，在对象的【Class】中选择在第 5 章中创建的添加图书边界类【AddBookInfoForm】。然后选择 → 按钮，首先单击【系统管理员】对象，然后拖动鼠标到【AddBookInfoForm】对象，即可创建消息。另外如果需要返回消息，则可以使用 ┅→ 按钮。

消息绘制出来以后，还要输入消息文本。双击表示消息的箭头，在弹出的对话框的"Name"字段里输入要添加的文本，这里输入【添加图书】，最后结果如图 6-21 所示。

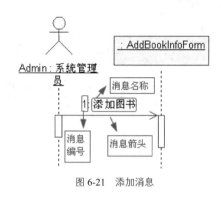

图 6-21　添加消息

（2）显示或取消消息编号。消息编号在时序图中是可选的，可以打开或关闭消息编号。要打开消息编号，选择菜单栏的【Tools】→【Options】菜单命令，在出现的对话框中选择"Diagram"选项卡，如图 6-22 所示。

将"Sequence numbering"复选框勾选，就可以显示消息编号；如果不勾选，消息编号不会显示在时序图中。

（3）显示或取消激活显示。在时序图中，可以显示激活，也可以不显示。要显示激活，选择菜单栏的【Tools】→【Options】菜单命令，在出现的对话框中选择"Diagram"选项卡，如图 6-22 所示。

将"Focus of control"复选框勾选，就可以显示激活。如果不勾选，激活不会显示在时序图中。

图 6-22　消息相关设置

5．图书馆管理系统时序图

下面列出图书馆管理系统中重要的时序图，供读者参考，读者也可以自己完善。

（1）系统管理员添加书目的时序图，如图 6-23 所示。

【时序图说明】添加书目时，系统管理员首先与系统的维护窗口交互，查找有没有相应的标题信息。如果有，直接添加；如果没有，则创建新的标题。

（2）系统管理员删除图书标题的时序图，如图 6-24 所示。

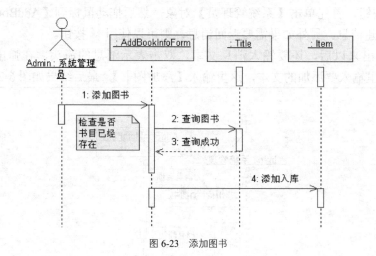

图 6-23 添加图书

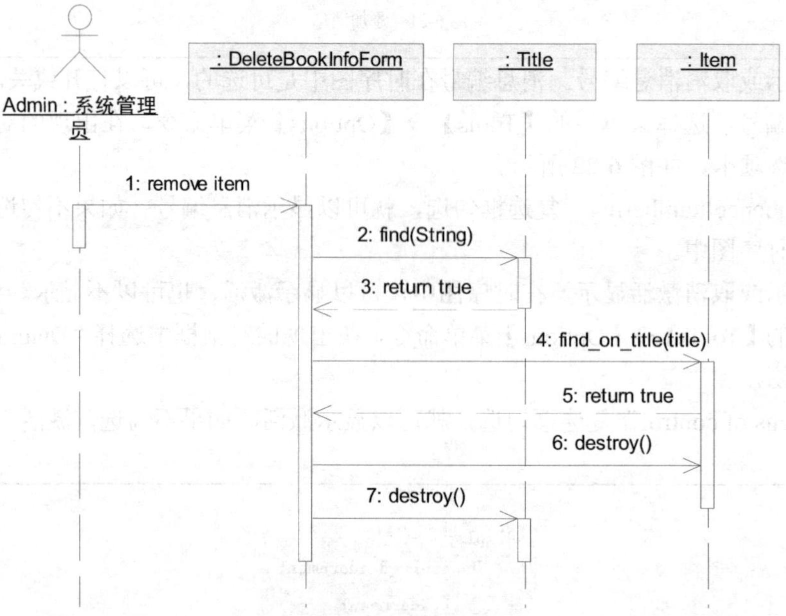

图 6-24 删除书籍

【时序图说明】

find(String)：书目类的查找函数。

find_on_title(Title)：查找此书目下书籍信息的函数。

destroy：删除书籍信息的函数（消息 6）。

destroy：删除书目信息的函数（消息 7）。

⑤ remove item：系统管理员与系统的【删除图书】窗口交互，查找到相应的书目及书籍信息并删除掉。如果只删除书目，而不是删除标题，则去掉消息 7，修改书目的书籍数量即可。

（3）图书管理员借出书籍的时序图，如图 6-25 所示。

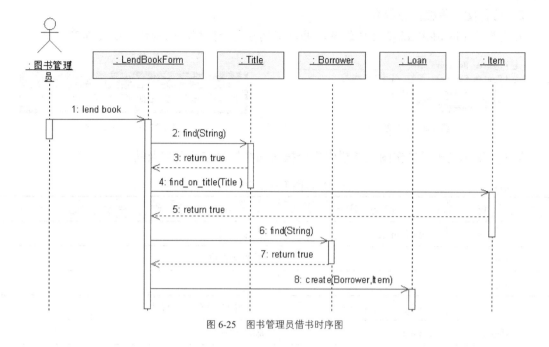

图 6-25　图书管理员借书时序图

【时序图说明】

① find(String)：查找书目的函数（消息 2）。

② find_on_title (Title)：根据书目名从数据库中找到书目信息的函数。

③ find (Sting)：根据借阅者的登录账号找到借阅者信息的函数，用以验证账号是否可借书（消息 6）。

④ create(Borrower,item)：修改借阅信息的函数，如修改借阅图书信息、缴纳的罚款等。

图书管理员首先与系统的借阅窗口交互，然后借阅窗口与书目和书籍信息交互，查看要借阅的书籍是否可用。如果可用，要验证借阅者借书凭证的有效性；如果有效，则将新的借阅信息存入数据库。借出后还需要修改书目 Title 中的借出书籍数量。

其他相关的时序图，将在本书提供的相关文件中提供。

6.3.2　使用 Rose 绘制协作图

1. 创建时序图

协作图的创建过程同时序图基本类似，首先创建系统管理员添加图书协作图，过程如下：

> 在 Rose 浏览器的树形列表中的【Logical View】→【System Service】的图标处单击鼠标右键，在弹出的快捷菜单中，选择【New】（新建）→【Collaboration Diagram】（协作图）命令，即可创建一个协作图。协作图默认的名称为【NewDiagram】，用户可以直接鼠标单击修改名称，或者通过右键【Rename】菜单命令修改，笔者将其命名为【LibAddBook _Col】。协作图的图标为，如图 6-26 所示。

2．协作图工具栏按钮简介

双击打开 LibAddBook-Col 协作图，编辑工具栏也会作相应的变化，如图 6-27 所示。

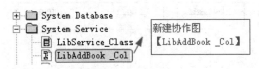

图 6-26 协作图

图 6-27 协作图工具栏

表 6-4 所示列出了协作图工具栏中各个按钮的图标、按钮名字及其作用。

表 **6-4** 协作图工具栏按钮

图　标	按 钮 名 称	作　用
↖	Selection Tool	选择一项
ABC	Text Box	添加文本框
▭	Note	添加注释
∕	Anchor Note to Item	将图中的元素与注释相连
▭	Object	添加对象
▭c	Class Instance	添加类实例
╱	Object Link	创建对象间的通信路径
∩	Link to Self	显示对象可以调用自己的属性
↗	Link Message	在两个对象之间或给一个对象本身增加消息
↗	Reverse Link Message	在两个对象之间或给一个对象本身从反方向增加消息
↗	Data Token	显示两个对象之间的信息流
↗	Reverse Data Token	在反方向显示两个对象之间的信息流

3．添加对象

添加对象的方法同时序图类似。只需要选择工具栏中的 ▭ 按钮，然后在编辑区单击即可创建一个对象。协作图对象默认图标如图 6-28 所示。同理可以通过双击协作图或者利用右键菜单来进行属性设置，设置过程同时序图，这里不再详细说明。如将对象设置成类【系统管理员】类型，显示结果如图 6-29 所示。

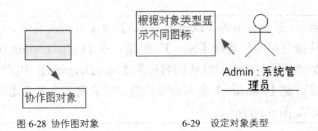

图 6-28 协作图对象　　　　6-29　设定对象类型

4．添加消息

（1）添加对象间的消息。在将消息添加到两个对象之间前，首先要建立对象间的通信路径。

> 单击工具栏上的 ╱ 按钮，在两个目标对象之间拖动一条直线，就在对象间增加了通信路径。图 6-30 中，首先添加了两个对象，分别是【系统管理员】和【AddBookInfoForm】，然后通过 ╱ 按钮添加了通信路径。

有了通信路径，就可以在路径上增加对象之间的消息了。增加对象间消息的步骤如下：

> 选择工具栏中的图标按钮 ╱ 或 ╱ ，单击两个对象之间的通信路径，就会画出消息箭头，如图 6-31 所示。

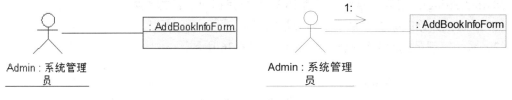

图 6-30　添加通信路径　　　　　　图 6-31　添加消息

同理，双击消息箭头，可以在弹出对话框中设置消息名称，设置完成后如图 6-32 所示。

（2）添加反身消息。可以为一个对象添加反身消息。

> 首先单击工具栏中的 ∩ 按钮，然后单击收发消息的对象，为此对象增加一个到它自身的通信路径。反身通信路径在对象上方，显示为半圆形。
>
> 单击工具栏 ╱ 按钮，然后在对象的反身通信路径上单击，Rose 中就会为对象添加消息，新添加的消息的属性值可以按照前面介绍的方法修改，如图 6-33 所示。

图 6-32　设置消息名称　　　　　　图 6-33　反身消息

5．添加数据流

数据流描述一个对象向另一个对象发送消息时返回的消息。一般说来，对协作图的每个消息都加上数据流是没有必要的，这样做只会使图中堆满价值不大的信息。只要在一些重要消息上附加数据流即可。

数据流的添加步骤如下：

单击工具栏的 ╱ 按钮或 ╱ 按钮，然后单击要返回数据的消息，Rose 就会在协作图中添加数据流箭头，如图 6-34 所示。

6．图书馆管理系统协作图

（1）系统管理员添加书籍业务的协作图如图 6-35 所示。

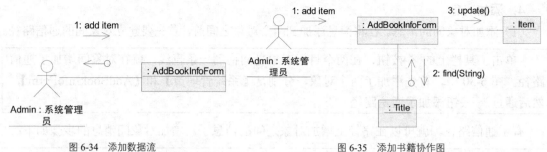

图 6-34　添加数据流　　　　　　　　　　图 6-35　添加书籍协作图

【协作图说明】

① add item：添加书籍。

② find(String)：根据书籍名（或者 ISBN）查找相应书目的函数。

③ update()：修改某类书目下书籍数量的函数。

（2）系统管理员删除书籍业务的协作图如图 6-36 所示。

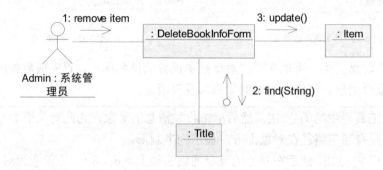

图 6-36　删除书籍协作图

【协作图说明】

① remove_item：删除书籍。

② find(String)：根据书籍名（或者 ISBN）查找相应书目的函数。

③ update()：修改某类书目下书籍数量的函数。

（3）图书管理员借出书籍业务的协作图如图 6-37 所示。

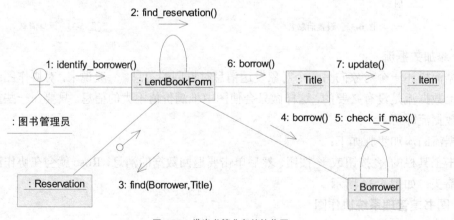

图 6-37　借出书籍业务的协作图

【协作图说明】

① identify_borrower()：验证借阅者身份的函数。

② find_reservation()：查找预订信息的函数。

③ find(Borrower,Title)：根据借阅者和借阅的书籍名找到相应预订信息的函数。

④ borrow()：处理借书的函数。

⑤ update()：更新某一书目下借出书籍数量的函数。

⑥ check_if_max()：检查借阅凭证所借书籍数目是否已经超过最大限额的函数。

第 7 章　状态图和活动图

状态图是系统分析的一种常用工具,它通过建立类对象的生存周期模型来描述对象随时间变化的动态行为。系统分析员在对系统建模时,最先考虑的不是基于活动之间的控制流,而是基于状态之间的控制流,因为系统中对象的状态变化最易被发现和理解。

活动图是 UML 用于对系统的动态行为建模的另一种常用工具,它描述活动的顺序,展现从一个活动到另一个活动的控制流。活动图在本质上是一种流程图。

7.1　状态图（Statechart Diagram）

在系统分析员对某对象建模时,最自然的方法并不是着眼于从活动到活动的控制流,而是着眼于从状态到状态的控制流。例如,按下电灯的开关,电灯改变了它的状态;拉上卧室的窗帘,卧室里亮度的状态由亮变暗等。系统中对象状态的变化是最容易被发现和理解的,因此在UML 中,可以使用状态图展现对象状态的变化。

7.1.1　状态机

状态机是展示状态与状态转换的图。在计算机科学中,状态机的使用非常普遍:在编译技术中通常用有限状态机描述词法分析过程;在操作系统的进程调度中,通常用状态机描述进程的各个状态之间的转化关系。此外,在面向对象分析与设计中,对象的状态、状态的转换、触发状态转换的事件、对象对事件的响应(即事件的行为)都可以用状态机来描述。

UML 用状态机对软件系统的动态特征建模。通常一个状态机依附于一个类,并且描述一个类的实例(即对象)。状态机包含了一个类的对象在其生命期间所有状态的序列以及对象对接收到的事件所产生的反应。

利用状态机可以精确地描述对象的行为:从对象的初始状态起,开始响应事件并执行某些动作,这些事件引起状态的转换;对象在新的状态下又开始响应状态和执行动作,如此连续进行直到终结状态。

状态机由状态、转换、事件、活动和动作 5 部分组成。

(1)状态表示一个模型在其生存期内的状况,如满足某些条件、执行某些操作或等待某些事件。一个状态的生存期是有限的一个时间段。

(2)转换表示两个不同状态之间的联系,事件可以触发状态之间的转换。

(3)事件是在某个时间产生的,可以触发状态转换的部分,如信号、对象的创建和销毁、超时和条件的改变等。

(4)活动是在状态机中进行的一个非原子的执行,由一系列动作组成。

（5）动作是一个可执行的原子计算，它导致状态的变更或者返回一个值。

状态机不仅可以用于描述类的行为，也可以描述用例、协作和方法甚至整个系统的动态行为。

7.1.2 状态图

一个状态图表示一个状态机，主要用于表现从一个状态到另一个状态的控制流。它不仅可以展现一个对象拥有的状态，还可以说明事件（如消息的接收、错误、条件变更等）如何随着时间的推移来影响这些状态。

状态图通常包括如下内容。

（1）状态

状态定义对象在其生命周期中的条件或状况，在此期间，对象满足某些条件，执行某些操作或等待某些事件。状态用于对实体在其生命中状况建模。

（2）转换

转换包括事件和动作。事件是发生在时间空间上的一点值得注意的事情。动作是原子性的，它通常表示一个简短的计算处理过程（如赋值操作或算术计算）。

在 UML 中，状态图上每一个状态图都有一个初始状态（实心圆），用来表示状态机的开始，还有一个终止状态（半实心圆），用来表示状态机的终止，其他的状态用一个圆角的矩形表示。转换表示状态间可能的路径，用箭头表示，事件写在由它们触发引起的转换上。

一个简单的状态图如图 7-1 所示。

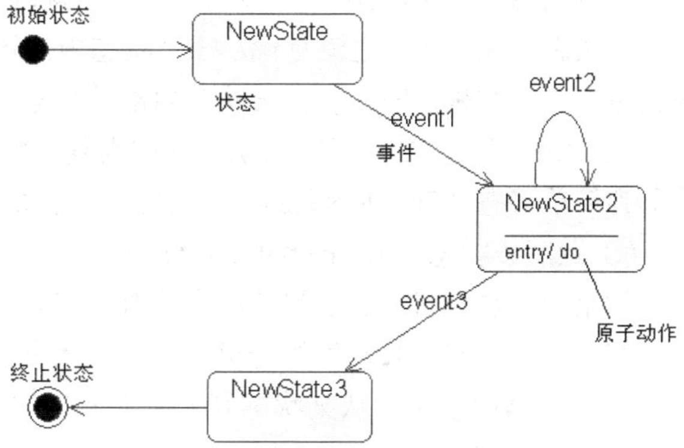

图 7-1 一个简单的状态图示意图

1. 状态

状态是状态机的重要组成部分，它描述了状态机所在对象动态行为的执行所产生的结果。这里的结果一般是指能影响此对象对后续事件响应的结果。状态用于对对象在其生命中的状况建模，在这些状况下状态可以满足某些条件、执行某些操作或等待某些事件。

图形上，使用一个圆角矩形表示一个状态。一个完整的状态有 5 个组成部分。

（1）名字（name）

状态的名字由一个字符串构成，用以识别不同的状态。状态可以是匿名的，即没有名字。状态名一般放置在状态图符的顶部。

（2）入口/出口动作（entry/exit action）

入口/出口动作表示进入/退出这个状态所执行的动作。入口动作的语法是 entry/执行的动作；出口动作的语法是 exit/执行的动作。这里所指的动作可以是原子动作，也可以是动作序列（action sequence）。

（3）内部转换（Internal Transition）

内部转换是不会引起状态变化的转换，此转换的触发不会导致状态的入口/出口动作被执行。定义内部转换的原因是有时候入口/出口动作显得是多余的。例如：某状态的入口/出口分别是打开/关闭某文件，但如果用户仅仅是想更改该文件的文件名，那么，这里所定义的入口/出口动作显得多余，这时就可以使用内部转换，而不触发入口/出口动作的执行。

在图形表示上，由于内部转换不引起状态的转变，因此它的文字标识被附加在表示状态的圆角矩形内部，而不使用箭头进行图形标识。

内部变迁的语法是：事件/动作表达式。

（4）延迟事件（Deferred Event）

延迟事件该状态下暂不处理，但将推迟到该对象的另一个状态下事件处理队列。也就是所延迟事件是事件的一个列表，此列表内的事件当前状态下不会处理，在系统进入其他状态时再处理。

具有某些动态行为的对象在运行过程中，某个状态下，总会有一些事件被处理，而另一些事件不能被处理。但对于这个对象来说，有些不能被处理的事件是不可以被忽略的，它们会以队列的方式被缓存起来，等待系统在合适的状态下再处理它们。对于这些被延迟的事件，可以使用状态的延迟事件来建模。

（5）子状态（Substate）

在复杂的应用中，当状态机处于某特定的状态时，状态机所在的对象在此刻的行为还可以用一个状态机来描述，也就是说，一个状态内部还包括其他状态。在 UML 里，子状态被定义成状态的嵌套结构，即包含在某状态内部的状态。

在 UML 里，包含子状态的状态被称为复合状态（Composite State），不包含子状态的状态被称为简单状态（Simple State）。子状态以两种形式出现：顺序子状态和并发子状态。

① 顺序子状态（Sequential Substate）

如果一个复合状态的子状态对应的对象在其生命期内任何时刻都只能处于一个子状态，即不会有多个子状态同时发生的情况，这个子状态被称为顺序子状态。

当状态机通过转换从某状态转入复合状态时，此转换的目的可能是这个复合状态本身，也可能是复合状态的子状态。如果是前者，状态机所指的对象首先执行复合状态的入口动作，然后子状态进入初始状态并以此为起点开始运行。如果此转换的目的是复合状态的子状态，复合状态的入口动作首先被执行，然后复合状态的内嵌状态机以此转换的目标子状态为起点开始运行。

顺序子状态的示例模型如图 7-2 所示。

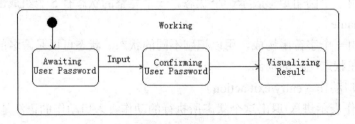

图 7-2　顺序子状态

图 7-2 所示描述的是确认用户密码状态下的 3 个子状态，显然它们是一个接一个发生的。
Awaiting User Password：等待用户输入密码。

Confirming User Password：确认用户密码。

Visualizing Result：显示确认结果。

如果复合状态的内嵌状态机执行过程被中断，如果不指定，下次再进入此复合状态的内嵌状态机将从初始状态开始运行。如果希望下一次内嵌状态机从上次中断点开始运行，可以在建模时设置一个特殊的状态——历史状态（History state），它可以记录复合状态转出时正在运行的子状态。

② 并发子状态（Concurrent Substate）

如果复合状态内部只有顺序子状态，那么这个复合状态机只有一个内嵌状态机。但有时可能需要在复合状态中有两个或多个并发执行的子状态机。这时，称复合状态的子状态为并发子状态。

顺序子状态与并发子状态的区别在于后者在同一层次给出两个或多个顺序子状态，对象处于同一层次中来自每个并发子状态的一个时序状态中。当一个转换所到的组合状态被分解成多个并发状态组合时，控制就分成与并发子状态对应的控制流。在两种情况下控制流会汇合成一个：第一，当一个复合状态转出的转移被激发时，所有的内嵌状态机的运行被打断，控制流会汇合成一个，对象的状态从复合状态转出；第二，每个内嵌状态机都运行到终止状态。这时，所有的内嵌状态机的运行被打断，但对象还处于复合状态。

并发子状态的模型如图 7-3 所示。

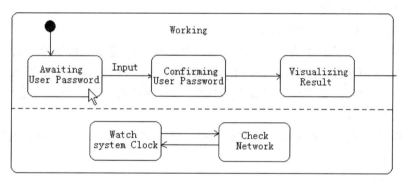

图 7-3　并发子状态

系统在 Working 状态时，并不是仅仅做密码确认的工作，它还要监视系统时间（Watch system Clock），并且定时检查网络连接，以防止网络发生无响应等错误，因为用户的信息都存储在远程的主机上。这也提供了系统运行的稳定性。

2. 转换

状态图通过对对象的状态以及状态间的转换建模来展现系统动态行为。

转换是状态间的关联。它们用于对一个实体的不同状态间的关系建模。当某实体在第一个状态中执行一定的动作，并在某个特定事情发生并且某个特定的条件满足时进入下一个状态。在 UML 里，转换由 5 个部分组成，它们分别是：源状态、目标状态、触发事件、监护条件和动作。

（1）源状态（Source State）

转换描述的是状态机所在的对象的状态的变化（状态图是可视化状态机的一种方式）。转换使对象从某个状态转换到另一个状态。那么在转换被激发之前，对象所处的状态就是转换的源状态。源状态就是被转换影响的状态。某对象处于源状态，当它接收到触发事件或满足监护条件，就会激活一个转换。

一个转换可以有多个源状态，这表示状态机所在对象中的多个控制流在转换发生时汇合成一个控制流。在 UML 中，多源状态的转换通常使用活动图表示。

（2）目标状态（Target State）

转换使对象从一个状态转换到另一个状态。转换完成后，对象状态发生了变化，这时对象所处的状态就是转换的目标状态。目标是转换完成后活动的状态。在图形上，转换的源状态位于表示转换的箭头的起始位置。转换的目标状态位于表示转换的箭头所指的那个状态。在这里要特别注意把源状态、目标状态的概念与状态图的初始状态、终止状态的概念区别开来。

同样，一个转换可以有多个目标状态，这表示状态机所在的对象在转换被激活的时刻一个控制流分解为多个控制流。在 UML 中，多目标状态的转换通常使用活动图表示。

（3）触发事件（Trigger Event）

状态机描述了对象的具有事件驱动的动态行为。在这些动态行为中，对象动作的执行、状态的改变都是以特定事件的发生为前提的。转换的触发事件就是引起转变的事件。这里所指的事件可以是信号、调用、时间段或状态的一个改变。一个信号或调用可以带有参数，参数值可以由监护条件和动作的表达式的转换得到。

在 UML 中还可能有无触发转换，它不需要事件触发，一般当它的源状态已经完成它的活动时，无触发转换为被触发。

（4）监护条件（Guard Condition）

转换可能具有一个监护条件。监护条件是一个方括号括起来的布尔表达式，它被放在触发事件的后面。监护条件可以引用对象的属性值和触发事件的参数。当一个触发事件被触发时，布尔表达式被赋值。如果值是"真"，则触发事件使转换有效。如果值是"假"，则不会引起转换。

监护条件只在引起转换的触发事件发生时被赋值一次，如果此转换被重新触发，监护条件会被重新赋值。

（5）动作（Action）

当转变被激活时，它对应的动作被执行。动作是一个可执行的原子计算，它可以包括操作调用、另一个对象的创建或撤销、向一个对象发送信号。动作也可以是一个动作序列，即包括一序列的简单动作。动作或动作序列的执行不会被同时发生的其他动作所影响。

根据 UML 的概念，动作的执行时间是非常短的，与外界的时间相比几乎可以忽略，因此在动作执行过程中不允许被中断，这点正好与活动相反，活动是可以被其他事件中断的。在某动作执行时，一般新进的事件会被安排在一个等待队列里。

7.1.3 状态图的用途

状态图用于对系统的动态方面建模，动态方面指出现在系统体系结构中任一对象按事件排序的行为，其中这些对象可以是类、接口、构件和节点。当使用状态图对系统建模时，可以在类、用例、子系统或整个系统的语境中使用状态图。

前面曾经提到，状态机是展示状态与状态转换的图，可以使用状态图和活动图这两种方法来可视化状态机。这就涉及一个问题，在对用例、类或系统建模时，在什么样的情况下使用状态图呢？根据状态图在 UML 中的定义，对反应型对象建模一般使用状态图。反应型对象是指一个为状态图提供语境的对象。反应型对象通常具有如下特点：

（1）响应外部事件，即来自对象语境外的事件；

（2）具有清晰的生命期，可以被建模为状态、迁徙和事件的演化；

（3）当前行为和过去行为存在着依赖关系；

（4）在对某事件做出反应后，它又会变回空闲状态，等待下一个事件。

虽然状态图和活动图都可以对系统的动态方面建模，但它们建模的目的有本质的区别。活动图更强调对有几个对象参与的活动过程建模，而状态图更强调对单个反应型对象建模。

在 UML 建模过程中，状态图是非常必要的，它能帮助系统开发人员理解系统中对象的行为。而类图和对象图只能展现系统的静态层次和关联，并不能表达系统的行为。一幅结构清晰的状态图详细描述了对象行为，这大大地帮助了开发人员构造出符合用户需求的系统。

7.1.4　状态图的建模技术

使用状态图一般是对系统中反应型对象建模，特别是对类、用例和系统的实例的行为建模。在对这些反应型对象建模时，要描述 3 个方面内容：对象可能处于的稳定状态，触发状态转变的事件，对象状态改变时发生的动作。这也是状态图要表达的主要内容。

稳定状态代表对象能在一段时间内被识别。当事件发生时，对象从一个状态转换到另一个状态，这些事件可以是外部的也可能是内部自身的转换。在事件或状态的变化过程中，对象是通过执行一个动作来做出响应的。

在使用状态图对系统反映型对象建模时，可以参照以下步骤进行：

（1）识别一个要对其生命周期进行描述的参与行为的类；

（2）对状态建模，即确定对象可能存在的状态；

（3）对事件建模，即确定对象可能存在的事件；

（4）对动作建模，即确定当转变被激活时，相应被执行的动作；

（5）对建模结果进行精化和细化。

如图 7-4 所示是手机的状态图。当手机开机时，它处于空闲状态（idle），当用户开始使用电话呼叫某人（call someone）时，手机进入拨号状态（dialing）。如果呼叫成功，即电话接通（connected），手机就处于通话状态（working）；如果呼叫不成功（can't connect），例如对方线路问题、关机和拒接等，这时手机停止呼叫，重新进入空闲状态（idle）。手机在空闲状态（idle）下被呼叫（be called），手机进入响铃状态（ringing）。如果用户接听电话（pick up），手机就处于通话状态（working）；如果

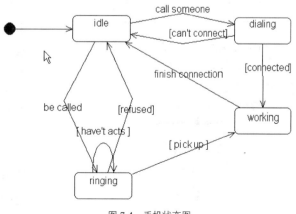

图 7-4　手机状态图

用户未做出任何反映（haven't acts），可能他没有听见铃声，手机一直处于响铃状态（ringing）；如果用户拒接来电（refused），手机回到空闲状态（idle）。

7.2 活动图（Activity Diagram）

一般学习过 C 语言或其他程序设计语言的读者一定接触过流程图，因为流程图清晰的表达了程序的每一个步骤序列、过程、判定点和分支。程序流程图无论对编程者自身还是阅读程序的人都是极好的文档资料。对于程序员，一般都推荐他们使用流程图做可视化描述工具来描述问题解决方案。在 UML 里，活动图本质上就是流程图，它描述系统的活动、判定点和分支等，因此它对开发人员来说是一种重要的工具。

状态机是展示状态与状态转换的图。通常一个状态机依附于一个类，并且描述这个类的实例对接收到的事物的反应。状态机有两种可视化方式，分别为状态图和活动图。活动图被设计用于描述一个过程或操作的工作步骤，从这方面理解，它可以算是状态的一种扩展方式。状态图描述一个对象的状态以及状态改变，而活动图除了描述对象状态之外，更突出了它的活动。

7.2.1 活动图

活动是某件事情正在进行的状态，既可以是现实生活中正在进行的某一项工作，也可以是软件系统中某个类对象的一个操作。活动在状态机中表现为由一系列动作组成的非原子的执行过程。

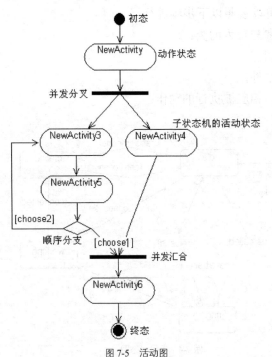

图 7-5 活动图

活动图是 UML 中描述系统动态行为的图之一，它用于展现参与行为的类的活动或动作。活动是在状态机中一个非原子的执行，它由一系列的动作组成，动作由可执行的原子计算组成，这些计算能够使系统的状态发生变化或返回一个值。

UML 中，图形上活动图里的活动用圆角矩形表示，但这里的圆角矩形比状态图窄一些，看上去更接近椭圆。一个活动结束自动引发下一个活动，则两个活动之间用带箭头的连线相连接，连线的箭头指向下一个活动。和状态图相同，活动图的起点也是用实心圆表示，终点用半实心圆表示。

活动图中还包括分支与合并、分叉与汇合等模型元素。分支与合并的图标和状态图中判定的图标相同，而分叉与汇合则用一条加粗的线段表示。活动图模型如图 7-5 所示。

7.2.2 活动图与流程图的区别

虽然活动图描述系统使用的活动、判定点和分支，看起来和流程图没什么两样，并且传统的流程图所能表示的内容，大多数情况下也可以使用活动图表示，但是两者是有区别的，不能将两个概念混淆。

活动图与流程图的区别如下。

（1）流程图着重描述处理过程，它的主要控制结构是顺序、分支和循环，各个处理过程之间有严格的顺序和时间关系；而活动图描述的是对象活动的顺序关系所遵循的规则，它着重表现的是系统的行为，而非系统的处理过程。

（2）活动图能够表示并发活动的情形，而流程图不能。

（3）活动图是面向对象的，而流程图是面向过程的。

7.2.3 活动图的组成元素

UML 的活动图中包含的图形元素有动作状态、活动状态、动作流、分支与合并、分叉与汇合、泳道和对象流等。

1．动作状态

活动图包括动作状态和活动状态。对象的动作状态是活动图最小单位的构造块，表示原子动作。在 UML 里，动作状态是以执行指定动作，并在此动作完成后通过完成变迁转向另一个状态而设置的状态。

动作状态表示状态的入口动作。入口动作是在状态被激活的时候执行的动作，在活动状态机中，动作状态所对应的动作就是此状态的入口动作。动作状态有如下特点：

（1）动作状态是原子的，它是构造活动图的最小单位，已经无法分解为更小的部分。

（2）动作状态是不可中断的，它一旦开始运行就不能中断，一直运行到结束。

（3）动作状态是瞬时的行为，它所占用的处理时间极短，有时甚至可以忽略。

（4）动作状态可以有入转换，入转换既可以是动作流，也可以是对象流。动作状态至少有一条出转换，这条转换以内部动作的完成为起点，与外部事件无关。

（5）动作状态和状态图中的状态不同，它不能有入口动作和出口动作，更不能有内部转移。

（6）在一张活动图中，动作状态允许多处出现。

在 UML 中，动作状态使用带圆端的方框表示，如图 7-6 所示。动作状态所表达的动作就写在此圆端方框内。建模人员可以使用文本串来描述动作，它应该是动词或者是动词短语，因为动作状态表示某些行为。

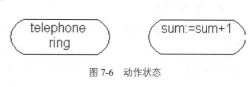

图 7-6 动作状态

动作状态和先前所介绍的状态图中的状态具有不同的图标。动作状态被绘制成带圆端的方框，而状态被绘制成带圆角的矩形。因此，无论从概念上还是从表达方式上，动作状态和状态都有所不同，请读者要注意两者之间的区别。

2．活动状态

对象的活动状态可以被理解成一个组合，它的控制流由其他活动状态或动作状态组成。活动状态的特点如下。

（1）活动状态可以分解成其他子活动或动作状态，由于它是一组不可中断的动作或操作的组合，所以可以被中断。

（2）活动状态的内部活动可以用另一个活动图来表示。

（3）和动作状态不同，活动状态可以有入口动作和出口动作，也可以有内部转移。

（4）动作状态是活动状态的一个特例，如果某个活动状态只包括一个动作，那么它就是一个动作状态。

虽然和动作状态有诸多不同，活动状态的表示图标却和动作状态相同，都是平滑的圆角矩形。稍有不同的是活动状态可以在图标中给出入口动作和出口动作等信息，如图 7-7 所示。

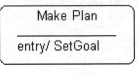

图 7-7　活动状态

3．动作流

当一个动作状态或活动状态结束时，该状态就会转换到下一个状态，这就是无触发转移或称为自动转移。无触发转移实际上是没有任何特定的事件触发的转移，即当状态结束工作时就自动的发生转移。

活动图开始于初始状态，然后自动转移到第一个动作状态，一旦该状态所说明的工作结束，控制就会不加延迟地转换到下一个动作或活动状态，并以此不断重复，直到遇到一个通知状态为止。现实中，一般的控制流都有初始状态和终止状态，除非某对象开始后就不会停止。与状态图相同，活动图的初始状态也是用一个实心球表示，终止状态是用一个半实心球表示。具体的转移模式如图 7-8 所示。

图 7-8　转移

4．分支与合并

在软件系统的流程图中，分支十分常见，它描述了软件对象在不同的判断结果下所执行的不同动作。在 UML 中，活动图也提供了描述这种程序结构的建模元素，这被称为分支。分支是状态机的一个建模元素，它表示一个触发事件在不同的触发条件下引起多个不同的转移。

在活动图中分支与合并用空心小菱形表示。分支包括一个入转换和两个带条件的出转换，出转换的条件应当是互斥的，这样可以保证只有一条出转换能够被触发。合并包括两个带条件的入转换和一个出转换，合并表示从对应的分支开始的条件行为的结束。分支与合并的示意图如图 7-9 所示。

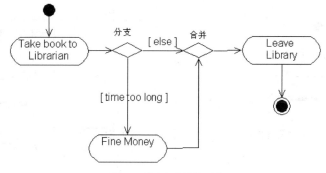

图 7-9　分支与合并的示例

【活动图说明】

（1）Take book to Librarian：将书交给图书管理员。

（2）Leave Library：离开图书馆。

（3）Fine Money：交纳罚金。

如图 7-9 所示描述了还书的过程。首先将书拿到图书管理员处，如果所借书籍没有超过期限，则还书成功，可以离开；如果所借书籍已经超过规定期限，则需要交纳一定的罚款，然后才能离开。

5．分叉和汇合

在建模过程中，可能会遇到对象在运行时存在两个或多个并发运行的控制流。在 UML 中，可以使用分叉把路径分成两个或多个并发流，然后使用结合，同步这些并发流。

一个分叉表示把一个控制流分解成两个或多个的并发运行控制流，也就是说分叉可以有一个输入转换和两个或多个输出转换，每个转换都是独立的控制流。从概念上说，分叉的每一个控制流都是并发的，但实际中，这些流可以是真正的并发，也可以是时序或交替的。

汇合代表两个或多个并发控制流同步发生。当所有的控制流都到达汇合点后，控制才继续向下进行。一个汇合可以有两个或多个转换和一个输入输出转换。

图形上，分叉和汇合都使用同步条表示。同步条是一条粗的水平线。如图 7-10 所示是关于学生参加考试的活动图。从初始状态开始，然后转换到活动状态"进入考场"，接下来自动迁移到分支，这产生两个并发工作流，"检查证件"和"对号入座"。在检查完证件后，进入活动状态"发考卷"，只有当"发考卷"和"对号入座"都完成时，转换汇合到"开始答题"。

6．泳道

泳道将活动图的活动状态分组，每一组表示负责那些活动的业务组织。在活动图里泳道区分了活动的不同职责，在泳道活动图中，每一个活动都只能明确的属于一个泳道。从语义上，泳道可以被理解为一个模型包。

泳道可以用于建模某些复杂的活动图。这时，每一个泳道可以对应于一个协同，其中活动可以由一个或多个相互连接的类的对象实现。

在 UML 中，泳道是活动图中的一些垂直展现，把它的邻居隔开，泳道之间可以有转换。活动图中的每个泳道必须有唯一的名字以区别于其他泳道。如图 7-11 所示是学生参加考试模型的泳道活动图。

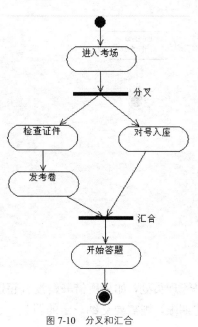

图 7-10　分叉和汇合

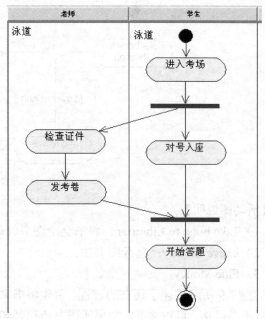

图 7-11　泳道图

7．对象流

活动图一般是对系统进行需求分析，描述系统的动态行为，这些工作处于软件开发的早期阶段。当软件开发进入建造期后，就需要考虑动态的行为实现。这时，就可以在活动图中使用对象流。

用活动图描述某个对象时，可以把所涉及的对象放置在活动图上，并用一个依赖将这些对象连接到对它们进行创建、撤销和修改的活动转换上。这种依赖关系和对象的应用被称为对象流。对象流是动作和对象间的关联。对象流可用于对下列关系建模：动作状态对对象的使用以及动作状态对对象的影响。

在 UML 中，使用矩形表示对象，矩形内是该对象的名称，名称下面的方括号中命名此对象的状态，还可以在对象名的下面加一个分隔栏表示对象的属性值。对象和动作之间使用带箭头的虚线连接表示对象流，如图 7-12 所示。

图 7-12 所示的活动图描述了一个顾客进入商店购买商品的工作流。对象 bill 表示所购买相应商品所对应的账单。当顾客在看

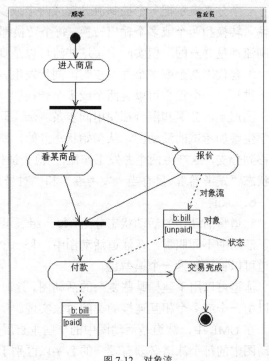

图 7-12　对象流

商品时，bill 处于 unpaid 的状态，顾客购买后，bill 的状态变成了 paid，这是 UML 中除类的状态图外表达对象状态改变的另一种方法。

7.2.4　活动的分解

一个活动可以分为若干个动作或子活动，这些动作和子活动本身又可以组成一个活动图。不含内嵌活动或动作的活动称之为简单活动；嵌套了若干活动或动作的活动称之为组合活动，组合活动有自己的名字和相应的子活动图。

图 7-13 所示是一个组合活动的示例。

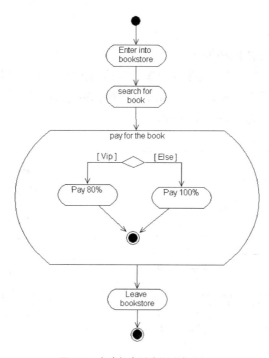

图 7-13　包含组合活动的活动图

【活动图说明】

（1）Enter into bookstore：进入书店。

（2）Search for book：寻找想要的书籍。

（3）Pay for the book：为要买的书付款。

（4）Pay 80%：如果是会员，书价打 8 折。

（5）Pay100%：如果不是会员，要付全部书款。

（6）Leave bookstore：离开书店。

图 7-13 所示是在书店买书的活动图，其中付款是一个组合活动，如果是 VIP 会员，则书价可以打 8 折，如果是普通顾客，就要付全部费用。付款活动包括了一个嵌套的子活动图。

7.2.5　活动图的建模技术

在系统建模过程中，活动图能够被附加到任何建模元素中以描述其行为，这些元素包括用例、类、接口、组件、节点、协作、操作和方法。现实中的软件系统一般都包含了许多的类，以及复杂的业务过程，这里所指的业务过程就是所谓的工作流。可以用活动图来对这些工作流建模，以便重点描述这些工作流。系统分析师还可以用活动图对操作建模，用以重点描述系统的流程。

无论在建模过程中活动图的重点是什么，它都是描述系统的动态行为。在建模过程中，读者可以参照以下步骤进行：

（1）识别要对其工作流进行描述的类；

（2）对动态状态建模；

（3）对动作流建模；

（4）对对象流建模；

（5）对建模结果进行精化和细化。

图 7-14 描述的是用户使用手机接听和拨打电话的过程。图 7-15 所示的活动图为对象的操作建模，其重点描述了求 Fibonacci 数列第 n 个数的 fib 函数的流程。Fibonacci 数列以 0 和 1 开头，以后的每一个数都是前两个数之和。

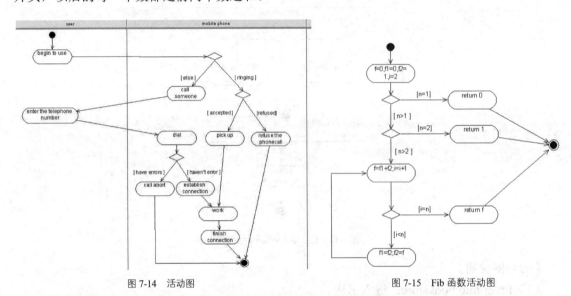

图 7-14　活动图　　　　　　　　　　图 7-15　Fib 函数活动图

虽然可以使用活动图对每一个操作建立流程图（即为对象的操作建模），但实际应用中却很少这么做。因为使用编程语言来表达更为便捷和直接。只有当操作行为非常复杂时才用活动图来描述操作的内容，因为这时通过阅读代码可能很难理解相应的操作过程。

7.3　实例——图书馆管理系统的动态图

下面以图书馆管理系统为例，说明如何绘制动态图。

7.3.1　各种动态图的区别

UML 的动态图包括交互图、状态图和活动图等。

交互图、状态图和活动图都是为了说明系统行为模型而建立的，各自侧重点不同。区别在于：

（1）状态图是为一个对象的生命期间的情况建立模型；

（2）交互图（时序图与协作图）表示若干对象在一起工作完成某项服务；

（3）活动图描述活动的序列，建立活动间控制流的模型。

7.3.2　使用 Rose 绘制状态图

1．创建状态图

在 Rational Rose 中可以为每个类创建一个或者多个状态图，类的状态和转换都可以在状态图中体现。

状态图的创建过程同时序图基本类似，过程如下：

> Rose 操作：
>
> 在 Rose 浏览器的树形列表中的【Logical View】→【System Service】的图标上鼠标右键单击，在弹出的快捷菜单中，选择【New】（新建）→【Statechart Diagram】（状态图）命令，即可创建一个状态图。
>
> 创建一个状态图后，Rational Rose 建立一个名为【State/Activity Model】的包，然后首先创建一个默认名称为【NewDiagram】的状态图。用户可以直接鼠标单击修改名称，或者通过右键【Rename】菜单命令修改，笔者将其命名为【LibBook_State】。状态图的图标为 🗗，如图 7-16 所示。

2．状态图工具栏按钮简介

双击打开【LibBook_State】状态图，编辑工具栏也会作相应的变化，如图 7-17 所示。

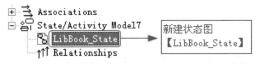

图 7-16　创建状态图

图 7-17　状态图工具栏

表 7-1 所示列出了状态图工具栏中各个按钮的图标、按钮名字及其作用。

表 7-1　　　　　　　　　　　　　　　　　状态图工具栏

图　　标	按 钮 名 称	作　　用
↖	Selection Tool	选择一项
ABC	Text Box	添加文本框
▱	Note	添加注释
╱	Anchor Note to Item	将图中的元素与注释相连
▭	State	添加状态
◆	Start State	状态图的起点
◉	End State	状态图的终点

续表

图 标	按 钮 名 称	作 用
↗	State Transition	状态之间的转换
↺	Transition to self	状态的自转换
◇	Dicision	判定（需要自定义添加）

如同用例图的工具栏一样，状态图的工具栏也可以定制。如果发现工具栏中没有上表中列出的图标按钮，则可以从自定义对话框中选择。

3．加入开始状态和终止状态

状态图中可以加入两个特殊状态：开始状态和终止状态。

> 开始状态在图中显示为实心圆，在工具栏上面单击开始状态图标 ●，然后在绘制区域要绘制开始状态的地方单击鼠标左键就可以加入开始状态。终止状态的加入方法和开始状态相同，单击终止状态图标 ◉ 绘制即可。图 7-18 添加了开始状态和终止状态。

4．增加状态

增加状态的步骤如下。

（1）增加状态。

> 要增加状态，首先要单击工具栏中状态图标 ▭，然后在绘制区域要绘制状态的地方单击鼠标左键。图 7-19 所示为一个状态图标。

图 7-18　开始状态和终止状态　　　　　图 7-19　状态图标

可以修改状态的属性信息，如状态的名字【Name】和文档说明【Documentation】等。要修改状态属性，可以双击状态图标，在弹出的对话框的【General】选项卡里进行设置。

（2）增加入口动作。入口动作是对象进入某个状态时发生的动作，进入动作在状态内显示，前面有"entry/"前缀。

> 添加入口动作可以在状态属性设置对话框里进行：单击对话框的【Actions】选项卡，在空白处单击鼠标右键，在弹出菜单中选择【Insert】菜单项即可添加一个动作类型【Entry/】，如图 7-20 所示。
>
> 接着双击创建的动作类型【Entry/】，在出现的对话框的【When】选项的下拉列表中选择【On Entry】，在【Name】选项中填入动作的名字，如图 7-21 所示。

依次单击【OK】按钮，状态图的入口动作就添加完成，添加了入口动作的状态如图 7-22 所示。

图 7-20 增加入口动作示意图 1

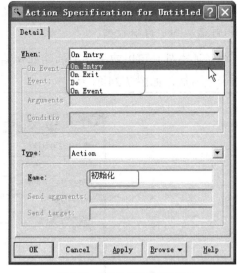

图 7-21 增加入口动作示意图 2

（3）增加出口动作。出口动作与入口动作相似，不过它在对象退出某个状态时发生。它的添加方法也和入口动作相似，只不过在【When】选项的下拉列表中要选择【On Exit】。添加了出口动作的状态如图 7-22 所示。

图 7-22 添加入口和出口动作

（4）增加活动。活动是对象在特定状态时进行的行为，活动与入口动作/出口动作不同，活动是可以中断的。增加活动与增加入口动作和出口动作类似，只要在【When】选项的下拉列表中选择【Do】即可。

5．增加转换

转换是从一种状态到另一种状态的过渡，在 UML 中转换用一条带箭头的直线表示。增加转换的步骤如下。

（1）加入转换图标。

转换要在两个状态之间进行，要增加转换，首先单击工具栏中状态图标 ↗，然后单击转换的源状态，即转换开始的状态，向目标状态拖动一条直线。图 7-23 显示了状态转换的绘制过程。

图 7-23 状态转换的绘制过程

提示：转换线条可以是直线也可以是折线，以美观为主。

（2）添加事件。事件导致对象从一种状态转变到另一种状态。在状态图中，事件可以用操作名和有意义的字符串表示。

要添加事件，可以双击转换的图标（图 7-23 中的箭头），在出现的对话框的【General】选项卡里增加，如图 7-24 所示。

图 7-24　添加事件的示意图 1

从图中可以看到，可以在【Event】选项中添加触发转换的事件，在【Argument】（参数）选项中添加事件的参数，还可以在【Documentation】选项中添加对事件的描述。

添加事件后的状态图如图 7-25 所示。

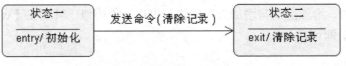

图 7-25　添加事件示意图 2

（3）添加动作。动作是转换过程中发生的不可中断的行为，大多数动作要在转换时发生。

要增加动作，可以双击转换的图标，在出现的对话框中的【Detail】选项卡的【Action】选项中填入要发生的动作，如图 7-26 所示。

（4）添加监护条件。监护条件控制转换发生与否。监护条件的添加方法与动作的添加方法相似，都是在图 7-26 所示的对话框中进行，只不过是在【Guard Condition】选项中填入监护条件，在此不再详述。

6. 图书馆管理系统状态图

在图书馆管理系统中，有明确状态转换的类包括：书籍和借阅者的账户（相当于包含特定个人信息的电子借阅证）。可以在系统中为这两类事物建立状态图。

图书的状态图如图 7-27 所示。

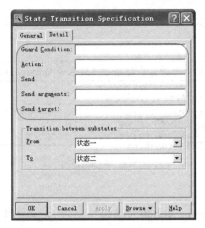

图 7-26　添加动作示意图

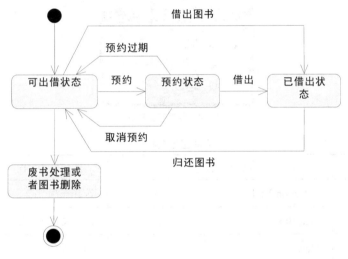

图 7-27　图书馆管理系统的状态图

读者账户状态图如图 7-28 所示。

图 7-28　读者账户状态图

提示：这里将账户状态分得比较详细，也可以分为可用状态和不可用状态。

7.3.3　使用 Rose 绘制活动图

1. 创建活动图

活动图的创建过程和状态图相似。要创建与当前状态图相同意义的活动图，最直接的办法就是在状态图所在的【State/Activity Model】包的图标上单击鼠标右键，在弹出的快捷菜单中选择【New】→【Activity Diagram】命令即可，如图 7-29 所示。活动图的图标为 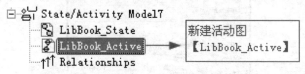，笔者将其命名为【LibBook_Active】。

提示：用户也可以直接在其他包上面通过右键菜单【New→Activity Diagram】创建其他的活动图。

图 7-29　创建活动图

2．活动图工具栏按钮简介

双击打开【LibBook_Active】活动图，编辑工具栏也会作相应的变化，如图 7-30 所示。表 7-2 列出了活动图工具栏中各个按钮的图标、按钮名字及其作用。

图 7-30　活动图工具栏

表 7-2　　　　　　　　　　　　　　　活动图工具栏

图　　标	按　钮　名　称	作　　用
	Selection Tool	选择一项
 ABC	Text Box	添加文本框
	Note	添加注释
	Anchor Note to Item	将图中的元素与注释相连
	State	添加状态
	Activity	添加活动
	Start State	状态图的起点
	End State	状态图的终点
	State Transition	状态之间的转换
	Transition to self	状态的自转换
	Horizontal Synchronization	水平同步
	Vertical Synchronization	垂直同步
	Swimlane	泳道
	Object	对象
	Object Flow	对象流

3. 加入初态和终态

活动图类似于状态图，需要有开始状态和终止状态，具体绘制方法与状态图类似，这里不再赘述。

4. 添加动作状态

要添加动作状态，首先单击工具栏中的图标按钮 ▱，然后在绘制区域要绘制动作状态的地方单击鼠标左键。图 7-31 所示为一个动作状态的图标。

图 7-31 动作状态

同理可以双击打开属性对话框修改名称等属性。

5. 添加活动状态

活动状态的表示图标和动作状态相同，与动作状态不同的是活动状态能够添加动作。添加动作的步骤如下。

（1）选中要添加动作的活动状态的图标，双击打开属性对话框。

（2）在弹出的对话框中选择【Actions】选项卡，在空白处单击鼠标右键，从弹出的右键菜单中选择【Insert】菜单项。

（3）接着双击列表中出现的默认动作【Entry/】，在出现的对话框的【When】选项的下拉列表中有【On Entry】、【On Exit】、【Do】和【On Event】等动作选项，用户可以根据需要进行选择。

由于设置过程同状态图添加入口动作类似，就不过多介绍了。活动状态图如图 7-32 所示。

6. 增加动作流

动作流显示了活动之间的移动。动作流在状态之间进行，要增加动作流，单击工具栏中的图标按钮 ↗，然后在两个要转换的动作状态之间拖动一条直线，如图 7-33 所示。

图 7-32 活动状态　　　　　　　　　　图 7-33 动作流示意图

7. 增加分支与合并

分支与合并描述对象的条件行为。

要增加分支与合并，单击工具栏中的图标按钮 ◇，然后在绘制区域要加入分支与合并的地方单击鼠标左键。由于一个分支有一个入转换和两个带条件的出转换，一个合并有两个带条件的入转换和一个出转换，所以分支与合并要和动作流相结合才有意义。首先添加 4 个动作状态，然后添加分支和合并，并添加动作流。分支与合并的示意图如图 7-34 所示。

8. 增加分叉与汇合

分叉与汇合描述对象的并发行为。分叉分为水平分叉与垂直分叉，两者在表达的意义上没有任何差别，只是为了画图的方便才分为两种。

要增加分叉与汇合，单击工具栏中的图标按钮 — 或者 | ，在绘制区域要加入分叉与汇合的地方单击鼠标左键。由于每个分叉有一个输入转换和两个或多个输出转换，每个汇合有两个或多个输入转换和一个输出转换，所以分叉与汇合也要与动作流相结合。分叉与汇合的示意图如图 7-35 所示。

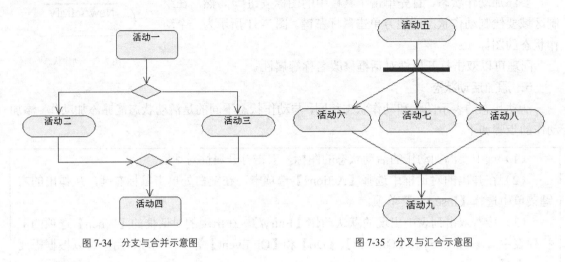

图 7-34　分支与合并示意图　　　　　　　图 7-35　分叉与汇合示意图

9．增加泳道

泳道用于将活动图中的活动分组。

要绘制泳道，可以单击工具栏中的图标按钮 ㅁ ，然后在绘制区域单击鼠标左键，泳道就绘制出来了。泳道示意图如图 7-36 所示。

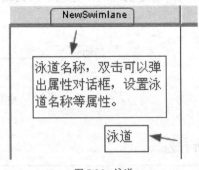

图 7-36　泳道

10．图书馆管理系统活动图

在图书馆管理系统中，有明确活动的类包括借阅者、图书馆管理员和系统管理员。可以在系统中为这 3 个类建立活动图。

（1）图书管理员活动图如图 7-37 所示。

（2）借阅者活动图 7-38 所示。由于借阅者借书还书不需要登录系统操作，这些通过图书管理员完成即可。因此借阅者活动图主要包括查询图书信息、管理个人信息以及预约图书等活动。

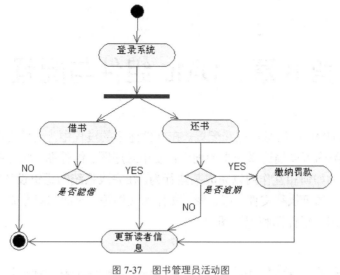

图 7-37　图书管理员活动图

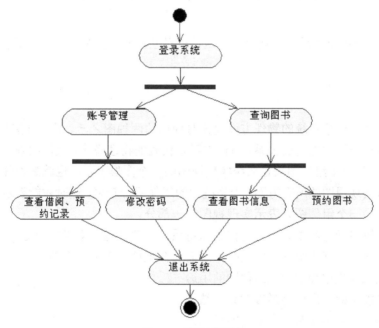

图 7-38　借阅者活动图

限于篇幅，其他的活动图不再一一介绍，读者可以自行绘制系统管理员的活动图。

第 8 章　UML 组件与配置

本章主要介绍 UML 中的组件图和配置。在软件建模的过程中，使用用例图可以推断系统希望的行为；使用类图可以描述系统中的词汇；使用时序图、组件图、状态图和活动图可以说明这些词汇中的事物如何相互作用以完成某些行为。在完成系统的逻辑设计之后，下一步要定义设计的物理实现，如可执行文件、库、表、文件和文档等。对面向对象系统的物理方面进行建模时要用到两种图：组件图和配置图。

8.1　组件图（Component Diagram）

在 UML 中，使用组件图来可视化物理组件以及它们间的关系，并描述其构造细节。

8.1.1　概述

组件图是对面向对象系统的物理方面建模时使用的两种图之一，另一种图是配置图。组件图描述软件组件以及组件之间的关系，组件本身是代码的物理模块，组件图则显示了代码的结构。在 UML 中，每一个组件图只是系统实现视图的一个图形表示，也就是说任何一个组件图都不能描述系统实现视图的所有方面，当系统中的组件组合起来，这时才能表示系统完整的实现视图，而其中的一个组件图只表示实现视图的一部分。

组件图中可以包括包和子系统，它们可以将系统中的模型元素组织成更大的组块。有时，当系统需要可视化一个基于组件的实例时，还需要在组件图中加入实例。

以下是在系统建模过程中建立组件图的用途：

（1）组件图能帮助客户理解最终的系统结构；

（2）组件图使开发工作有一个明确的目标；

（3）组件图有利于帮助工作组的其他人员理解系统，例如，编写文档和帮助的人员不直接参与系统的分析和设计，然而他们对系统的理解直接影响到系统文档的质量，而组件图是帮助他们理解系统有力的工具。

（4）使用组件图有利于软件系统的组件重用。

组件图（Component Diagram）描述了软件的各种组件和它们之间的依赖关系。组件图中通常包含 3 种元素：组件（Component）、接口（Interface）和依赖（Dependency）关系。每个组件实现一些接口，并使用另一些接口。如果组件间的依赖关系与接口有关，那么可以被具有同样接口的其他组件所替代。图 8-1 所示的是汽车租赁系统中的系统组件图。

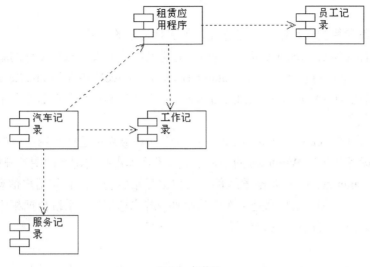

图 8-1　组件图

接下来的几小节将对这些元素做详细的介绍。

8.1.2　组件

组件（Component）是定义了良好接口的物理实现单元。组件是系统中可替换的物理部件，它包装了实现而且遵从并统一提供一组接口的实现。组件常用于对可分配的物理单元建模，这些物理单元包含模型元素，并具有身份标识和明确定义的接口。

组件一般表示实际存在的、物理的物件，它具有很广泛的定义，以下的一些内容都可以被认为是组件：程序源代码、子系统、动态链接库、ActiveX 控件、JavaBean、Java Servlet、Java Server Page。这些组件一般都包含很多类并实现许多接口。

在 UML 中，图形上组件使用左侧带有两个突出小矩形的矩形表示，如图 8-2 所示。

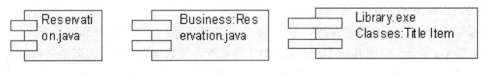

图 8-2　组件图

组件在很多方面与类相同：两者都有名称；都可以实现一组接口；都可以参与依赖关系；都可以被嵌套；都可以有实例；都可以参与交互。但是类和组件之间也存在着差别：类描述了软件设计的逻辑组织和意图，而组件则描述软件设计的物理实现，即每个组件体现了系统设计中特定类的实现。

1. 名称

组件的名字位于组件图标的内部，组件名是一个文本串（如图 8-2 左侧图所示）。如果组件被某包所包含，可以在它的组件名前加上它所在包的名字（如图 8-2 中间图所示），Reservation.java 组件是属于事务包（Business Package）的。图 8-2 右侧的图还是增加了一些表达组件的细节信息，它在图标中添加了实施该组件所需要的类。

2．类型

在对软件系统建模的过程中，一般存在以下 3 种类型的组件。

（1）配置组件（Deployment Component）：配置组件是形成可执行文件的基础。例如动态链接库（DLL）、二进制可执行体（Executable Body）、ActiveX 控件和 JavaBeans。

（2）工作产品组件（Work Product Component）：工作产品组件是配置组件的来源，例如数据文件和程序源代码。

（3）执行组件（Execution Component）：执行组件是最终可运行系统产生的运行结果。

例如，很多读者都玩过 Windows 的扫雷游戏。当你单击扫雷游戏的图标开始游戏的时候，该图标所对应的 winmine.exe 就是配置组件。在扫雷开始后会打开存储用户信息的数据文件，用于保持以前的最好成绩，这些都是工作产品组件。游戏结束后，系统会把相应的成绩更新到用户数据文件，这时又可以算是执行组件。

3．接口

接口是一个类提供给另一个类的一组操作。如果一组类和一个父类之间没有继承关系，但这些类的行为可能包括同样的一些操作，这些操作具有同样的构造，那么不同的类之间就可以使用接口来重用这些操作。

组件可以通过其他组件的接口，使用其他组件中定义的一些操作。组件的接口又可以分为两种类型。

（1）导出接口（export interface）：导出接口由提供操作的组件提供。

（2）导入接口（import interface）：访问服务的组件使用导入接口。

前面提到，绘制组件图的用途之一就是有利于软件系统的组件重用。而使用接口则是组件重用的重要方法。系统开发人员可以在另一个系统中使用一个已有的组件，只要新系统能使用组件的接口访问新组件。他们还可以使用新的组件替换已有的组件，只要新的组件和被替换组件接口标准一致。这在实际软件领域已经有了广泛的使用，例如许多软件的升级补丁就是使用接口一致的新组件替换旧组件。

在 UML 中，图形上接口使用一个小圆圈来表示，接口和组件之间如果使用实线连接，表示实现关系，如图 8-3 所示。

如果组件和接口间使用虚线箭头连接，则表示依赖关系，也就是组件和它的导入接口间的关系，如图 8-4 所示。组件 BookDataSQL ADO 是负责连接数据库，用于读取图书信息的组件，它实现了接口 BookData。组件 BookTitleData 是处理书名信息的组件，它的信息来源于图书数据库。因此组件 BookTitleData 依赖于接口 BookData。组件 BookTitleData 通过接口享受了组件 BookDataSQLADO 所提供的服务。

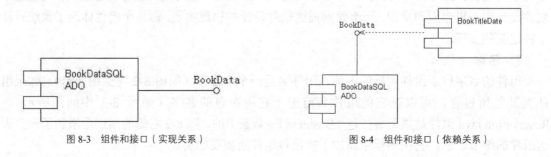

图 8-3　组件和接口（实现关系）　　　　　　　图 8-4　组件和接口（依赖关系）

4．关系

组件图中可以包括以下关系：依赖、泛化、关联和实现。从概念上理解，组件图可以算作一种特殊的类图，它重点描述系统的组件以及它们间的关系。

组件图中的依赖关系使用虚线箭头表示。具有依赖关系的组件有以下一些性质：客户端组件依赖于提供者组件；提供者组件在开发时存在，但运行时不需要存在，如图 8-5 所示。

实现关系使用实线表示。实现关系多用于组件和接口之间。组件可以实现接口，这只是一种简单的说法，实际上是组件中的类实现了接口。组件和接口间实现关系的模型如图 8-6 所示。

图 8-5　依赖关系　　　　　　　　　　　　　　　　图 8-6　实现关系

8.1.3　补充图标

组件定义非常广泛，例如程序源代码、子系统、动态链接库、ActiveX 控件、JavaBean 等都可以被认为是组件。在实际建模过程中，如果仅仅使用一个图标表示组件可能会有所不便，因此在一些建模工具里都为不同类型组件定义了特别的图标，这便于系统设计师建模，也便于其他人员理解。

下面介绍 Rational Rose 中不同类型组件的图标表示。

1．组件

Rose 中的组件（Component）即一般意义上的组件，见图 8-2。也可以用构造型来指定组件类型（如 ActiveX、Applet、Application、DLL 和 Executable 等），如图 8-7 所示。

2．子程序规范

子程序规范（Subprogram Specification）通常是一组子程序集合名，子程序中不包括类定义。图 8-8 所示给出了两种表示子程序规范的图标。

图 8-7　带有构造型的组件　　　　　　　　　　　图 8-8　子程序规范

3．子程序体

图 8-9 所示给出了两种表示子程序体（Subprogram Body）的图标。

4．主程序

主程序（Main Program）是包含程序根的文件。图 8-10 所示给出了两种表示主程序的图标。

5．包规范

包是类的实现方法。包规范（Package Specification）是类的头文件，包含类中函数的原型信息。在 C++中，包规范就是.h 文件。图 8-11 所示给出了两种表示包规范的图标。

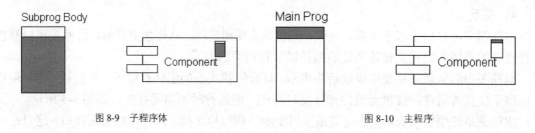

图 8-9　子程序体　　　　　　　　　　　图 8-10　主程序

6. 包体

包体（Package Body）包含类操作代码。在 C++中，包体就是.cpp 文件。图 8-12 所示给出了两种表示包体的图标。

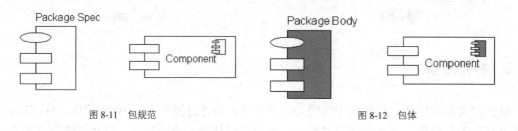

图 8-11　包规范　　　　　　　　　　　图 8-12　包体

7. 任务规范

任务表示具有独立控制线程的包。可执行文件通常表示为扩展名为.exe 的任务规范（Task Specification）。图 8-13 所示给出了两种表示任务规范的图标。

8. 任务体

图 8-14 所示给出了两种表示任务体（Task Body）的图标。

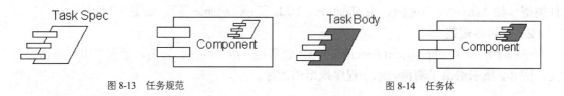

图 8-13　任务规范　　　　　　　　　　图 8-14　任务体

9. 数据库

数据库（Database）可能含有一个或几个结构。图 8-15 所示给出了两种表示数据库的图标。

10. 虚包

图 8-16 所示给出了两种表示虚包（Generic Package）的图标。

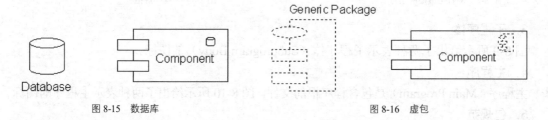

图 8-15　数据库　　　　　　　　　　　图 8-16　虚包

11. 虚子程序

图 8-17 所示给出了两种表示虚子程序（Generic Subprogram）的图标。

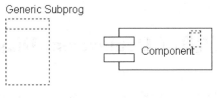

图 8-17　虚子程序

8.1.4　组件图建模技术

组件图用于对系统的实现视图建模。组件图描述软件组件及组件之间的关系，组件本身是代码的物理模块，组件图则显示了代码的结构。组件是逻辑架构中定义的概念和功能（类、对象以及它们的关系和协作）在物理架构中的实现。

在实际建模过程中，读者可以参照以下步骤进行：

（1）对系统中的组件建模；

（2）定义相应组件提供的接口；

（3）对它们间的关系建模；

（4）对建模的结果进行精化和细化。

图 8-18 所示是描述商品信息系统的组件图的综合实例。用户接口包负责用户的交互和图形的显示、打印。数据库负责存储商品信息、顾客信息和交易信息等。事物对象包执行系统的事务逻辑，它是完成系统各项功能的中间环节。其中事物对象包中包括类 reservation、类 customer、类 sell、类 employee 和类 product 的头文件，双向箭头对应双向关联，表示相互依赖。

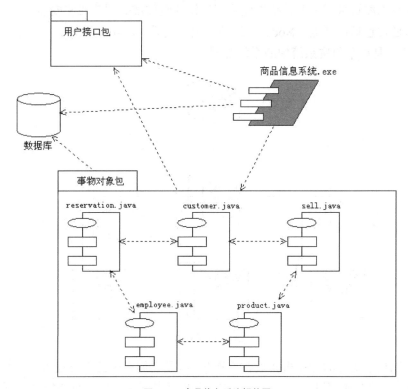

图 8-18　商品信息系统组件图

8.2 配置图（Deployment Diagram）

当一个软件开发组开发并实施某软件项目时，这个开发组可能需要软件设计人员和系统开发人员。在分工方面，软件设计人员主要负责软件的构造和实施，即根据用户的需求开发出符合要求的软件产品。仅仅做到这一点是不够的，开发小组还需要系统开发人员，他们负责系统的硬件和软件两个方面，并保证开发出的软件产品能够在合适的硬件系统上运行。UML 主要是为构造软件提供便利，但它也可以用于设计系统硬件。本节介绍的配置图就是用于描述软件执行所需的处理器和设备的拓扑结构。

8.2.1 概述

配置图是对面向对象系统的物理方面建模时使用的两种图之一，另一种图是组件图。配置图显示了运行软件系统的物理硬件，以及如何将软件部署到硬件上。也就是说，这些图描述了执行处理过程的系统资源元素的配置情况以及软件到这些资源元素的映射。

配置图中可以包括包和子系统，它们可以将系统中的模型元素组织成更大的组块。有时，当系统需要可视化硬件拓扑结构的一个实例时，还需要在配置图中加入实例。配置图中还可以包含组件，这些组件都必须存在于配置图中的节点上。

配置图描述了运行系统的硬件拓扑。在实际使用中，配置图常被用于模拟系统的静态配置视图。系统的静态配置视图主要包括构成物理系统的组成部分的分布和安装。

配置图中通常包括：节点（Node）、组件和关联关系（Association）。

图 8-19 所示是汽车租赁系统中的系统配置图。

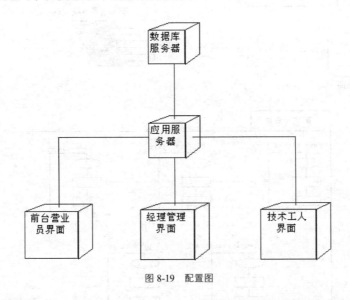

图 8-19　配置图

配置图可以显示实际的计算机和设备（节点）以及它们之间的必要连接，也可以显示连接的类型。此外，配置图还可以显示配置和配置之间的依赖关系，但是每个配置必须存在于某些节点上。

8.2.2 节点

节点是在运行时代表计算资源的的物理元素。它通常拥有一些内存，并具有处理能力。节点通过查看对实现系统有用的硬件资源来确定，这需要从能力（如计算能力、内存大小等）和物理位置（要求在所有需要使用该系统的地理位置都可以访问该系统）两方面来考虑。

在 UML 中，图形上节点使用一个三维立方体来表示，如图 8-20 所示。

节点在很多方面与配置相同：二者都有名称和关系，都可以有实例，都可以被嵌套，都可以参与交互。但是节点与配置之间也存在着差别：配置是参与系统执行的事物，而节点是执行配置的事物；配置表示逻辑元素的物理包装，而节点表示配置的物理配置。

1. 名称

节点的名字位于节点图标的内部，节点名是一个文本串。如果节点被某包所包含，可以在它的组件名前加上所在包的名字（如图 8-21 左侧图标所示），节点 Printer（打印机）是属于 OutPutDevice（输出设备包）的。节点的立方体还可以划分出多个区域，每个区域中可以添加一些细节的信息（如图 8-21 右侧图标所示），例如在该节点上运行的软件或者该节点的功能等。根据附加信息可知，节点 Server 的功能是打印服务器。

图 8-20 节点　　　　　　　　　　　　　　　图 8-21 节点的名字

2. 节点的类型

在实际的建模过程中，可以把节点分为两种类型：处理器（Processor）和设备（Device）。

（1）处理器

处理器是能够执行软件、具有计算能力的节点，服务器、工作站和其他具有处理能力的机器都是处理器。在 UML 中，处理器的符号如图 8-22 所示。

（2）设备

设备是没有计算能力的节点，通常情况下都是通过其接口为外部提供某种服务，哑终端、打印机和扫描仪等都属于设备。在 UML 中，设备的符号如图 8-23 所示。

图 8-22 处理器　　　　　　　　　　　　　　图 8-23 设备

8.2.3　组件

　　配置图中还可以包含组件。这里所指的组件就是 8.1.2 小节中介绍的组件图中的基本元素，它是系统中可替换的物理部件，并包装提供某些服务的接口。

　　可将组件包含在节点符号中，表示它们处在同一个节点上，并且在同一个节点上执行。从节点可以画一条带有<<support>>的相关性的虚线箭头指向运行时的组件，说明该节点支持指定组件（如图 8-24 左侧图形所示）。当一个节点支持一个组件时，在该节点实例上执行它所支持的组件的实例是允许的。

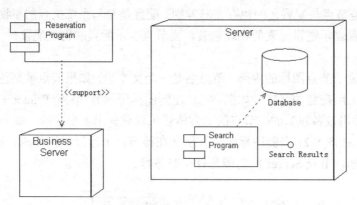

图 8-24　节点与组件

　　可以通过虚线箭头将不同组件连接在一起，表示它们之间的依赖关系（配置图中，只显示运行时的组件）。如图 8-24 右侧图形所示，这意味着，一个组件使用另一个组件中的服务。

8.2.4　关系

　　配置图中通常包括依赖关系和关联关系。从概念上理解，配置图也是一种类图，其描述了系统中的节点以及节点间的关系。

　　配置图中的依赖关系使用虚线箭头表示，它通常用在配置图的组件和组件之间。读者可以参考如图 8-24 所示的实例。

　　关联关系常用于对节点间的通信路径或连接进行建模。关联用一条直线表示，说明在节点间存在某类通信路径，节点通过这条通信路径交换对象或发送信息。模型如图 8-25 所示

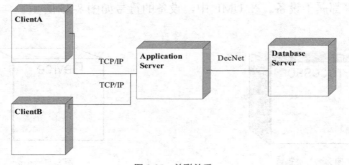

图 8-25　关联关系

8.2.5　配置图建模技术

配置图用于对系统的实现视图建模。绘制这些视图主要是为了描述系统中各个物理组成部分的分布、提交和安装过程。

在实际应用中，并不是每一个软件开发项目都必须绘制配置图。如果项目开发组所开发的软件系统只需要运行于一台计算机并且只需使用此计算机上已经由操作系统管理的标准设备（比如键盘、鼠标和显示器等），这种情况下就没有必要绘制配置图了。另一方面，如果项目开发组所开发的软件系统需要使用操作系统管理以外的设备（例如数码相机和路由器等），或者系统中的设备分布在多个处理器上，这时就有必要绘制配置图了，以帮助开发人员理解系统中软件和硬件的映射关系。

绘制系统配置图，可以参照以下步骤进行：

（1）对系统中的节点建模；

（2）对节点间的关系建模；

（3）对系统中的节点建模，这些组件来自组件图；

（4）对组件间的关系建模；

（5）对建模的结果进行精化和细化。

图 8-26 所示是家用计算机系统的配置图。配置图中包括电脑主机和一些外围设备，这些设备包括 Monitor（显示器）、KeyBoard（键盘）、Mouse（鼠标）、Modem（调制解调器）。除了这些计算机的外围设备，配置图中还包括了拨号上网的 ISP（网络服务提供商）。

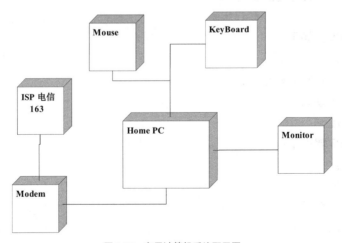

图 8-26　家用计算机系统配置图

图 8-27 所示是一个完全分布式系统的配置图。图中包括了两个客户机，分别用 Client1 和 Client2 表示，它们与 Regional Server（地区服务器）相连，地区服务器作为 Country server（国家服务器）的前端，它们也相连。在图中，Internet 被表示为原型为<<network>>的节点。在这个分布式系统中，存在多个地区服务器和国家服务器，这些服务器间也是彼此相连的，但是配置图中没有绘制出来。

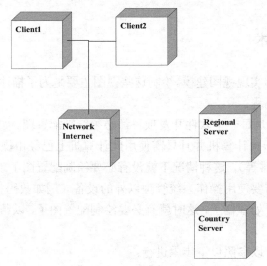

图 8-27　分布式系统配置图

8.3　实例——图书馆管理系统的组件图与配置图

本节以图书馆管理系统为例，说明如何绘制组件图与配置图。

8.3.1　绘制组件图与配置图的步骤

绘制组件图的步骤如下：

（1）确定组件；

（2）给组件加上必要的构造型；

（3）确定组件的联系；

（4）绘制组件图。

绘制配置图的步骤如下：

（1）确定节点；

（2）加上构造型；

（3）确定节点的联系；

（4）绘制配置图。

8.3.2　使用 Rose 绘制图书馆管理系统组件图

1．创建组件图

在 Rose 浏览器的树形列表中的【Component View】的图标上鼠标右键单击，在弹出的快捷菜单中，选择【New】→【Component Diagram】命令，即可创建一个组件图。

Rose 创建一个默认名称为【NewDiagram】的组件图。用户可以直接鼠标单击修改名称，或者通过快捷【Rename】菜单命令修改，笔者将其命名为【LibComponent】。组件图的图标为 ⬜，如图 8-28 所示。

2．组件图工具栏按钮简介

双击打开【LibComponent】组件图，编辑工具栏也会作相应的变化，如图 8-29 所示。

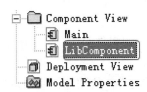

图 8-28　创建组件图　　　　　　　　图 8-29　组件图工具栏

表 8-1 所示列出了组件图工具栏中各个按钮的图标、按钮名字及其作用。

表 8-1　组件图工具栏按钮

图　标	按 钮 名 称	作　用
⬛	Selection Tool	选择一项
ABC	Text Box	添加文本框
⬛	Note	添加注释
／	Anchor Note to Item	将图中的元素与注释相连
⬛	Component	添加组件
⬛	Package	添加包
↗	Dependency	添加依赖关系
⬛	Subprogram Specification	添加子程序规范
⬛	Subprogram Body	添加子程序体
⬛	Main Program	添加主程序
⬛	Package Specification	添加包规范
⬛	Package Body	添加包体
⬛	Task Specification	添加任务规范
⬛	Task Body	添加任务体
⬛	Database	添加数据库
⬛	Generic Package	添加虚包
⬛	Generic Subprogram	添加虚子程序

3．添加组件

组件图创建以后，下一步就是向图中增加组件。通常对每个逻辑视图包创建一个组件视图包。例如，如果逻辑视图包括 Item、Title 和 Reservation 类，则对应的组件视图也应该包含 Item、Title 和 Reservation 类的组件。

要将组件添加进组件图，首先单击工具栏中的组件按钮图标 （几种组件按钮详见表 8-1），然后在绘制区域要放置组件的位置单击鼠标左键，输入组件名即可。新添加的组件如图 8-30 所示。

同其他 UML 图一样，用户可以双击打开属性设置对话框设置名称等常规属性。

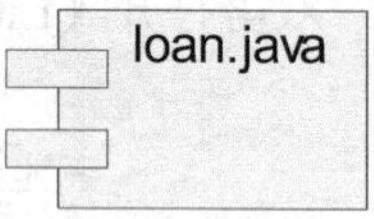

4．增加组件的细节

和其他模型元素一样，每个组件可以添加属性细节，如组件类型、组件语言以及组件声明等。

图 8-30　添加组件

（1）指定组件的类型。组件类型表明用哪个图标表示组件。从图标按钮中可以看出，组件有很多类型：标准组件类型、子程序规范、子程序体、主程序、包规范、包体、任务规范和任务体等。

要为组件指定类型，可以在组件的属性窗口中选择【General】选项卡，在【Stereotype】字段中选择或输入所需要的组件类型，如图 8-31 所示。

（2）指定组件语言。在 Rose 中，可以对各个组件分别指定语言，如模型的一部分可以指定 C++语言，另一部分可以指定 Java 语言。

Rose 支持的语言或工具包括 ANSI C++、Ada83、Ada95、CORBA、C++、COM、Java、Visual Basic、Visual C++、Web Modeler、XML_DTD 和 Oracle 等。

要为组件指定语言，可以打开相应组件的属性对话框，选中【General】选项卡，然后在【Language】字段中选择语言，如图 8-31 所示。

图 8-31　指定组件类型

5．增加组件之间的依赖

组件之间唯一存在的关系就是组件依赖性，添加一个组件对另外一个组件的依赖，步骤如下：

　　选择工具栏中的图标按钮 ↗，从源组件向目标组件拖动一条线。源组件是指依赖于其他组件的组件，目标组件是某一组件所依赖的组件，如图 8-32 所示。

图 8-32　添加依赖

6．图书馆管理系统的组件图

　　图书馆管理系统建立在一个含有标题信息、书目信息、借阅者信息、借阅记录信息和书籍预约信息的中央数据库上。按照前面介绍的绘制方法，最后图书馆管理系统的组件图，如图 8-33 所示。

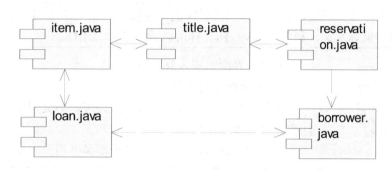

图 8-33　图书馆管理系统组件图

　　除了系统业务的组件图之外，系统用户界面也包含有组件图，读者可以自行绘制。

8.3.3　使用 Rose 绘制图书馆管理系统配置图

1．创建配置图

　　配置图其实并不需要创建，因为模型里面已经建好了配置图，如图 8-34 所示，配置图图标为 🗗。

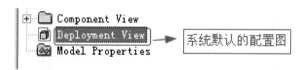

图 8-34　系统默认创建的配置图

2．配置图工具栏按钮简介

　　双击打开【Deployment View】配置图，编辑工具栏也会作相应的变化，如图 8-35 所示。

　　表 8-2 所示列出了配置图工具栏中各个按钮的图标、按钮名字及其作用。

图 8-35　配置图工具栏

表 8-2   配置图工具栏按钮

图　标	按钮名称	作　用
↖	Selection Tool	选择一项
ABC	Text Box	添加文本框
▭	Note	添加注释
／	Anchor Note to Item	将图中的元素与注释相连
▱	Processor	添加处理器
／	Connection	添加关联关系（也可称为连接）
▱	Device	添加设备

3. 添加处理器

要为配置图添加处理器，首先选择工具栏中的图标按钮 ▱，然后在绘制区域要放置处理器的位置单击鼠标左键。和其他 UML 图一样可以设置名称等属性。

图 8-36　处理器界面

处理器界面如图 8-36 所示。

4. 增加处理器细节

在处理器属性窗口中可以指定处理器的类型、增加处理器的特性和设置处理器计划。

（1）指定处理器的类型。处理器类型用于对处理器进行分类。

要为处理器指定类型，双击相应的处理器图标打开处理器属性对话框。选择对话框的【General】选项卡，在【Stereotype】字段中输入类型的名称，如图 8-37 所示。

图 8-37　指定处理器的类型

（2）增加处理器的特性。处理器特性是对处理器的物理描述，它可以包括处理器的速度和内存容量等信息。

要增加处理器的特性信息，双击相应处理器的图标，打开处理器属性对话框。选择对话框的【Detail】选项卡，在【Characteristics】字段中输入处理器的特性，如图 8-38 所示。

图 8-38 增加处理器的特性

（3）设置处理器计划。在 Rose 中还可以设置处理器计划，计划字段记录处理器使用的进程计划。计划的选项包括 Preemptive、Non-Preemptive、Cyclic、Executive 和 Manual 等。

Preemptive 表示高优先级的进程可以抢占低优先级的进程；Non-Preemptive 表示进程没有优先级，只有当前进程执行完毕后才可以执行下一进程；Cyclic 表示进程是时间片轮转执行的，每个进程分配一定的时间片，当一个进程时间片执行完毕后才将控制权传递给下一个进程；Executive 表示用某种算法控制计划；Manual 表示进程由用户计划。

5．添加设备

设备的添加方法和处理器的添加方法类似：

要为配置图添加设备，首先选择工具栏中的图标按钮 ⊟ ，然后在绘制区域要放置设备的位置单击鼠标左键，输入设备的名称即可。

6．增加设备细节

同处理器一样，设备也可以增加各种细节，如设备的类型和特性等信息。指定设备类型和增加设备特性信息的方法与处理器相同，不再详述。

7．添加关联关系

配置用关联关系表示各节点之间的通信，它可以连接两个处理器、两个设备或者设备与处理器。

要为配置图添加关联关系，首先选择工具栏中的图标按钮 ╱ ，然后单击要连接的节点，从源节点向目标节点拖动一条直线，如图 8-39 所示。

图 8-39　添加关联关系

双击关联关系，在弹出的属性对话框中可以设定关联关系的名称等信息。

8．图书馆管理系统的配置图

最后根据图书馆的功能，绘制出图书馆管理系统的配置图如图 8-40 所示。

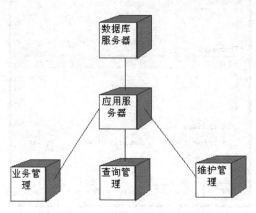

图 8-40　图书管理系统的配置图

第 9 章　扩展机制

UML 支持自身的扩展和调整。本章将从 UML 的体系结构入手，讲述 UML 的四层元模型体系结构以及定义 UML 的元模型；后半部分重点介绍 UML 提供的扩展机制如构造型、标记值和约束等。

9.1　UML 的体系结构

模型是系统的完整抽象，图则是模型或模型子集的图形表示。按照面向对象的问题解决方案以及建立系统模型的要求，UML 语言从四个抽象层次对 UML 语言的概念、模型元素和结构进行了全面定义，并规定了相应的表示法和图形符号。

9.1.1　四层元模型体系结构

UML 具有一个四层的体系结构，每个层次都是根据该层中元素的一般性程度划分的。从一般到具体这四层分别为元元模型层、元模型层、模型层、运行时实例层，图 9-1 描述了 UML 的四层体系结构。

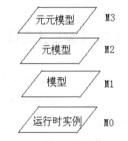

图 9-1　UML 的四层体系结构

（1）元元模型层通常称为 M3 层，它的主要任务是定义规定元模型的语言，因此形成了元模型建模层次结构的基础。元元模型通常比它所描述的元模型要简洁，而且可以定义几个元模型。

（2）元模型层通常称为 M2 层，元模型是元元模型的实例，元模型层的主要任务就是定义用于规定模型的语言。元模型一般比描述它的元元模型更为详细，特别是在定义动态语义的情况下。

（3）模型层通常称为 M1 层，模型是元模型的一个实例，模型层的主要职责是定义描述语义域的语言即允许用户对不同领域的问题进行建模。被建模的事物都处于元模型层次之外，用户模型是 UML 元模型的实例。

（4）运行时实例层通常称为 M0 层，它位于层次的底部，包含了在模型中定义的模型元素在运行时的实例。

元模型建模的一个特征是定义的语言具有自反性，即语言本身能通过循环的方式定义自身。当一个语言具有自反性时，就不需要去定义另外一种语言来规定其语义了。

9.1.2　四层元模型层次的例子

当在模型中创建一个类的时候，其实是创建了一个 UML 类的实例，同时，一个 UML 类也是元元模型中的一个元元类的实例。为了更清楚地理解四层元模型层次结构，请参照图 9-2。

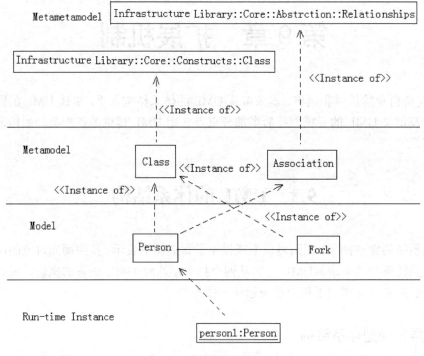

图 9-2　四层元模型层次的例子

9.1.3　UML 元元模型层

UML 的元元模型层为 UML 的基础结构，基础结构由 Infrastructure 包表示。基础结构库包由核心包（Core）和外廓包（Profile）组成，前者包括了建立元模型时所用的核心概念，后者定义了定制元模型的机制。

图 9-3 说明了 Infrastructure 包的结构。

1．Core 包

Core 包拥有四个包：Primitive Types、Abstractions、Basic 和 Constructs，如图 9-4 所示。

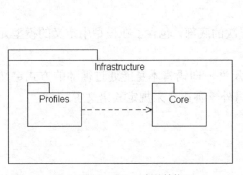

图 9-3　Infrastructure 包的结构

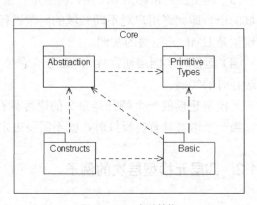

图 9-4　Core 包的结构

（1）Primitive Types

基本类型包含了少数在创建元模型时常用的已定义的类型，包中的数据类型有 Integer、Boolean、String 和 UnlimitedNatual。其中 UnlimitedNatual 表示一个自然数组成的无限集合中的一个元素。图 9-5 说明了 Primitive Type 包的结构。

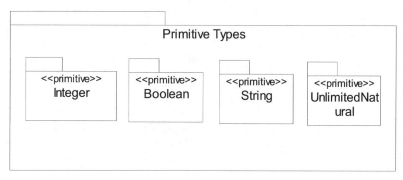

图 9-5　Primitive Type 包的结构

（2）Abstraction

抽象包包括用来进一步特化或由很多元模型重用的抽象元类。抽象包分为 20 个更小的包，这些包说明了如何表示建模中的模型元素。在这些包中，最基础的包是只拥有 Element 抽象类的 Element 包。

（3）Basics

基础包是开发复杂建模语言的基础，它具有基本的指定数据类型的能力。

（4）Constructs

构造包包括用于面向对象的建模的具体元类，它不仅组合了许多其他包的内容，还添加了类、关系和数据类型等细节。

2．Profiles 包

由图 9-3 可以看出，外廓包依赖核心包。外廓包定义了一种可以针对一个特定的知识领域改变元模型的机制，这种机制可用于对现存的元模型进行裁减使之适应特定的平台。

可以将 Profiles 看作 UML 的一种调整，比如针对教育领域建模而改写的 UML。扩展 UML 要基于 UML 添加内容，而 Profiles 包说明了我们所能够添加的内容。

9.1.4　UML 元模型层

UML 元模型由 UML 包的内容来规定，其中 UML 包分成用于结构性和行为性建模的包。有些包之间相互依赖，形成循环依赖性。循环依赖是由于顶层包之间的依赖性概括了其子包之间的所有联系，子包之间是没有循环依赖性的。UML 包的结构如图 9-6 所示。

包的名字表明了包里的内容，这里只介绍几个重要的包。

（1）Classes 包。Classes 包包含了类及类之间关系的规范。包中的元素和 Infrastructure Library::Core 包中的 Abstracions 包和 Constructs 包相关联。Class 包通过那些包合并为 Kernel 包并复用了其中的规范。

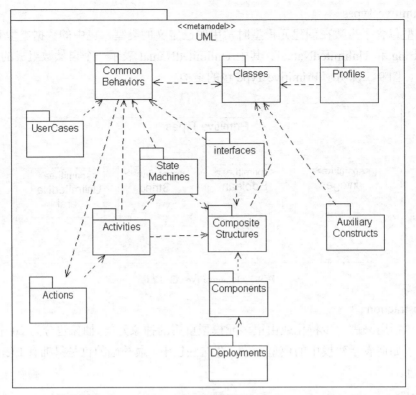

图 9-6　UML 包的结构

（2）CommonBehaviors 包。CommonBehaviors 包中包含了对象如何执行行为、对象间如何通信以及对时间的消逝建模的规范。

（3）UseCases 包。UseCases 包使用来自 Kernel 和 CommonBehavior 包中的信息，它规范了捕获一个系统的功能需求的图。UseCase 包中有关于参与者、用例、包含关系和扩展关系等的正式规范。

（4）CompositeStructure 包。CompositeStructure 包中除了包含组成结构图的规范以外，对端口和接口做了正式说明。

（5）AuxiliaryConstructs 包。AuxiliaryConstructs 包负责处理模型外观，它所处理的东西是模板和符号。

9.2　构　造　型

构造型是一种优秀的扩展机制，它不仅允许用户对模型元素进行必要的扩展和调整，还能够有效地防止 UML 变得过于复杂。

构造型扩展机制采用的方式是基于一个已存在的模型元素定义一种新的模型元素，新的模型元素在一个已存在元素中加入了一些额外语义。通过向新的模型元素中添加属性，新的模型元素可以扩展原模型元素。尽管如此，已经存在的模型元素的结构却不能改变。构造型扩展有助于为一种特定的应用域裁制一种建模语言。例如，商业建模领域的建模者希望将商业对象和商业过程作为特殊的建模元素区别。这些特殊建模元素如果被看作特殊的类，它们与其他元素的关系和在使用上必须加上特殊的约束。

9.2.1 构造型的表示法

构造型可以基于所有种类的模型元素：类、节点、组件、注释、关联、泛化和依赖等都可以用来作为构造型的基类。

要表示一个构造型，可以将构造型名称用一对尖括号括起来，然后放置在构造型模型元素名字的邻近。构造型可以有它自己的图形表示符号，如一个数据库可以用圆柱型图标表示。构造型和它的图标表示如图 9-7 所示。

一个特定构造型的元素以在元素名称之前放置构造型名称的方式来表示，也可以用代表构造型的一个图形图标表示，还可以将这两种方式结合起来。只要一个元素具有一个构造型名称或与它相连的图标，那么该元素就被当作指定构造型的一个元素类型被读取。

图 9-7 构造型和构造型图标的表示

9.2.2 UML 中预定义的标准构造型

UML 中已经预定义多种模型元素的标准构造型，用户也可以自己定义构造型。UML 中预定义的标准构造型如表 9-1 所示。

表 9-1   标准构造型

	应用元素	语 义
<<actor>>	类	该类定义了一组与系统交互的外部变量
<<association>>	关联角色端	通过关联可访问对应元素
<<becomes>>	依赖	该依赖存在于源实例和目标实例之间，它指定源和目标代表处于不同时间点并且具有不同状态和角色的实例
<<bind>>	依赖	该依赖存在于源类和目标模板之间，它通过把实际值绑定到模板的形式参数创建类
<<call>>	依赖	该依赖存在于源操作和目标操作之间，它指定源操作激活目标操作。目标操作必须是可以访问的，或者目标操作在源操作的作用域内
<<constraint>>	注释	指明该注释是一个约束
<<constructor>>	操作	该操作创建它所附属的类元的一个实例
<<classify>>	依赖	该依赖存在于源实例和目标类元之间，指定源实例是目标类元的一个实例

应用元素		语　义
<<copy>>	依赖	该依赖存在于源实例和目标实例之间，它指定源和目标代表具有相同状态和角色的不同实例。目标实例是源实例的精确副本，但在复制后，两者不相关
<<create>>	操作	该操作创建一个它所附属的类元的实例
	事件	该事件表明创建了封装状态机的一个实例
<<declassify>>	依赖	该依赖存在于源实例和目标类元之间，它指定源实例不再是目标类元的实例
<<destroy>>	操作	该操作销毁它所附属的类元的一个实例
	事件	该事件表示销毁封装状态机类的一个实例
<<delete>>	精化	该精化存在于源元素和目标元素之间，指明源元素不能够进一步精化
<<derived>>	依赖	该依赖存在于源元素和目标元素之间，它指定源元素是从目标元素派生的
<<destructor>>	操作	该操作销毁它所附属的类元的一个实例
<<document>>	组件	该组件代表文档
<<enumeration>>	数据类型	该数据类型指定一组标识符，这些标识符是数据类型实例的可能值
<<executable>>	组件	该组件代表能够在节点上运行的可执行程序
<<extends>>	泛化	该泛化存在于源用例和目标用例之间，它指定源用例的内容可以添加到目标用例中。该关系指定内容加入点和要添加的源用例应满足的条件
<<façade>>	包	该包只包含对其他包所属的模型元素的引用，它自身不包含任何模型元素
<<file>>	组件	该组件代表包含源代码或数据的文档或文件
<<framework>>	包	该包主要由模式组成
<<friend>>	依赖	该依赖存在于不同包的源元素和目标元素之间，它指定无论目标元素声明的可见性如何，源元素都可以访问目标元素
<<global>>	关联角色端	关联端的实例在整个系统中都是可访问的
<<import>>	依赖	该依赖存在于源包和目标包之间，它指定源包接收并可以访问的目标包的公共内容
<<implementation class>>	类	该类定义另一个类的实现，但这种类并非类型

	应用元素	语　义
<<inherits>>	泛化	该泛化存在于源类元和目标类元之间，它对泛化进行约束，使得源类元的实例可能不能被目标类元的实例所替代
<<instance>>	依赖	该依赖存在于源实例和目标类元之间，它指定源实例是目标类元的一个实例
<<interface>>	类	该类定义一个操作集合，这些操作可用于定义其他类提供的服务。该类可以只包含外部的公共操作而不包含方法
<<invariant>>	约束	该约束附属于一组类元或关系，它指定一个条件，对于类元或关系，这个条件必须为真
<<local>>	关联角色端	关联端的实例是操作中的一个局部变量
<<library>>	组件	该组件代表静态或动态库，静态库是程序开发时使用的库，该库链接到程序；动态库是程序运行时使用的库，程序在执行时访问该库
<<metaclass>>	类元	该类是某个其他类的元类
	依赖	该依赖存在于源类元和目标类元之间，它指定目标类元是源类元的元类
<<parameter>>	关联角色端	关联端的实例是操作中的参数变量
<<postcondition>>	约束	该约束指定一个条件，在激活操作之后，该条件必须为真
<<powertype>>	类元	该类元是元类型，它的实例是另一种类型的子类型，就是说该类元是包含在泛化关系中的判别式类型
	依赖	该依赖存在于源类元和目标类元之间，它指定目标类元源泛化组的强类型
<<precondition>>	约束	该约束附属于操作，它指定一个操作，要激活该操作，条件必须为真
<<private>>	泛化	该泛化存在于源类元和目标类元之间，在源类元中，继承目标类元的特性是隐藏的或是私有的
<<process>>	类元	该类元表示具有重型控制流的活动类，它是带有控制表示的线程并可能由线程组成
<<query>>	操作	该操作不修改实例的状态
<<realize>>	泛化	该泛化存在于源元素和目标元素之间，它指定源元素实现目标元素。如果目标元素是实现类，那么该关系暗示操作的继承，而不是结构的继承。如果目标元素是接口，那么源元素支持接口的操作
<<refine>>	依赖	该依赖存在于源元素和目标元素之间，它指定这两个元素位于不同的语义抽象级别。源元素精化目标元素或由目标元素派生

	应用元素	语　义
<<requirement>>	注释	该注释指定它所附属的元素的职责或义务
<<self>>	关联角色端	因为是请求者，所以对应的实例是可以访问的
<<send>>	依赖	该依赖存在于源操作和目标信号类之间，它指定操作发送信号
<<signal>>	类	该类定义信号，信号的名称可用于触发转换。信号的参数显示在属性分栏中。该类虽然不能有任何操作，但可以与其他信号类存在泛化关系
<<stereotype>>	类元	该类元是一个构造型，它是一个用于对构造型层次关系建模的原模型类
<<stub>>	包	该包通过泛化关系不完全地转移为其他包。也就是说继承只能继承包的公共部分而不继承包的受保护部分
<<subclass>>	泛化	该泛化存在于源类元和目标类元之间，它用于对泛化进行约束
<<subtraction>>	精化	该精化指定目标不能够再进行精化
<<subtype>>	泛化	该泛化存在于源类元和目标类元之间，它表明源类元的实例可以被目标类元的实例替代
<<subsystem>>	包	该包是一个有一个或多个公共接口的子系统，它必须至少有一个公共接口，并且其任何实现都不能是公共可访问的
<<supports>>	依赖	该依赖存在于源节点和目标组件之间，它指定组件可存在于节点上，即节点支持或允许组件在节点上执行
<<system>>	包	该包表示从不同的观点描述系统的模型集合，每个模型显示系统的不同视图。该包是包层次关系中的根结点，只有系统包可以包含该包
<<table>>	组件	该组件表示数据库表
<<thread>>	类元	该类元是具有轻型控制流的活动类，他是通过某些控制表示的单一执行路径
<<top level package>>	包	该包表示模型中的顶级包，它代表模型的所有非环境部分。在模型中它处于包层次关系的顶层
<<trace>>	依赖	该依赖存在于源元素和目标元素之间，它指定这两个元素代表同一概念的不同语义级别
<<type>>	类	该类指定一组实例以及适用于对象的操作，类可以包括属性、操作和关联，但不能有方法
<<update>>	操作	该操作修改实例的状态

续表

	应用元素	语 义
<<use case model>>.	包	该包表示描述系统功能需求的模型,它包含用例以及与参与者的交互
<<uses>>	泛化	该泛化存在于源用例和目标用例之间,它用于指定源用例的说明中包含或使用目标用例的内容。关系用来提取共享行为
	依赖	该依赖存在于源元素和目标元素之间,它用于指定下列情况:为了正确地实现源模型的功能,要求目标元素的存在
<<utility>>	类元	该类元表示非成员属性和操作的命名集合

9.3 标 记 值

标记值是对某种属性"键-值"的明确定义,这些"键-值"存储有关模型元素的信息。在标记值中,标记是建模者想要记录的一些特性的名字,值是给定元素特性的值。除内部元模型属性名外,任何字符串都可以作为标记名。

使用标记值的目的是赋予某个模型元素新的特性,而这个特性不包括在元模型预定义的特性中。和构造型类似,标记值也不能和已有的元模型定义抵触或者改变其定义。

标记值可以用来存储模型元素的任意信息,使用标记值存储项目管理信息如模型元素的创建日期、开发状态、截止日期和测试状态对于建模非常有用。标记值的应用非常广泛,可以向任何模型元素中添加标记值。

9.3.1 标记值的表示法

标记值用字符串表示,字符串有标记名、等号和值,写法上为"键=值"。如 author=Tom,project_phase=3,在某些图中它们被规则地放置在大括弧内,如图 9-8 所示。

图 9-8 标记值

9.3.2 UML 中预定义的标准标记值

某些标记已经在 UML 中预定义,有些则可以由用户自己定义。UML 中预定义的标准标记值如表 9-2 所示。

表 9-2   标准标记值

名　　称	应用元素	语　　义
Documentation	任何建模元素	指定元素的注解、说明和注释
Location	类元	指定类元所在的组件
	组件	指定组件所在的节点
Persistence	属性	指定模型元素是持久的。如果模型元素是暂时的，当它或它的容器被销毁时，它的状态同时被销毁；如果模型元素是持久的，当它的容器被销毁时，其状态保留，仍可以被再次调用
	类元	
	实例	
Responsibility	类元	指定类元的契约或义务
semantics	类元	指定类元的意义和用途
	操作	指定操作的意义和用途

9.4　约　　束

约束是用文字表达式表示的施加在某个模型元素上的语义限制。约束的每个表达式有一种隐含的解释语言，这种语言可以是正式的数学符号，如集合论的表示符号；可以是一种基于计算机的约束语言，如 OCL；可以是一种编程语言，如 C++；还可以是伪代码或非正式的自然语言。当然，如果语言是非正式的，它的解释也是非正式的，并且要由人来解释。

约束是一种限制，这种限制限定了该模型元素的用法或语义。像构造型一样，约束出现在几乎所有的 UML 图中，它定义了保证系统完整性的不变量。约束定义的条件在条件定义的上下文中必须保持为真，例如，对象属性的约束在对象生存期内应该一直保持为真；对操作的约束应该在试图执行该操作时保持为真。

9.4.1　约束的表示法

约束用大括弧内的字符串表达式表示。约束可以附加在表元素、依赖关系或注释上。

图 9-9 显示了 Senior Citizen Group 类和 Person 类之间的关联关系，指出了 Group 类可能有与之相关联的 Person 类。同时，该图表示了只有年龄大于 60 岁的 Person 才可以加入到 Group，这就定义了约束，该约束限定了加入 Group 对象的仅为那些年龄特性大于 60 的 Person 对象。此定义约束了在该关联关系中用到了哪些人。

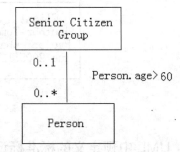

图 9-9　限定 Person 对象可以加入关联关系的约束

9.4.2 UML 中预定义的标准约束

UML 中预定义了一些约束，其他的约束可以由用户自己定义。UML 中预定义的标准约束如表 9-3 所示。

表 9-3 标准约束

名　　称	应用元素	语　　义
Abstract	类	该类至少有一个抽象操作，且不能被实例化
	操作	该操作提供接口规范，但不提供接口的实现
Active	对象	该对象拥有控制线程并可以启动控制活动
Add only	关联端	可以添加额外的链接，但不能修改或删除链接
Association	关联端	通过关联，对应实例是可以访问的
Broadcast	操作信号	按照未指定的顺序将请求同时发送到多个实例
Class	属性	该属性有类作用域，类的所有实例共享属性的一个值
	操作	该操作有类作用域，可应用于类
Complete	泛化	对一组泛化而言，所有子类型均已指定，不允许其他子类型
Concurrent	操作	从并发线程同时调用该操作，所有的线程可并发执行
Destroyed	类角色	模型元素在交互执行期间被销毁
	关联角色	
Disjoint	泛化	对一组泛化而言，实例最多只可以有一个给定子类型作为类型，派生类不能与多个子类型有泛化关系
Frozen	关联端	在创建和初始化对象时，不能向对象添加链接，也不能从对象中删除或移动链接
Guarded	操作	可同时从并发线程调用此操作，但只允许启动一个线程，其他调用被阻塞，直至执行完第一个调用
Global	关联端	关联端的实例在整个系统中可访问
Implicit	关联	该关联仅仅是表示法或概念形式，并不用于细化模型
Incomplete	泛化	对一组泛化而言，并未指定所有的子类型，其他子类型是允许的
Instance	属性	该属性具有实例作用域，类的每个实例都有该属性的值
	操作	该操作具有实例作用域，可应用于类的实例
Local	关联端	关联端的实例是操作中的局部变量
New	类角色	在交互执行期间创建模型元素
	关联角色	
New destroyed	类角色	在交互执行期间创建和销毁模型元素
	关联角色	

名　　称	应用元素	语　　义
Or	关联	对每个关联实例而言，一组关联中只有一个是显示的
Ordered	关联端	响应元素形成顺序设置，其中禁止出现重复元素
Overlapping	泛化	对一组泛化而言，实例可以有不止一个给定子类型，派生类可以与一个以上的父类型有泛化关系
Parameter	关联端	实例可以作为操作中的参数变量
Polymorphic	操作	该操作可由子类覆盖
Private	属性	在类的外部，属性和操作不可访问。类的子类不可以访问这些特性
	操作	
Protected	属性	在类的外部，属性和操作不可访问，但类的子类可以访问这些特性
	操作	
Public	属性	在类的外部，属性和操作可以访问。类的子类也可以访问这些特性
	操作	
Query	操作	该操作不修改实例的状态
Self	关联端	因为是请求者，所以对应实例可以访问
Sequential	操作	可同时从并发线程调用操作，但操作的调用者必须相互协调，使得任意时刻只有一个对该操作的调用是显著的
Sorted	关联端	对应的元素根据它们的内部值进行排序，为实现指定了设计决策
Transient	类角色	在交互执行期间创建和销毁模型元素
	关联角色	
Unordered	关联端	相应的元素无序排列，其中禁止出现重复元素
Update	操作	该操作修改实例的状态
Vote	操作	由多个实例所有返回值中的多数来选择请求的返回值

9.5　用于业务建模的 UML 扩展

"用于业务建模的 UML 扩展"文档记录了一种特定于某一领域的 UML 扩展，它包括由 Ivar Jacobson 创建的一组构造型、各种关联关系和一组构造型图标。

业务模型的特点通常需要外部模型和内部模型才能表现，内部模型是描述业务内部事务的对象模型，外部模型是描述业务过程的用例模型。

9.5.1　业务模型建模的构造型

业务模型建模的构造型如表 9-4 所示。

表 9-4 业务模型建模构造型

名　　称	应用元素	语　　义
use case model	模型	该模型表示业务的过程和与外在部分的交互。该模型将业务过程描述为用例，将业务的外在部分描述为参与者，并描述外在部分与业务过程之间的关系
use case system	包	该包是包含用例包、用例、参与者和关系的顶级包
use case package	包	该包包含用例、参与者和关系
object model	模型	该模型表示对象系统的顶级包，用于描述业务系统的内部事务
object system	子系统	该子系统是包含组织单元、类和关系的对象模型中顶级子系统
organization	子系统	该子系统是实际业务的组织单元，由组织单元、工作单元、类和关系组成
work unit	子系统	该子系统包含的一个或多个实体为终端用户构成了面向任务的视图
worker	类	该类定义了参与系统的人，在用例实现时，工作者与实体交互并操纵实体
case worker	类	该类定义直接与系统外部参与者交互的工作者
internal worker	类	该类定义与系统内其他工作者和实体交互的工作者
entity	类	该类定义了被动的、自身并不能启动交互的对象，这些类为在交互中包含的工作者之间进行共享提供了基础
communicate	关联	该关联表示两个交互实例之间的关系：实例之间通过发送和接收消息进行交互
subscribes	关联	该关联表示原订阅者类和目标发行者类之间的关系：订阅者指定一组事件，当发行者中发生其中一个事件时，发行者就要通知订阅者
use case realization	协作	该协作实现用例

9.5.2　业务建模的关联规则

业务建模的各种关联规则如表 9-5 所示。

表 9-5 业务建模关联规则

关　　联	源	可能的目标
communicates	参与者	事例工作者
		工作单元

续表

关　　联	源	可能的目标
communicates	事例工作者	参与者
		事例工作者
		实体
		内部工作者
		工作单元
	实体	实体
		内部工作者
	内部工作者	事例工作者
		实体
		内部工作者
		工作单元
	工作单元	参与者
		事例工作者
		实体
		内部工作者
		工作单元
subscribes	实体	实体
	内部工作者	实体
		工作单元
	工作单元	实体
		工作单元

9.5.3　业务建模构造型图标

业务建模构造型图标如图 9-10 所示。

事例工作者

工作者或内部工作者

实体

图 9-10　业务建模构造型图标

第 10 章　Rose 的双向工程

双向工程包括正向工程和逆向工程。正向工程就是从模型生成代码，而逆向工程则刚好相反，从代码生成模型。本章将详细介绍 Rational Rose 中的双向工程。

10.1　双向工程简介

无论是从模型生成代码，还是从代码生成模型，都是一项非常复杂的工作。Rational Rose 将正向和逆向工程结合在了一起，并且提供了一种在描述系统的架构或设计和代码的模型之间进行双向交换的机制。

正向工程是指从模型直接产生一个代码框架，这将为程序员节约很多用于编写类、属性、方法代码的琐碎的工作时间。有的人可能会惊叹这个工程真好，连代码都不需要编写了。其实正向工程的指导思想在于一个框架，一个在你脑子里的成熟框架，这个框架可以让你思路更清晰。在一般情况下，开发者会将系统设计细化到一定程度，这时就可以应用正向工程。

逆向工程是指将代码转换成模型。在重新同步模型和代码时，逆向工程非常有用。在迭代开发过程中，一旦某个模型作为迭代的一部分被修改，逆向工程会加入所有新的类、属性和方法的代码。以前这些代码都要靠手工来完成，例如，一个设计团队在需求分析阶段设计好了模型，然后由编程人员将抽象的、高级别的模型转换成详细的代码设计，在编程人员编写代码时会出现一些新的问题，导致增加或改变原来的设计。这时，随着代码的改变模型变得不同步了，有了逆向工程之后，完全不需要手工重新更改模型，因为它们是同步的，在代码修改的同时，模型也在更新。

10.2　正　向　工　程

正向工程（代码生成）主要是从 Rose 模型中的一个或多个类图生成 Java 源代码的过程。Rational Rose 里的正向工程是以组件为中心的，这就意味着 Java 源代码的生成是基于组件而不是类的，所以在创建一个类后需要将它分配给一个有效的 Java 组件。如果模型的缺省语言是 Java，Rose 会自动为这个类创建一个组件。

10.2.1　设置代码生成

Rose 提供了一个工具，它能够使代码与 UML 模型保持一致，每次创建或修改模型中的 Java 元素，它都会自动进行代码生成。缺省情况下，这个功能是关闭的，可以通过菜单命令

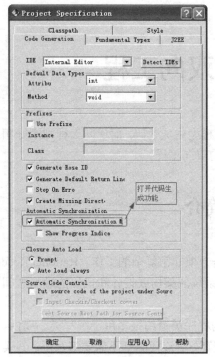

图 10-1　Java 项目设置

【Tools】→【Java/J2EE】→【Project Specification...】打开 Java 项目设置对话框，选择【Code Generation】选项卡打开进行设置，如图 10-1 所示。

图 10-1 所示的"Code Generation"窗口是代码生成时最常用的一个窗口，下面对该窗口中的每项做详细的介绍。

（1）IDE

指定与 Rose 相关联的 Java 开发环境。后面的下拉列表框中显示了系统注册表里的 IDE。Rose 可识别的开发环境有：VisualCafe、VisualAge for Java、Forte for Java 和 JBuilder。在缺省情况下，IDE 采用 Rose 内部编辑器，即 SUN 的 JDK。

（2）Default Data Types

指定模型的缺省数据类型。当新创建属性和方法时，Rose 就会使用这个数据类型。在缺省情况下，属性的数据类型是 int，方法的返回数据类型是 void。

（3）Prefixes

设置缺省前缀。Rose 会在创建实例和类变量的时候使用这个前缀。系统默认为不使用前缀。

（4）Generate Rose ID

设置 Rose 在代码中是否为每一个方法都添加唯一的标识符。Rose 会使用这个 ID 来识别代码中名称被改动的方法。在缺省状态下，该项是被选中的。

RoseID 其实就是一个 Java 注释，它的形式如下：

```
@roseuid <string>
```

例如，生成一个 HelloWorld 类：

```
public class HelloWorld{
    public HelloWorld() {}

    /**
    @roseuid 366663B30045
    */
    public static void main(String[] args){}
}
```

（5）Generate Default Return Line

设置 Rose 是否在每个类声明后面都生成一个返回行。在缺省状态下，该项是被选中的。

（6）Stop on Error

设置 Rose 是否在遇到第一个错误时就停止。在缺省状态下，该项是关闭的，因此，即使遇到错误，也会继续生成代码。

（7）Create Missing Directories

指定是否生成没有定义的目录。在缺省状态下，该项是被选中的。

（8）Automatic Synchronization Mode

当启用这项时，Rose 会自动保持代码与模型同步。在缺省状态下，该项是选中的。

（9）Show Progress Indicator

指定 Rose 在遇到复杂的同步操作时显示进度栏。在缺省状态下，该选项是关闭的。

（10）Source Code Control

指定对哪些文件进行源代码控制。

（11）Input Checkin/Checkout comment

指定用户是否需要对检入/检出代码的活动进行说明。

（12）Select Source Root Path for Source Control

选择生成代码的存放路径。

下面详细介绍如何从模型生成 Java 代码（正向工程）。

10.2.2 添加组件和类的映射

组件有多种类型，比如源代码、执行文件、运行库、ActiveX 组件和其他小程序。组件图上可以加入组件之间的依赖型。单击工具栏中的组件图标，可以加入新组件。具体可参考第 8 章中组件图的创建。

Rose 会将.java 文件与模型中的组件联系起来。因此，Rose 要求模型中的每个 Java 类都必须属于组件视图中的某个 Java 组件。

有两种给组件添加 Java 类的方法。

（1）当启动代码生成时，可以让 Rose 自动创建组件。如果这样，Rose 会为每个类都生成一个.java 文件和一个组件。为了使用这个功能，必须将模型的缺省语言设置为【Java】，可以通过【Tools】→【Options】→【Notation】→【Default Language】进行设置，如图 10-2 所示。

Rose 不会自动为多个类生成一个.java 文件。如果将 Java 类分配给一个逻辑包，Rose 将为组件视图中的物理包创建一个镜像，然后用它创建目录或是基于模型中包的 Java 包。

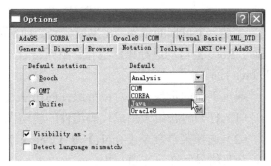

图 10-2　设定默认语言为 Java

（2）可以自己创建组件，然后显式地将这个类添加到组件。这样做可以将多个类生成一个.java 文件。

有两种方法可以将一个类显式地添加到组件。无论选择哪种方法，都必须首先创建这个组件。

第 1 种，使用 Rose 浏览器将类添加到组件中。首先在 Rose 浏览器视图中选择一个类，然后将该类拖放到适当的组件上。这样，就会在该类名字后面列出其所在组件的名字，如图 10-3 所示。

第 2 种，使用组件属性设置对话框进行设置。右键单击组件，在弹出菜单中选择【Open

Specification】命令，在弹出的组件属性设置对话框中，选择【Realizes】选项卡，如图 10-4 所示。右键单击相应的类，并从弹出菜单中选择【Assign】命令，即可以将类添加到组件中。

提示：如果组件的语言设置的是【Java】，则可以右键单击组件，在弹出菜单中选择【Open Standard Specification】命令打开属性设置对话框。

图 10-3　将类拖动到组件　　　　　图 10-4　通过组件属性对话框添加类

10.2.3　检查模型语法

这是一个可选的步骤。在生成代码之前，可以选择对模型组件的语法进行检查。在生成代码时，Rose 会自动进行语法检查。不同语言的语法检查是不同的，Rose 的 Java 语法检查是基于 Java 代码的。

通过下面的步骤可以对模型组件的语法进行检查。

（1）打开包含用于生成代码组件的模型图。

（2）选择菜单命令【Tools】→【Check Model】，从日志窗口中观察错误日志，如果有错误，信息将显示在日志窗口中。

（3）进行独立检查，可以选择【Tools】→【Java/J2EE】→【Syntax Check】进行语法的检查。也可以查其他语言的语法，把 Java 替换成相应的语言即可。

（4）对组件进行改正。

10.2.4　设置 Classpath

选择菜单命令【Tools】→【Java/J2EE】→【Project Specification…】，打开 Rose 中的【Project Specification】对话框，其中【Classpath】选项卡可以用来为模型指定一个 Java 类路径，如图 10-5 所示。

无论是从模型生成代码还是从代码生成模型，Rose 都将使用该路径。

10.2.5　备份文件

代码生成后，Rose 将会生成一份当前源文件的备份，后缀名是 ".jv~"。在用代码生成模型时，必须将源文件备份。如果多次为同一个模型生成代码，那么新生成的文件备份将覆盖原来的.jv~文件。

10.2.6　生成代码

选择菜单命令【Add-Ins】→【Add-In Manager】，弹出如图 10-6 所示的对话框，在对话框中可以设置显示或隐藏各种语言生成菜单。选择至少一个类或组件，然后选择菜单【Tools】→【Java/J2EE】→【Generation Code】生成代码。

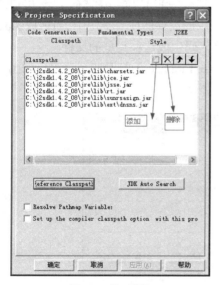

图 10-5　设置路径

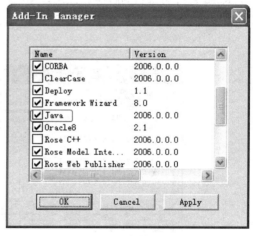

图 10-6　语言选择界面

如果是第 1 次使用该模型生成代码，那么会弹出一个映射对话框，它允许用户将包和组件映射到【classpath】属性设置的文件夹中。

如果发生了错误或警告，将会出现警告信息，用户可以在 Rose 日志窗口查看这些信息。一旦代码生成完毕，.java 文件以及相关的目录将在设置的路径（即前面介绍的 classpath）出现。用户也可以从 Rose 里面查看新生成的代码。选中已经生成代码的类或组件，右键单击，在弹出的菜单中选择【Java/J2EE→Edit Code...】命令即可。

10.3　逆 向 工 程

逆向工程是分析 Java 代码，然后利用 Rose 将其转化成模型的过程。Rational Rose 允许从 Java 源文件（.java 文件）、Java 字节码（.class 文件）以及一些打包文件（.zip、.jar、.cab 等）

中进行逆向工程。

下面详细介绍逆向工程的过程。

10.3.1 检查 Classpath 环境变量

进行逆向工程的时候，必须要有 JDK 类库的支持，所以这一步是必要的。Classpath 可以指向不同类型的类库文件，例如.zip、rt.jar 等。有关 Classpath 的配置，可以从"环境变量"中设置，这里不再赘述。

10.3.2 启动逆向工程

有 3 种方式可以启动逆向工程。第 1 种，选择一个类，然后选择【Tools】→【Java/J2EE】→【Reverse Engineer】菜单命令；第 2 种，右键单击某个类，然后在弹出的菜单中选择【Java/J2EE】→【Reverse Engineer】命令；第 3 种，将文件拖到 Rose 模型中的组件图或者类图中。当拖放.zip、.jar 文件时，Rose 会自动将它们解压。注意，Rose 不能将代码生成这种类型的文件。

选择菜单命令【Tools】→【Java/J2EE】→【Reverse Engineer】打开的活动窗口如图 10-7 所示。

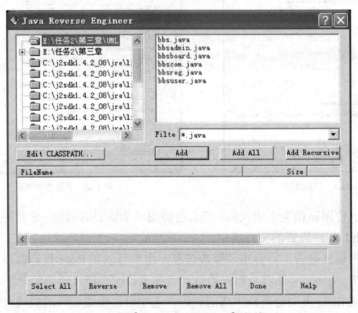

图 10-7 【Java Reverse Engineer】对话框

在该对话框中，左侧的目录显示了 Classpath 的路径，另外还需要单击【Edit CLASSPATH...】为自己创建一个路径，这个路径是你的.java 文件的存放路径。然后在右侧就会显示该目录下的所有.java 文件。

选中右侧目录下需要的.java 文件，单击【Add】按钮，就会将其加入到 FileName 区域中，在该区域再次选择需要逆向的.java 文件，单击【Reverse】按钮，完成后单击【Done】按钮即可完成 .java 文件向模型图的转变，至此，逆向工程结束。

10.4 实例——类图的代码生成与逆向工程

前面详细介绍了 Rose 中双向工程的基本概念和创建过程，本节将通过具体的实例，加深读者对双向工程的理解和运用。

10.4.1 代码生成

由于 Rose 的正向工程只能从类图生成代码，所以首先必须画出类图。类图如图 10-8 所示。

在该类图中，有两个类，一个是 Person 类，一个是 Teacher 类，其中 Teacher 类继承了 Person 类。

选中这两个类，然后选择【Tools】→【Java/J2EE】→【Generate Code】，弹出如图 10-9 所示的对话框，在该对话框中要求选择 Classpath，选择设置的 Classpath，然后在右侧选中所有的类，最后单击【OK】按钮，Rose 就开始生成 Java 代码。

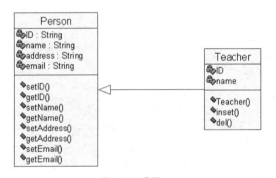

图 10-8 类图

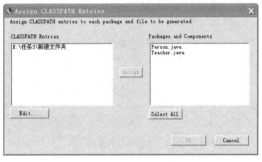

图 10-9 选择 Classpath

在 Classpath 下可以找到 Java 代码，基类 Person 的源代码如下：

```
//Source file: E:\\任务3\\新建文件夹\\Person.java


public class Person
{
  private String ID;
  private String name;
  private String address;
  private String email;

  /**
   * @roseuid 4573C34102CE
   */
  public Person()
  {
```

```java
}

/**
 * @roseuid 4573BBBB003E
 */
public void setID()
{

}

/**
 * @roseuid 4573BC0F0271
 */
public void getID()
{

}

/**
 * @roseuid 4573BC190222
 */
public void setName()
{

}

/**
 * @roseuid 4573BC2D00DA
 */
public void getName()
{

}

/**
 * @roseuid 4573BC3C02EE
 */
public void setAddress()
{

}

/**
 * @roseuid 4573BC4F0242
 */
public void getAddress()
{
```

```
    }

    /**
     * @roseuid 4573BC5B0271
     */
    public void setEmail()
    {

    }

    /**
     * @roseuid 4573BC6401E4
     */
    public void getEmail()
    {

    }
}
```

再看看 Rose 是否在代码中保持了模型中的继承关系，子类 Teacher 的源代码如下：

```
//Source file: E:\\任务 3\\新建文件夹\\Teacher.java


public class Teacher extends Person
{
    private int ID;
    private int name;

    /**
     * @roseuid 4573BCE5035B
     */
    public Teacher()
    {

    }

    /**
     * @roseuid 4573BCFC001F
     */
    public void inset()
    {

    }

    /**
     * @roseuid 4573BD300222
     */
    public void del()
```

```
    {

    }
}
```

由此可见，Teacher 类完好地保持了模型中的继承关系。代码生成后，开发者就可以在这个代码的基础上实现具体的方法，大大节省了开发的时间。

10.4.2　逆向工程

修改 Teacher 类，在里面加入一个 update 方法，暂时不加入任何实现代码，如下：

```
public void update(){ }
```

在 Rose 的浏览器中的逻辑视图中选择 Teacher 类，单击右键在弹出的菜单中选择【Java/J2EE】→【Reverse Engineer】子菜单，弹出图 10-10 所示的对话框。

在左侧的目录结构中选择【E:\任务 3\新建文件夹】，然后在右侧就会显示该目录下的.java 文件，选择 Teacher.java 文件，单击【Reverse】按钮，完成后单击【Done】按钮，在类图中可以发现 Teacher 类发生了变化，如图 10-11 所示。

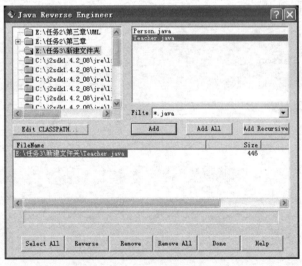

图 10-10　【Java Reverse Engineer】对话框

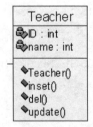

图 10-11　Teacher 类

第 11 章　UML 与统一开发过程

11.1　软件开发过程历史概述

11.1.1　软件开发过程简介

什么是软件过程？概括地讲，软件过程是指实施于软件开发和维护中的阶段、方法、技术、实践及相关产物（计划、文档、模型、代码、测试用例和手册等）的集合。行之有效的软件过程可以提高开发软件组织的生产效率、提高软件质量、降低成本并减少风险。

那么，软件过程对于软件企业来说有什么重要意义呢？行之有效的软件过程可以提高软件企业的开发效率。首先，通过理解软件开发的基本原则有助于对软件开发过程中一些重要的问题做出明智的决定；其次，可以促进开发工作的标准化、促进项目小组之间的可重用性和一致性；最后，它提供了一个可以使软件企业引进行业内先进开发技术的机会，这些技术包括代码检测、配置管理、变更控制以及体系结构建模等。有效的软件过程还有助于改进软件企业的软件维护和技术支持等工作。首先，它定义了如何管理软件的变更并将这些变更的维护工作适当地分配到软件的未来版本中，这样使整个变更的过程无缝地进行；其次，它定义了如何将软件产品平稳地过渡到运行实施和技术支持阶段，以及如何有效地开展这些工作。

11.1.2　当前流行的软件过程

对于软件企业而言，有必要采用某种业界认可的软件过程，或是利用新的技术改进自身已经存在软件过程。因为现在的软件规模越来越大，复杂程度越来越高，在软件的开发和维护过程中缺乏有效管理和控制，这对于一个软件企业的成功是非常不利的。而且不仅仅是软件变得更复杂，现在的软件企业也通常需要同时进行多个软件的开发，需要对项目进行有效的管理。当今需要的软件应该是交互性的、国际化的、用户友好的、高处理效率的和高可靠性的系统，这就要求软件企业提高产品的质量并且最大可能地实现软件复用，以较低的成本和较高的效率完成工作。行之有效的软件过程为实现这些目标提供了基础。目前，行业内有多种成熟的软件过程可供借鉴，比较具有代表性、采用较广泛的软件过程主要包括以下几种：

（1）Rational Unified Process（RUP）；

（2）OPEN Process；

（3）Object-Oriented Software Process（OOSP）；

（4）Extreme Programming（XP）；

（5）Catalysis；

（6）Dynamic System Development Method（DSDM）。

11.2　RUP 简介

11.2.1　什么是 RUP 过程

Rational Unified Process（以下简称 RUP）是一套软件工程方法，主要由 Ivar Jacobson 的 The Objectory Approach 和 The Rational Approach 发展而来。同时，它又是文档化的软件工程产品，所有 RUP 的实施细节及方法导引均以 Web 文档的方式集成在一张光盘上，由 Rational 公司开发、维护并销售，当前版本是 5.0.RUP，是一套软件工程方法的框架，软件开发者可根据自身的实际情况，以及项目规模对 RUP 进行裁剪和修改，以制定出合乎需要的软件工程过程。

RUP 吸收了多种开发模型的优点，具有很好的可操作性和实用性。一经推出，凭借 Booch、Ivar Jacobson 以及 Rumbagh 在业界的领导地位以及与统一建模语言的良好集成、多种 CASE 工具的支持，以及不断的升级与维护，迅速得到业界广泛的认同，越来越多的组织以它作为软件开发模型框架。

11.2.2　RUP 的特点

1．RUP 的二维开发模型

RUP 可以用二维坐标来描述。横轴通过时间组织，是过程展开的生命周期特征，体现开发过程的动态结构；纵轴以内容来组织，是自然的逻辑活动，体现开发过程的静态结构，如图 11-1 所示。

提示：后面使用到该图的时候，给出了中文标注，以方便读者理解。

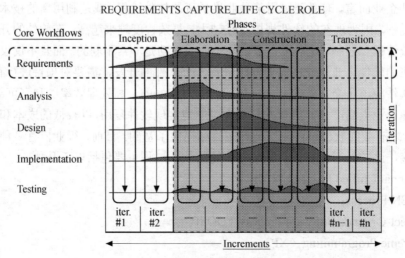

图 11-1　RUP 的二维开发模型

注释：

① LIFE CYCLE 指软件开发生命周期，由 5 个部分组成：Requirements（需求捕获）、Analysis（系统分析）、Design（系统设计）、Implementation（系统实现）和 Testing（系统测试）。

② Core Workflows 指软件开发的核心工作流，包括 4 个 Phases（阶段）：Inception（起始）阶段、Elaboration（分析与设计）阶段、Construction（构建）阶段和 Transition（完成）阶段。

③ 纵向的 Iteration 表示软件开发生命周期的 5 个部分是相互交错、反复迭代的，而不是一遍就可以完成的；横向的 Increments 表示通过核心工作流的每一个阶段的积累才可以完成一个完整的软件开发过程。

2. 传统软件开发模型

（1）瀑布模型

瀑布模型（Waterfall Model）也称为软件生存周期模型，由 B.M.Boehm 于 1970 年首先提出。根据软件生存周期各个阶段的任务，它成功地将软件的生命周期划分为 8 个阶段，分别是：问题定义、可行性研究、需求分析、总体设计、详细设计、编程实现、测试和运行、维护。各个阶段的工作按顺序展开，瀑布模型上一阶段工作的变换结果是下一阶段变换的输入，相邻两个阶段具有因果关系，如图 11-2 所示。

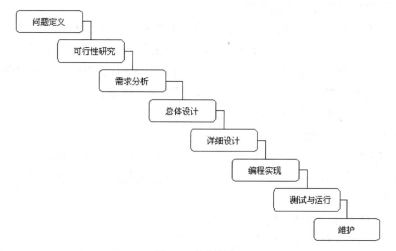

图 11-2　瀑布模型

瀑布模型的优点在于规定了一个易于实施的标准流程，使软件的开发不再是漫无目的编码，做完一件事之后应该做什么，都由这个流程规定好，不会出现混乱的安排，这比依靠程序员的"个人技艺"开发软件要好得多。但是也必须看到，瀑布模型也有它与生俱来的缺陷。

瀑布模型的主要缺点是：第一，在软件开发的初始阶段就指明软件系统的全部需求是困难的，甚至是不切实际的。而瀑布模型在需求分析阶段要求客户和系统分析员必须确定系统的完整需求才能开展后续的工作。第二，需求确定后，用户和软件项目负责人要等较长的一段时间才能得到软件的最初版本。如果用户对这个软件提出较大的修改意见，那么整个项目将会蒙受巨大的人力、财力和时间方面的损失。

因此，原始的瀑布模型在使用上具有一定的局限性。

（2）改进的瀑布模型

改进的瀑布模型一般被描述成可以回溯的瀑布模型，如图 11-3 所示。

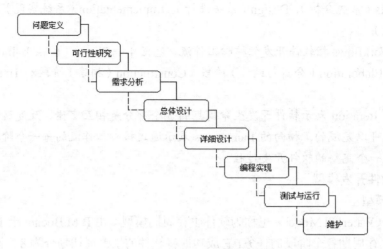

图 11-3　改进的瀑布模型

可以看到，在每一个过程进行的时候，都可以回溯到上一个过程，对本过程中发生的问题和错误进行修改，当然，回溯不仅限于一步，图 11-3 所示的情况只是最简单的一种。在实际的操作中，流程可以回溯任意多的步骤。

改进的瀑布模型解决了不能回溯的问题，避免了在软件完成后才发现与用户需求不符的情况的发生，使瀑布模型的可行性大大增强。但随之而来的新问题是：当回溯太多的时候，瀑布模型标准的优点荡然无存。因为团队不知道下一次回溯会在什么时候，也不知道下一个步骤是否需要回溯。如果项目经理的个人能力不够强，很容易造成混乱。

这时，迭代式开发的思想应运而生。

3．RUP 的迭代开发模型

RUP 中的每个阶段可以进一步分解为迭代。一个迭代是一个完整的开发循环，产生一个可执行的产品版本，是最终产品的一个子集，它增量式地发展，从一个迭代过程到另一个迭代过程，直到成为最终的系统。

传统上的项目组织是顺序通过每个工作流，每个工作流只有一次，也就是我们熟悉的瀑布生命周期（见图 11-4）。这样做的结果是到末期产品完成并开始测试时，在分析、设计和实现阶段所遗留的隐藏问题会大量出现，项目可能要停止并开始一个漫长的错误修正周期。

图 11-4　瀑布模型

一种更灵活、风险更小的方法是多次通过不同的开发工作流，这样可以更好地理解需求，构造一个健壮的体系结构，并最终交付一系列逐步完成的版本，这叫做一个迭代生命周期。在工作流中的每一次顺序的通过称为一次迭代。软件生命周期是迭代的连续，通过它，软件是增量开发的。一次迭代包括了生成一个可执行版本的开发活动，还有使用这个版本所必需的其他辅助成分，如版本描述、用户文档等。因此开发迭代在某种意义上是在所有工作流中的一次完整的经过，这些工作流至少包括：需求工作流、分析和设计工作流、实现工作流、测试工作流，其本身就像一个小型的瀑布项目，如图 11-5 所示。

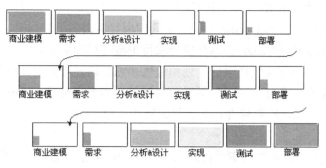

图 11-5 RUP 的迭代模型

与传统的瀑布模型相比较，迭代过程具有以下优点：

（1）降低了在一个增量上的开支风险。如果开发人员重复某个迭代，那么损失只是本次开发有误的迭代的花费。

（2）降低了产品无法按照既定进度进入市场的风险。通过在开发早期就确定风险，可以尽早解决问题而不至于在开发后期匆匆忙忙。

（3）加快了整个开发工作的进度。因为开发人员清楚问题的焦点所在，他们的工作会更有效率。

由于用户的需求并不能在一开始就做出完全的界定，它们通常是在后续阶段中不断细化的。因此，迭代过程这种模式使适应需求的变化会更容易。

11.2.3 RUP 的十大要素

1．开发前景

"有一个清晰的前景是开发满足真正需求的产品的关键。"

前景抓住了 RUP 需求流程的要点：分析问题、理解需求、定义系统，当需求变化时的管理需求。前景给更详细的技术需求提供了一个高层的、有时候是合同式的基础。正像这个术语隐含的意思那样，它是软件项目的一个清晰的、通常是高层的视图，能被过程中任何决策者或者实施者借用。它捕获了高层的需求和设计约束，让读者能理解将要开发的系统。它还提供了项目审批流程的输入，因此就与商业理由密切相关。最后，由于前景构成了"项目是什么？"和"为什么要进行这个项目？"，所以可以把前景作为验证将来决策的方式之一。

对前景的陈述应该能回答以下问题，而且这些问题还可以分成更小、更详细的问题：

（1）关键术语是什么（词汇表）；

（2）我们尝试解决的问题是什么（问题陈述）；

（3）用户是谁，他们的需求是什么；

（4）产品的特性是什么；

（5）功能性需求是什么（用例）；

（6）非功能性需求是什么；

（7）设计约束是什么。

2．达成计划

"产品的质量只会和产品的计划一样好。"

在 RUP 中，软件开发计划（SDP）综合了管理项目所需的各种信息，也许会包括一些在开始阶段开发的单独的内容。SDP 必须在整个项目中被维护和更新。

SDP 定义了项目时间表（包括项目计划和迭代计划）和资源需求（资源和工具），可以根据项目进度表来跟踪项目进展。同时也指导了其他过程内容（process components）的计划：项目组织、需求管理计划、配置管理计划、问题解决计划、QA 计划、测试计划、评估计划以及产品验收计划。

在较简单的项目中，对这些计划的陈述可能只有一两句话。比如，配置管理计划可以简单地这样陈述：每天结束时，项目目录的内容将会被压缩成 ZIP 包，复制到一个 ZIP 磁盘中，加上日期和版本标签，放到中央档案柜中。

软件开发计划的格式远远没有计划活动本身以及驱动这些活动的思想重要。正如 Dwight D.Eisenhower 所说："plan 什么也不是，planning 才是一切。"

3．标识和减小风险

RUP 的要点之一是在项目早期就标识并处理最大的风险。项目组标识的每一个风险都应该有一个相应的缓解或解决计划。风险列表应该既作为项目活动的计划工具，又作为确定迭代的基础。

4．分配和跟踪任务

有一点在任何项目中都是重要的，即连续的分析来源于正在进行的活动和进化的产品的客观数据。在 RUP 中，定期的项目状态评估提供了讲述、交流和解决管理问题、技术问题以及项目风险的机制。团队一旦发现了这些障碍物，就把所有这些问题都指定一个负责人，并指定解决日期。进度应该定期跟踪，如有必要，更新应该被发布。

这些项目"快照"突出了需要引起管理注意的问题。随着时间的变化（虽然周期可能会变化），定期的评估使经理能捕获项目的历史，并且消除任何限制进度的障碍或瓶颈。

5．检查商业理由

商业理由从商业的角度提供了必要的信息，以决定一个项目是否值得投资。商业理由还可以帮助开发一个实现项目前景所需的经济计划。它提供了进行项目的理由，并建立经济约束。当项目继续时，分析人员用商业理由来正确地估算投资回报率（ROI，即 Return on Investment）。

商业理由应该给项目创建一个简短但是引人注目的理由，而不是深入研究问题的细节，以使所有项目成员容易理解和记住它。在关键里程碑处，经理应该回顾商业理由，计算实际的花费、预计的回报，决定项目是否继续进行。

6．设计组件构架

在 RUP 中，软件系统的构架是指一个系统关键部件的组织或结构，部件之间通过接口交互，而部件是由一些更小的部件和接口组成的，即主要的部分是什么，它们又是怎样结合在一起的。

RUP 提供了一种设计、开发、验证构架的系统的方法。在分析和设计流程中包括以下步骤：定义候选构架、精化构架、分析行为（用例分析）和设计组件。

要陈述和讨论软件构架，必须先创建一个构架表示方式，以便描述构架的重要方面。在 RUP 中，构架表示由软件构架文档捕获，它给构架提供了多个视图。每个视图都描述了某一组用户所关心的正在进行的系统的某个方面。用户有设计人员、经理、系统工程师和系统管理员等。这个文档使系统构架师和其他项目组成员能就与构架相关的重大决策进行有效的交流。

7．对产品进行增量式的构建和测试

在 RUP 中实现和测试流程的要点是在整个项目生命周期中增量的编码、构建和测试系统组件，在开始之后每个迭代结束时生成可执行版本。在精化阶段后期，已经有了一个可用于评估的构架原型；如有必要，可以包括一个用户界面原型。然后，在构建阶段的每次迭代中，组件不断地被集成到可执行、经过测试的版本中，不断地向最终产品进化。动态及时的配置管理和复审活动也是这个基本过程元素的关键。

8．验证和评价结果

顾名思义，RUP 的迭代评估捕获了迭代的结果。评估决定了迭代满足评价标准的程度，还包括学到的教训和实施的过程改进。

根据项目的规模和风险以及迭代的特点，评估可以是对演示及其结果的一条简单的记录，也可能是一个完整的、正式的测试复审记录。

此处的关键是既关注过程问题又关注产品问题。越早发现问题，就越没有问题。

9．管理和控制变化

RUP 的配置和变更管理流程的要点是当变化发生时管理和控制项目的规模，并且贯穿整个生命周期。其目的是考虑所有的用户需求，尽可能的满足，同时仍能及时地交付合格的产品。

用户拿到产品的第一个原型后（往往在这之前就会要求变更），他们会要求变更。重要的是，变更的提出和管理过程始终保持一致。

在 RUP 中，变更请求通常用于记录和跟踪对缺陷和增强功能的要求，或者对产品提出任何其他类型的变更请求。变更请求提供了相应的手段来评估一个变更的潜在影响，同时记录对这些变更所做出的决策。它们也帮助确保所有的项目组成员都能理解变更的潜在影响。

10．提供用户支持

在 RUP 中，部署流程的要点是包装和交付产品，同时交付有助于最终用户学习、使用和维护产品的任何必要的材料。

项目组至少要给用户提供一个用户指南（也许是通过联机帮助的方式提供），可能还有一个安装指南和版本发布说明。

根据产品的复杂度，用户也许还需要相应的培训材料。最后，通过一个材料清单（BOM 表，即 Bill of Materials）清楚地记录应该和产品一起交付哪些材料。

11．十大要素的应用

（1）对于非常小的项目

首先，在一个非常小的、没有经验的项目组（才学了 RUP）中，使用 RUP 和 Rational 开发工具来构造一个简单的产品，可以参考以上十大要素，以使项目组不被 RUP 的细节和 Rational Suites 的功能压垮。

实际上，即使没有任何自动化工具也可以实施十大要素。管理一个小项目，一个项目笔记本，就是一个非常好的起点，可以把它分成 10 个部分，每一部分专用于十大要素中的一个要素。

（2）对于增长的项目

当然，当一个项目的规模和复杂度增长时，应用十大要素的简单方法很快就变得不可操作，而对自动化工具的需求就变得比较明显了。项目的领导者一般刚开始时应用十大要素和 RUP

的"最佳实践"，需要时再逐步增加支持工具，而不是一下子就尝试使用全套 Rational Suites。

（3）成熟的项目团队

对成熟的项目团队而言，可能已经在采用某种软件过程和使用 CASE 工具，十大要素可以提供一种快速评估方法，用来评估关键过程元素的平衡性，标识它们并确定改进的优先级。

（4）对于所有的项目

各个项目都不太一样，有些项目似乎并不真正需要所有的要素。在这些情况下，重要的是考虑：如果团队忽视某个要素后会发生什么问题。举例说明如下。

- 没有前景——你会迷失方向，走很多弯路，把力气浪费在毫无结果的努力上。
- 没有计划——你将无法跟踪进度。
- 没有风险列表——你的项目会陷入"专注于错误的问题"的危险里面，可能一下子被一个没有检测的地雷击倒，并为此付出 5 个月的代价。
- 没有问题列表——没有定期的问题分析和解决，小问题会演变成大问题。
- 没有商业理由——你在冒浪费时间和金钱的风险。项目最终要么超支，要么被取消。
- 没有构架——在出现交流、同步和数据存取问题时，你可能无法处理。
- 没有产品（原型）——你将不能有效地测试，并且会失去客户的信任。
- 没有评估——你将没有办法掌握实际情况与项目目标、预算和最后期限之间的距离。
- 没有变更请求——你将无法估计变更的潜在影响，无法就互相冲突的需求确定优先级，无法在实施变更时通知整个项目组。
- 没有用户支持——用户将不能最有效地使用产品，技术支持人员也会淹没在大量支持请求中。

11.3 统一开发过程核心工作流

迭代式开发不仅仅解决了瀑布模型不可回溯的缺点，也保留了瀑布模型规则化、流程化的优点。而 Rational 公司提供的统一流程 RUP（Rational Unified Process，Rational 统一过程）就是以迭代式开发为基础的，如图 11-6 所示。

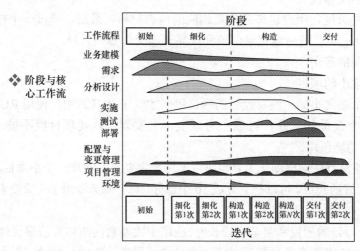

图 11-6　Rational 统一过程

可以看到，RUP 中包括初始（也称为先启）、细化（精化）、构造（构建）和交付（产品化）4 个阶段，以及业务建模、需求、分析设计、实施（实现）、测试、部署、配置与变更管理、项目管理、环境 9 个核心工作流程。每个阶段都是由一次或多次迭代所组成。下面对 RUP 的 4 个阶段做一些详细的介绍。

（1）初始

初始也称为初始的目标，是"获得项目的基础"。初始阶段的主要人员是项目经理和系统设计师，他们所要完成的任务包括对系统的可行性分析，即软件系统的实现技术和经济方面的可行性；创建基本需求以有助于界定系统范围；识别软件系统的关键任务。

初始的焦点是需求和分析工作流。

（2）精化

精化阶段的主要目标是创建可执行构件基线；精化风险评估；定义质量属性；捕获大部分的系统功能需求用例；为构造阶段创建详细计划。精化阶段并不是要创建真正可执行的系统，也不是要创建原型，这个阶段只需要展现用户所期望系统。精化是开发过程最重要的阶段，因为以后的阶段是以精化的结果为基础的。

精化的焦点是需求、分析和设计工作流。

（3）构建

构建的主要目标是完成所有的需求、分析和设计。精化阶段的制品将演化成最终系统，构建的主要问题是维护系统框架的完整性。开发人员应该避免由于软件编码问题而造成最终系统低质量、高维护成本的情况的发生。

构建的焦点是实现工作流。

（4）交付

交付是完整地把系统部署到用户所处的环境。交付阶段的目标包括修复系统缺陷；为用户环境准备新软件；如果出现不可预见问题则修改软件；创建用户使用手册和系统文档；提供用户咨询。

交付的焦点是实现和测试工作流。

下面将围绕制品、工作人员和工作流 3 个方面，针对几个关键流程中所应用到的 UML 过程进行说明。

11.3.1 需求捕获工作流

软件需求是指用户对目标软件系统在功能、行为、性能和设计约束等方面的期望。需求捕获就是通过对问题的理解和分析，确立问题涉及的信息、功能和系统行为，将用户需求精确化、完全化。如图 11-7 所示，需求的焦点主要在初始和精化阶段，在精化阶段后期，需求捕获的工作量大幅下降。

1. 制品

在需求捕获工作流中，主要的 UML 制品包括用例模型、参与者、用例、构架描述、术语表和用户界面原型。

（1）用例模型（Use Case Model）

用例模型主要包括系统参与者、用例以及它们之间的关系。用例模型可以被视为软件开发人员和软件客户之间的"桥梁"，这座"桥梁"可以帮助软件开发人员和客户在需求方面达到共识。

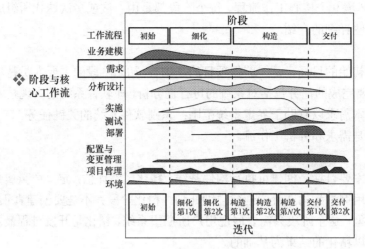

图 11-7　需求捕获工作流

UML 允许用各种图来展现用例模型，这些图从不同的角度来表示参与者和用例。

（2）参与者（Actor）

参与者主要用于描述系统能为各种类型的用户做些什么，这些用户作为相关工作单元部分直接与系统进行交互，它们可以是人类用户或其他系统。

（3）用例（Use Case）

用例定义了系统所提供的功能和行为单元。可以认为，参与者使用系统的每种方式都可以表示为一个用例。

在 UML 术语中，一个用例往往被认为是一个类元，也就是说，它具有操作（Java 里称为方法）和属性。因此，用例可以由顺序图和协作图来详细描述。

（4）构架描述

构架描述阐述了对构架来说重要的和关键性功能的用例，它包括用例模型的构架视图。相应的用例实现包括在分析和设计的模型的框架视图中。

（5）术语表（Glossary）

每个业务领域都具有自己独特的语言，需求分析的目的是理解和捕获这些语言。术语表提供了主要业务术语和定义字典。术语表有利于开发人员之间就各种概念和观点的定义达成一致，从而降低了由于开发人员间的理解差异而造成错误发生的可能性。

（6）用户界面原型

用户界面原型可以在需求捕获期间由客户理解和确定参与者和系统之间的交互，这不仅有助于开发更好的用户界面，而且有助于更好地理解用例。

2．工作人员

参与需求捕获阶段的工作人员有系统分析人员、用例描述人员、用户界面设计人员和构架设计师。

（1）系统分析人员（System Analyst）

系统分析人员在需求捕获阶段作为建模的领导者和协调者负责界定系统，确定参与者和用例，并确保用例模型是完整的、一致的。在需求捕获阶段，系统分析人员主要负责用例模型、参与者和术语表 3 个制品。

注意：系统分析人员的职责相对宏观，尽管系统分析人员负责确定软件系统的用例模型和参与者，但并不对每个单独的用例负责（这些工作通常由专门的用例描述人员完成）。

（2）用例描述人员（Use Case Specifier）

捕获需求是软件开发过程中极为重要的阶段，它直接影响到用户对最终的软件产品的满意度。这个过程一般需要多人共同完成，系统分析人员以及其他工作人员相互协助，来对一个或多个用例进行详细描述，这些工作人员被称为用例描述人员。

（3）用户界面设计人员（User Interface Designer）

用户界面设计人员负责对用户界面进行可视化定型。

（4）构架设计师（Architect）

构架设计师也参与需求工作流，这有利于描述用例模型的构架视图。

3．工作流

需求捕获的工作流主要包括 5 个活动：确定参与者和用例、区分用例的优先级、详细描述一个用例、构造用户界面原型以及构造用例模型。

（1）确定参与者和用例

确定参与者和用例的目的是从环境中界定系统；概述哪些参与者将与系统进行交互，以及他们将从系统中得到哪些功能（用例）；捕获和定义术语表中的公用术语，这是对系统功能进行详细说明的基础。

确定参与者和用例的过程通常包括 4 个步骤：确定参与者；确定用例；简要描述每个用例；整体上描述用例模型。实现时，这些步骤通常是并发执行的，系统分析人员和用例描述人员没有必要顺序地执行。

（2）区分用例优先级

区分用例优先级是为了决定用例模型中哪些用例需要在早期的迭代中进行开发（包括分析、设计和实现等），以及哪些用例可以在随后的迭代中进行开发。

（3）详细描述一个用例

详细描述用例的主要目的是为了详细描述事件流。这个活动包括构造用例说明、确定用例说明中包括的内容、对用例说明进行形式化描述 3 个步骤，最终的结果是以图或文字表示的某用例的详细说明。

（4）构造用户界面原型

在系统分析人员建立起用例模型，确定了用户是谁以及他们要用系统做什么后，接下来的工作就是要着手设计用户界面了。这个活动由逻辑用户界面设计、实际用户界面设计和构造原型两部分组成，最终的结果是生成一个用户界面简图和用户界面原型。

（5）构造用例模型

构造用例模型的主要目的是：提取可以被更具体的用例说明所使用的通用和共享的用例功能说明；提取可以扩展更具体的用例说明的补充的或可选的用例功能说明。这个活动由确定共享的功能性说明、确定补充和可选的功能说明、确定用例之间的其他关系 3 部分组成。

在完成了确定系统用例和参与者之后，系统分析人员可以重新构造用例的完整集合，以使模型更易于理解和处理。

11.3.2 分析工作流

从图 11-8 可知，分析的主要工作开始于初始阶段的结尾，和需求一样是精化阶段的主要焦点。精化阶段的大部分活动是捕获需求，分析工作与需求捕获在很大程度上重叠，实际上，这两种活动是相辅相成的，在对系统进行需求捕获的同时往往会加入一些分析。

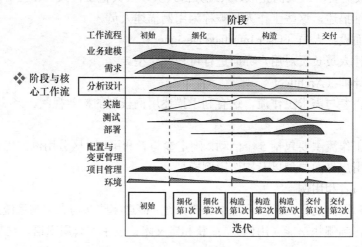

图 11-8　分析工作流

1．制品

在分析工作流期间，主要的 UML 制品包括分析模型、分析类、用例实现（分析）、分析包和构架描述。

（1）分析模型

分析模型由代表该模型顶层包的分析系统来表示。

（2）分析类

分析类代表问题域中的简洁抽象，它映射到现实世界。分析类应该以清晰的、无歧义的方式映射到现实世界，如产品或账户。一般来说，分析类总能符合 3 种基本构造型中的一种：边界类、控制类和实体类。每一种构造型都有具体的语义。

边界类：用于建立系统与其参与者之间交互的模型。这种交互通常包括接收来自用户和外部系统的信息与请求，以及将信息与请求提交到用户和外部系统。

实体类：用于对长效且持久的信息建模，主要是对诸如个体、实际对象或实际事件的某些现象或概念的信息及相关行为建模。

控制类：代表协调、排序、事务处理以及对其他对象的控制，经常用于封装与某个具体用例有关的控制。控制类还可以用来表示业务逻辑之类与系统存储的任何具体的长效信息都没有关系的对象。

（3）用例实现（分析）

在找出分析类后，分析的关键就是找出用例实现。用例实现由一组类所组成，这些类实现了用例中所说明的行为。分析类图是用例实现的关键部分，一组类是相关的，这些类的实类能够协作以实现由一个或多个用例所说明的行为。

（4）分析包

分析包提供了一种以可管理分块的方式对分析模型的制品进行组织的方法。分析包中可以包含用例、分析类、用例实现和其他分析包。分析包反映了元素真正的语义分组，而不仅是一些逻辑框架的假想视图。

（5）构架模型

构架描述阐述了对构架重要的制品，它包括分析模型的构架视图。

2．工作人员

在分析工作流期间，所参与的工作人员有构架设计师、用例工程师和构件工程师。

（1）构架设计师

构架设计师对分析模型的完整性负责，确保分析模型作为一个整体的正确性、一致性和易读性。在分析工作流中，构架设计师负责分析模型和构架描述两个制品。他不需要对分析模型中各种制品的持续开发和维护负责，这些是相关的用例工程师和构建工程师的职责。

（2）用例工程师

用例工程师负责一个或几个用例实现的完整性，确保它们实现了各自的需求。用例工程师不仅要完成用例的分析，还要完成用例的设计。

在分析工作流中，用例工程师主要负责用例实现（分析）这一个制品。

（3）构件工程师

构件工程师定义并维护一个或多个分析类，确保每个分析类都能实现来自它所参与的各个用例所应实现的需求；维护一个或多个包的完整性。

在分析工作流中，构件工程师负责分析类和分析包两个制品。

3．工作流

分析工作流主要包括 4 个活动：构架分析、分析用例、分析类和分析包。

（1）构架分析

构架分析的目的是通过确定分析包、鲜见的分析类和共用的特殊需求来概述分析模型和构架。

（2）分析用例

分析用例的目的在于：确定分析类；将用例的行为分配给相交互的分析对象；以及捕获用例实现中的特定需求。

（3）分析类

分析类的目的在于：依据分析类在用例实现中的角色来确定和维护它的职责；确定和维护分析类的属性及其关系；捕获对该分析类实现的特殊需求。

（4）分析包

分析包的目的在于：确保该分析包尽可能与其他分析包无关；确保该分析包能够实现一些领域内用例的目的；以及能够对未来变化的影响进行估计。

一般来说，分析包活动一般做法是：定义和维护该包与其他包的依赖；确保包中包含恰当的类；限制对其他包的依赖。

11.3.3　设计工作流

设计工作流的主要工作是位于精化阶段的最后部分和构造阶段的开始部分的主要建模活动。系统建模最初的焦点是需求和分析，在分析活动逐步完善后，建模的焦点开始转向设计。分析和设计可以是同时进行的，因此在这张图中它们合并为一个工作流。

1．制品

在设计工作流期间，包括设计模型、设计类、用例实现（设计）、设计子系统、接口、构架描述（设计模型）、实施模型和构架描述（实施模型）。

（1）设计模型

设计模型是一个用于描述用例物理实现的对象模型。设计模型作为系统实现的抽象用于系统实现中活动的基本输入。设计模型由设计系统来表示，设计系统为模型的高层子系统。

（2）设计类

设计类是已经完成了规格说明并能够被实现的类。设计类来源于问题域和解域。在分析阶段，系统分析师着重于确定系统需要的行为，较少考虑如何去实现这些行为；在设计阶段，构架设计师必须准确地说明类的属性集合以及分析类指定的操作转化成一个或多个方法的完整集合。

设计良好的分析类应该包括如下基本特征：完整的和充分的、原始的、高内聚、低耦合。设计类需要被完整地说明，因为它将会被交给程序员编写成实际的源代码，或使用 CASE 工具直接生成代码。

（3）用例实现－设计

用例实现－设计是实现用例的实际对象和设计类的协作，即在设计模型内的协作关系，以设计类及对象为基础，描述了一个特定用例的实现和执行。

用例实现由设计交互图、包含参与设计类的类图两部分组成，这是精化分析交互图和类图以显示设计制品的过程。

（4）设计子系统

设计子系统提供了一种将设计模型中的制品组织成为更易于管理的功能块的方法，它主要用于分离设计、代表粗粒度的构件、打包遗留系统。一个设计子系统可以包含设计类、用例实现、接口和其他的子系统。

（5）接口

接口用于详细说明由设计类和子系统所提供的操作。接口的关键思想在于通过类或子系统将功能规格说明同它的实现分离。

接口的每个操作必须包括完整的操作签名、操作语义、可选的构造型、可选的约束和标记值的集合。接口不能包括属性、操作实现、从接口到其他物质的导航。

（6）配置图

在设计时产生初步的配置图，用来表明软件系统是如何分布在物理的计算节点上的。从图 11-5 可以了解到，部署的大部分发生在实施阶段。

2．工作人员

参与设计工作流的工作人员包括构架设计师、用例工程师和构件工程师。

（1）构架设计师

在设计工作流中，构架设计师的主要工作是保持设计和实施模型的完整性，并保证模型整体上不会发生错误且容易被其他开发人员理解。

在实际开发中，构架工程师必须对设计模型和实施模型的构架负责，但他不需要关心设计模型中的各种制品的继续开发以及维护。

（2）用例工程师

用例工程师的工作是保证系统中用例实现（设计）的完整性，以确保它们实现特定的需求。这里所说的完整性是指用例实现的图形以及文字必须易读且符合系统用途。

（3）构件工程师

构件工程师的工作是定义和维护设计类的操作、方法、属性、关系以及实现性需求，以保证每个设计类实现特定的需求。构建工程师往往还需要负责子系统的完整性以及该子系统所包含的模型元素。

3．工作流

设计工作流中，主要包括 4 种活动：构架设计、设计一个用例、设计一个类和设计一个子系统。

（1）构架设计

构架设计是设计阶段首要进行的活动，主要目的是通过节点及其网络配置、子系统及其接口，以及对构架有重要意义的设计类（如主动类）的识别，来勾划设计和实施模型及其构架。

（2）设计一个用例

设计一个用例主要过程包括 4 个部分：识别设计类或子系统，实类需要去执行用例的事件流；把用例的行为分布到有交互作用的设计对象或所参与的子系统中；定义对设计对象或子系统及其接口的操作需求；为用例捕获实现性需求。

（3）设计一个类

设计一个类，当然是要创建一个设计类，这个设计类能够实现其在用例实现中以及非功能性需求中所要求的角色。

设计类要具有一些方面的内容：操作，属性，所参与的关系，实现操作的方法，强制状态，对任何通用设计机制的依赖，与实现相关的需求，以及需要提供的任何接口的正确实现。

（4）设计一个子系统

设计一个子系统有 3 个目的：为了确保该子系统尽可能的独立于别的子系统或它们的接口；为了确保该子系统提供正确的接口；为了确保该子系统实现其目标，即提供其接口所定义操作的正确实现。

11.3.4　实现工作流

实现（也称之为实施）是把设计模型转换成可执行代码的过程。从系统分析师或系统设计师的角度看，实现工作流的重点就是完成软件系统的可执行代码。

如图 11-9 所示，实现工作流是构建阶段的焦点。在这里需要指出，生成系统的实现模型仅仅是实现工作流的副产品，开发人员应该着重于开发系统的代码。事实上，CASE 工具，例如 Rational Rose，都允许对源代码进行逆向工程从而得到实现模型。

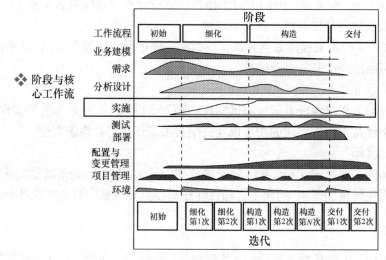

图 11-9　实现工作流

1. 制品

在实现工作流中，主要有 6 种制品：实现模型、构件、实现子系统、接口、构架描述（实现模型）和集成构造计划。

（1）实现模型

实现模型是一个包含构建和接口的实现子系统的层次结构。实现模型描述如何使用源代码文件、可执行体等构件来实现设计模型中的元素，还描述构件是如何组织起来的，以及这些构件之间的依赖关系。

（2）构件

常见构件（或称构造型）主要包括以下几种：

<<EXE>>，表示一个可以在节点上运行的程序；

<<Database>>，表示一个数据库；

<<Application>>，表示一个应用程序；

<<Document>>，表示一个文档。

构件可以被认为是系统中可替换的物理部件，它包装了实现而且遵从并提供一组接口的实现。一般来说，实现模型中的构件是跟踪依赖于设计模型中的某个类的。

（3）实现子系统

实现子系统提供一种把实现模型的制品组织成更易于管理的功能块的方法。一个子系统可以包含构件或接口，并可以实现并提供接口。

在设计工作流中提及了设计子系统，它主要用于管理设计模型中的制品。设计子系统与相应的实现子系统间存在着一对一的跟踪关系。

（4）接口

实现工作流必须按正确的方式实现一个接口所定义的全部操作。提供接口的实现子系统也必须包含提供该接口的构件。

（5）构架描述（实现模型）

构架描述（实现模型）阐述了对构架有重要意义的制品。构架模型中的下列制品对构架有重要意义：实现模型分解成子系统、子系统接口及它们之间的依赖关系的分解，以及关键的构件。

（6）集成构造计划

考虑到增量的构造方式，在每一步增量中所要解决的集成问题就很少，每一步增量的结果称为"构造"，它是系统的一个可执行版本，包括了部分或全部的系统功能。集成构造计划就是对每一步增量工作和工作结果的描述。

2．工作人员

参与实现工作流的工作人员有构架设计师、构件工程师和系统集成人员。

（1）构架设计师

在实现工作流中，构架设计师的主要工作是保持实现模型的完整性，并保证模型整体上不会发生错误且容易被其他开发人员理解。

在实际开发中，构架工程师必须对实现模型构架以及可执行体与节点间的映射负责，但他不需要关心实现模型中的各种制品的继续开发以及维护。

（2）构件工程师

构件工程师定义和维护一个或多个文件构件的源代码，以确保每个构件能够正确实现其功能。由于实现子系统与设计子系统是一一对应的，构建工程师往往还需要保证实现子系统的内容的正确性。

（3）系统集成人员

系统集成的工作不属于构件工程师的工作范围，这项工作由专人（系统集成人员）负责。系统集成人员的工作包括规划在每次迭代中所需的构造序列，并对每个构造的已经实现的部分进行集成。规划的结果是一个集成构造计划。

3．工作流

在实现工作流中，包括一系列活动：构架实现、系统集成、实现一个子系统、实现一个类和执行单元测试。

（1）构架实现

构架实现的主要流程为：识别对构架有重要意义的构件，例如可执行构件；在相关的网络配置中将构件映射到节点上。

构架实现由构架设计师负责。

（2）系统集成

系统集成的主要流程为：创建集成构造计划，描述迭代中所需的构造和对每个构造的需求；在进行集成测试前集成每个构造。

系统集成由系统集成人员负责。

（3）实现一个子系统

实现一个子系统的目的是确保一个子系统履行它在每个构造中的角色，由构件工程师负责。

（4）实现一个类

实现一个类是为了在一个文件构件中实现一个设计类，主要流程为：勾画出将包含源代码的文件构件；从设计类及其所参与的关系中生成源代码；按照方法实现设计类的操作；确保构件提供与设计类相同的接口。

实现一个类由构件工程师负责。

（5）执行单元测试

执行单元测试是为了把已实现的构件作为个体单元进行测试，由构件工程师负责。

11.3.5 测试工作流

在完成需求捕获、分析、设计和实现等阶段的开发后，得到了源代码，这时就必须开始寻找软件产品中可能存在的错误与缺陷。如果不能及时发现这些错误，软件产品很可能不能使用甚至造成巨大的损失。测试是一项相当主要的工作，其工作量约占开发总工作量的 40% 以上，对于某些有特殊安全要求的软件产品，测试的成本甚至是开发成本的 3～5 倍。

由图 11-10 可知，测试工作流贯穿于软件开发的整个过程。它开始于软件开发的初始阶段，而细化阶段和构造阶段是测试的焦点。

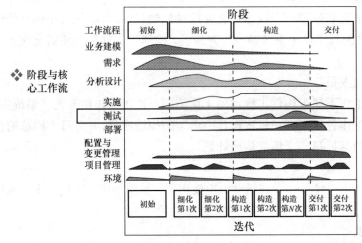

图 11-10　测试工作流

在开始介绍测试工作流之前，注意一点：测试是为了找出程序中的错误与权限，而不能证明程序无错。

1．制品

测试工作流中，包括 7 个制品：测试模型、测试用例、测试规程、测试构件、制定测试计划、缺陷和评估测试。

（1）测试模型

测试模型是测试用例、测试规格以及测试构件的集合。它主要描述通过集成测试和系统测试对实现模型中的可执行构件进行测试的方法。测试模型中存在着包，它用于管理那些将在测试中使用的测试用例、测试规格以及测试构件。

（2）测试用例

测试用例详细说明了用输入或结构去测试什么样的内容，以及在何种条件下进行测试。

（3）测试规程

测试规程说明了怎样执行一个或几个测试用例或者其中的一部分。一个测试用例可由一个测试规则说明，也可对不同的测试用例重用同样的测试规则。

（4）测试构件

测试构件自动执行一个或几个测试规程或者其中的一部分。它通常使用脚本语言或编程语言来开发。

（5）测试计划

测试计划详细规定了测试策略、资源和进度安排。

（6）缺陷

缺陷及系统异常。测试的目的就是在软件交付前尽可能多的找出并更正系统的缺陷。

（7）评估测试

评估测试是对测试工作各项结构的评估。

2．工作人员

参与测试工作流的工作人员主要有 4 类：测试设计人员、构件工程师、集成测试人员以及系统测试人员。

（1）测试设计人员

测试设计人员是测试工作流的"领导者"。他的工作包括：决定测试的目标和测试进度；选择测试用例及相应的测试规则；对测试完成后的集成和系统测试进行评估。测试设计人员并不需要直接参与实际测试工作。

（2）构件工程师

构件工程师负责测试软件，以便自动执行一些测试规程。

（3）集成测试人员

集成测试人员直接参与系统的测试工作，他的主要工作是对实现工作流中产生的每一个构造进行集成测试。

（4）系统测试人员

系统测试人员也直接参与系统的测试工作，他的主要工作是完成对作为一个完整迭代的结构的构造进行所需的系统测试工作。

3．工作流

在测试工作流中，包括 6 种活动：制定测试计划、设计测试、实现测试、执行集成测试、执行系统测试和评估测试。

（1）制定测试计划

制定测试计划主要包括：描述测试策略；估计测试工作所需的人力以及系统资源等；制定测试工作的进度。

制定测试计划由测试工程师来负责。

（2）设计测试

测试设计主要包括：识别并描述每个构造的测试用例；识别并构造用于详细说明如何进行测试的测试规程。

设计测试由测试工程师来负责。

（3）实现测试

实现测试的目的是为了尽可能的建立测试构件以使测试规程自动化，由构件工程师负责。

（4）执行集成测试

执行在迭代内创建的每个构造所需要的集成测试，并捕获其测试结果，由集成测试人员负责。

（5）执行系统测试

系统测试的目的是为了执行在每一次迭代中需要的系统测试，并且捕获其测试结果，由系统测试人员负责。

（6）评估测试

评估测试的目的是为了对一次迭代内的测试工作做出评估，由测试工程师来负责。

第 12 章　档案管理系统

本章将通过一个档案管理系统的建模案例帮助读者加深对 UML 和 Rose 建模的理解和掌握。

12.1　软件需求分析

通常，软件开发过程中遇到的诸多问题都是由于收集、编写、协商和修改产品需求过程中的不当做法带来的。为了使读者对软件需求的概念有大致的了解，本节将简单介绍一下软件工程中软件需求方面的知识。

12.1.1　软件需求的定义

使用缺乏统一定义的术语来描述软件开发工作是软件业一直存在的问题，同一句话在不同的人看来含义不同。同一个需求可能会被各种各样的人理解为用户需求、软件需求、功能需求、系统需求、技术需求、商业需求或产品需求等。用户对需求的定义，在开发者看来可能是一个较高层次的产品概念；而开发人员对需求的定义，在客户看来可能是详细的接口设计。定义上的分歧导致了客户和开发者交流上存在诸多问题。

IEEE 软件工程标准词汇表中将需求定义为：

（1）用户解决问题或达到某种目的所需要的条件或权能。

（2）系统或系统组件要满足合同、标准、规范或其他正式规定的文档所需要的条件或权能。

（3）反映以上（1）或（2）中描述的条件或权能的文档说明。

12.1.2　软件需求的层次

软件需求包括 3 个层次：业务需求、用户需求和功能需求。

（1）业务需求反映了组织机构或客户对系统高层次的目标要求。业务需求描述了为什么要实现这个系统，即该组织希望通过该系统的实现达到什么目标。业务需求可以记录在项目视图与范围文档里，有时也被称为项目合约或市场需求文档。

（2）用户需求描述了用户使用产品所能完成的任务。可以使用用例、事件—响应表，以及方案脚本来说明用户需求。因此，用户需求定义了用户可以使用系统做什么。

（3）功能需求说明了软件的功能，用户使用这些功能以完成任务。系统需求描述包含多个子系统的产品的最高层的要求。

软件需求各部分之间的逻辑关系如图 12-1 所示。

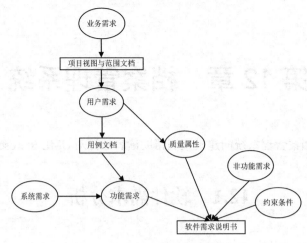

图 12-1　需求层次图

功能需求将在软件需求说明中进行描述，软件需求说明书（SRS，Software Requirements Specification）将会尽可能详细地描述整个系统的行为。除了功能需求以外，SRS 还包括了非功能需求，例如性能要求和质量要求等。

12.1.3　需求分析的任务与过程

需求分析的任务是借助于当前系统的物理模型（待开发系统的系统元素）导出目标系统的逻辑模型（只描述系统要完成的功能和要处理的数据），解决目标系统"做什么"的问题。所要做的工作是深入描述软件的功能和性能，确定软件设计的限制和软件同其他系统元素的接口细节，定义软件的其他有效性需求。通过逐步细化对软件的要求，描述软件要处理的数据，并给软件开发提供一种可以转化为数据设计、结构设计和过程设计的数据与功能表示。

必须全面理解用户的各项要求，但不能全盘接受，只能接受合理的要求；对其中模糊的要求要进一步澄清，然后决定是否采纳；对于无法实现的要求要向用户进行充分的解释。最后将软件的需求准确地表达出来，形成软件需求说明书 SRS。其实现步骤如图 12-2 所示。

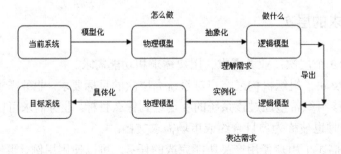

图 12-2　由当前系统建立目标系统模型

（1）获得当前系统的物理模型

首先分析、理解当前系统是如何运行的，了解当前系统的组织机构、输入输出、资源利用情况和日常数据处理过程，并用一个具体的模型来反映自己对当前系统的理解。此步骤也可以称为"业务建模"，其主要任务是对用户的组织机构或企业进行评估，理解他们的需要及未来系统要解决的问题，然后建立一个业务 USECASE 模型和业务对象模型。当然如果系统相对简单，也没必要大动干戈去进行业务建模，只要做一些简单的业务分析即可。

（2）抽象出当前系统的逻辑模型

在理解当前系统"怎么做"的基础上，取出非本质因素，抽取出"做什么"的本质。

（3）建立目标系统的逻辑模型

明确目标系统要"做什么"。

（4）对逻辑模型的补充

如用户界面、启动和结束、出错处理、系统输入输出、系统性能、其他限制等。

需求分析各过程如下。

（1）问题识别

解决目标系统做什么，做到什么程度。需求包括：功能、性能、环境、可靠性、安全性、保密性、用户界面、资源使用、成本、进度。同时建立需求调查分析所需的通信途径。

（2）分析与综合

从数据流和数据结构出发，逐步细化所有的软件功能，找出各元素之间的联系、接口特性和设计上的限制，分析它们是否满足功能要求并剔除不合理部分，综合成系统解决方案，给出目标系统的详细逻辑模型。

常用的分析方法有面向数据流的结构化分析方法 SA（数据流图 DFD、数据词典 DD、加工逻辑说明）、描绘系统数据关系的实体关系图 ERD、面向数据结构的 Jackson 方法 JSD、面向对象分析方法 OOA（主要使用 UML）。对于有动态时序问题的软件可以采用形式化技术，包括有穷状态机 FSM 的状态迁移（转换）图 STD、时序图、Petri 网或 Z。每一种分析建模方法都有其优势和局限性，可以兼而有之，以不同角度分析，避免在软件需求方法和模型中发生教条的思维模式。一般来说，结构化方法用于中小规模软件，面向对象方法用于大型软件。

（3）编制需求分析文档

（4）需求评审

12.2 档案管理系统的需求分析

上一节简要介绍了软件需求的定义和层次,本节将针对档案管理系统的总体需求做一个分析。这里介绍的档案管理系统只是一个简单的版本，在实际应用中应根据客户的不同需求，在此基础上改进。

12.2.1 系统功能需求

档案管理系统是一套功能强大、操作简便、实用的自动化管理软件，包括用户管理、系统参数设置、档案数据录入（分为文件录入和案卷录入两部分）、案卷数据查询（分为文件查询和案卷查询两部分）、借阅管理、数据维护（分为数据备份和数据操作）、操作日志查看、报表打印等。可以应用于一般的档案室，也可以应用于网络中的办公系统，进行联网操作。

本档案管理系统主要针对某档案室的具体业务流程开发设计，系统提供了较好的功能扩充接口。开发档案管理软件是为了满足该档案室对档案管理和业务管理的方便的要求，以现代化的创新思维模式工作。

下面概括一下本档案管理系统大致的功能需求。

（1）用户登录

在用户进入系统前，首先要求用户进行登录，登录时要验证用户名和密码是否匹配，验证通过后允许用户进入本系统操作。用户的密码需要进行加密算法。

用户的登录密码要求加密保存在数据库中。

用户登录后需要记入到日志库中。

（2）修改注册信息

用户登录后，可以修改自己的注册信息，包括修改用户密码、每页显示行数等信息，不允许修改用户名、姓名和部门等信息。

（3）权限设置

本模块只有系统管理员可以操作。

管理员可以增加系统用户、删除系统用户、修改用户的相关属性、修改用户的权限表。

（4）系统参数设置

本模块需要具有"辅助库设置"权限才可以操作。

本模块设置系统的辅助参数表，这些参数表是输入数据时作为辅助使用的。每个参数表需要有增加、删除、修改和查看等操作。

另外，需要设置本系统的使用单位名、数据文件路径等系统运行参数。

（5）数据录入

本模块处理用户输入的新的档案文件信息或者档案案卷信息。

输入数据时要考虑用户连续录入的情况，可以从上一条记录复制数据到新的记录中。

不同的档案有不同的输入情况，比如科技档案只有文件信息，没有案卷信息。

输入案卷信息之后可以接着输入此案卷下的文件信息，案卷信息中相应的字段带入文件信息输入界面，且不可更改。

（6）数据维护

本模块需要具有"数据维护"的权限的用户才可以操作。

数据维护模块对已经"删除"（只是做删除标记）的档案文件做最后判定，判断该文件是否需要删除。此模块涉及两种操作：恢复和彻底删除。

（7）数据查询

按用户输入的条件查询相应的档案文件信息。

查询结果以列表目录形式显示，也可以卡片形式显示。具有档案处理权限的用户可以对查询的结果编辑并保存，也可以"删除"（做删除标记）档案文件记录。

（8）数据修改

本模块主要实现批量修改数据的功能，可以由用户指定条件，将数据库中所有符合条件的文件或案卷记录按要求修改某个字段的值。

例如可以指定将所有文件年份为"2002"的文件记录的保管期限改为"长期"。

（9）报表打印

打印各种档案的目录表和统计表。可以由用户设计进行报表的自动生成。

（10）档案借阅

此模块分为外借登记、归还记录和电子借阅申请处理两部分，具有"借阅管理"权限的用户可以操作此模块。

外借模块实现档案文件的借出登记和归还登记功能。

电子借阅申请由具有"借阅管理"权限的用户处理。一般用户提出阅读电子文档的请求，被同意阅读后，文件将被发送给申请人。

（11）数据备份及恢复

本模块需要实现数据的备份和恢复机制。

数据备份操作可以按年度、档案种类等条件做部分备份或完全备份。

数据恢复就是将备份的数据恢复到数据库中。

可以对数据进行备份和恢复，备份的路径在系统参数设置中指定。备份生成一个 XML 文件，恢复的时候自动由此恢复。具有批量备份和恢复的功能。

（12）查阅操作日志

本模块对系统运行日志操作，具有"日志操作"权限的用户可以进入本模块。可以进行查看日志记录等操作。

图 12-3 所示给出了整个档案管理系统的功能需求。

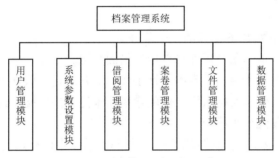

图 12-3　档案管理系统的功能需求

12.2.2　用户管理模块

用户管理模块包括如图 12-4 所示的几个部分。

（1）添加用户：管理员可以对用户进行添加操作。

（2）删除用户：管理员可以对已有用户进行删除操作。

（3）查看用户权限：每个用户都具有一定的权限，管理员可以查看用户的管理权限。

（4）修改用户权限：管理员可以修改用户的管理权限。

（5）添加管理权限：管理员在权限管理中可以添加管理权限。

（6）删除管理权限：管理员在权限管理中可以删除管理权限。

（7）查看管理权限：管理员在权限管理中可以查看管理权限。

12.2.3　系统参数设置模块

系统参数设置模块包括如图 12-5 所示的几个部分。

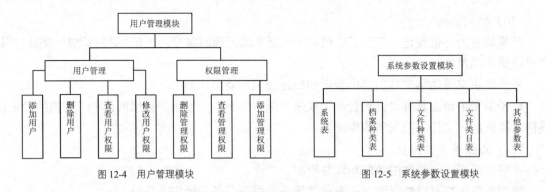

图 12-4 用户管理模块   图 12-5 系统参数设置模块

（1）系统表：管理员可以修改单位名称和卷宗号并保存。

（2）档案种类表：对档案种类进行添加、删除操作。

（3）文件种类表：对文件种类进行添加、删除操作。

（4）文件类目表：对文件类目进行添加、删除操作。

（5）其他参数表：对其他文件进行编辑、删除操作。在编辑时可以修改附件存放路径和备份文件存放路径。

12.2.4 借阅管理模块

借阅管理模块包括如图 12-6 所示的几个部分。

（1）借阅登记：输入借阅条件后就可以申请借阅登记。

（2）借阅查询：提供对所借出案卷的查询工作，对归还日期做详细说明。

（3）网上借阅：网上借阅又提供网上借阅申请、未提交的借阅申请、已处理的借阅申请、借阅申请处理和网上答复几个小模块。

其中网上借阅申请、未提交的借阅申请、已处理的借阅申请模块是所有用户都拥有的，借阅申请处理是具有借阅管理权限的用户所拥有的模块，网上答复是具有借阅答复权限的用户所拥有的模块。

12.2.5 案卷管理模块

案卷管理模块包括如图 12-7 所示的几个部分。

（1）案卷查询：对所需要的案卷进行查询操作。

（2）案卷录入：保存案卷。

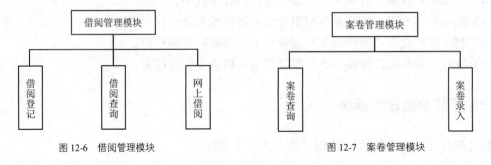

图 12-6 借阅管理模块   图 12-7 案卷管理模块

12.2.6 文件管理模块

文件管理模块包括如图 12-8 所示的几个部分。

（1）文件查询：对所需的文件进行查询操作。

（2）文件录入：保存文件。

12.2.7 数据管理模块

数据管理模块包括了如图 12-9 所示的几个部分。

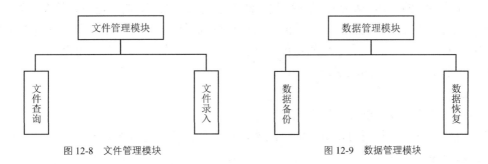

图 12-8 文件管理模块   图 12-9 数据管理模块

（1）数据备份：对文件表和案卷表分别进行备份。

（2）数据恢复：对文件表和案卷表分别进行数据恢复。

12.3 系统的 UML 基本模型

上一节对档案管理系统进行了模块划分，明确了每个模块的具体功能。本节将介绍如何使用 UML 进行系统建模，即使用面向对象的方法来分析系统，然后用可视化的模型将该系统用直观的图形显示出来。

12.3.1 UML 初始模型

选择菜单命令【File】→【New】，打开如图 12-10 所示的【Create New Model】对话框，选择 J2EE 模式，然后单击【OK】按钮。

此时，Rational Rose 会自动加载 J2EE 本身的一些架构模型。加载完成后，就可以开始设计自己的模型了，在此之前应该保存该模型，并将此模型命名为"档案管理系统"。

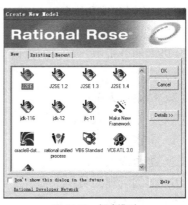

图 12-10 新建模型

12.3.2 系统的用例图

UML 是用来描述模型的，用模型来描述系统的结构或静态特征，以及行为或动态特征。从不同的视角为系统的构架建模，形成系统的不同视图（View）。

用例在需求分析阶段有很重要的作用，它是作为参与者的外部用户所能观察到的系统功能的模型图。整个开发过程都是围绕需求阶段的用例进行的。

用例视图强调从用户的角度看到的或需要的系统功能，是被称为参与者的外部用户所能观察到的系统功能的模型图。

1．确定参与者（Actors）

参与者是系统的主体，表示提供或接收系统信息的人或系统，他们是与系统有交互作用的人或事物。通常情况下代表了一个系统的使用者或外部通信的目标。参与者有下面 3 大类：

实际的人，即用户，是最常用的角色，如档案信息中的管理员是系统角色；

另外一个系统，如外部应用程序接口；

时间。

本系统的功能大致可以分为以下几个部分。

（1）用户登录——验证用户身份的合法性，判断是否允许进入本系统。

（2）修改注册信息。

（3）权限设置——增、删用户，修改用户属性和用户的权限。

（4）系统参数设置——设置系统的辅助参数表。

（5）数据录入——档案案卷和文件信息的录入。

（6）数据维护——对用户删除的数据进行判定，恢复或者正式删除。

（7）数据查询——查询档案数据，可以查看查询到的档案文件数据，根据权限的不同也可以修改指定的档案数据。

（8）数据修改——用户可以通过此模块批量修改数据。

（9）报表打印——打印各类档案目录及统计报表。

（10）档案借阅——包括档案外借、归还的登记以及网上借阅的处理。

（11）数据备份和恢复——档案数据的备份和恢复。

（12）日志记录。

从以上的分析中，可以创建以下参与者：

（1）管理员；

（2）档案室人员；

（3）案卷输入人员；

（4）机密级人员；

（5）绝密级人员；

（6）借阅管理人员；

（7）一般人员。

在 Rose 中，参与者的创建如图 12-11 所示。

图 12-11 创建系统的参与者

2．确定系统用例

用例（Use Case）是系统参与者与系统在交互过程中所需要完成的事务，也是系统和参与者（Actor）之间的对话，它表示系统提供的功能块，即系统给操作者提供什么样的使用操作。

在创建用例时碰到的一个问题是 Use Case 中的描述程度，即需要多大（或多小）的 Use Case 合适？没有唯一的、完全正确的答案。可以认为第一规则是：Use Case 典型地描绘了系统功能中从开始到结束的大部分作用。基于这样的考虑，档案管理系统根据业务流程可以分为以下几个用例：

（1）用户登录；

（2）根据权限进入；

（3）管理员系统参数设置；

（4）管理员进行用户管理；

（5）数据信息录入；

（6）数据查看；

（7）数据备份和恢复；

（8）普通用户网上借阅管理；

（9）管理员操作日志并查看；

（10）报表打印；

（11）用户注册管理。

在 Rose 中，使用 Use Case View 建立用例，如图 12-12 所示。

3．创建用例图

下面就为系统用例创建用例图。借阅管理人员的用例图如图 12-13 所示。

档案室人员的数据录入、查看等用例图如图 12-14 所示。

图 12-12 创建系统用例

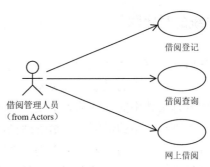

图 12-13 借阅管理人员的用例图

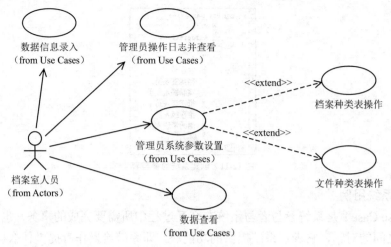

图 12-14　档案室人员的用例图

系统管理员进行系统维护的用例图如图 12-15 所示。

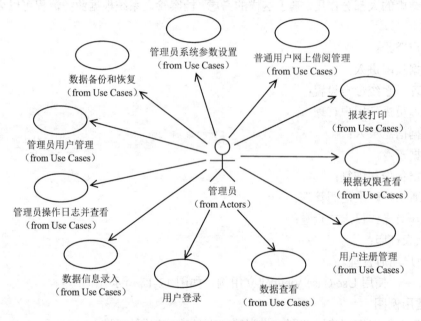

图 12-15　系统管理员进行系统维护的用例图

12.3.3　系统的时序图

时序图按时间顺序描述系统元素之间的交互。档案管理系统的时序图主要有如下几个。

（1）用户管理模块中的系统管理员添加、删除或修改用户的时序图。

（2）案卷管理模块中的案卷输入员录入或查询案卷的时序图。

（3）借阅管理模块中的借阅管理员管理借阅案卷的时序图。

（4）文件管理模块中的一般人员查询文件的时序图。

（5）数据管理模块中的系统管理员备份或恢复数据的时序图。

（6）系统参数设置模块中的系统管理员添加、删除档案文件的时序图。

1. 系统管理员添加用户的时序图

如图 12-16 所示，用户首先使用自己的用户名和密码登录系统，在登录时，登录模块会将用户的 ID 保存在系统的缓存中并提交给下一页面。然后进入用户管理模块，在进入这个模块时，同样会验证用户 ID，因为这个模块只有具有管理员身份才可以进入。进入后单击"添加用户"命令即可在添加列表中按要求添加用户信息，完毕后单击"保存"按钮提交列表信息给数据库模块，进行添加处理，最后提示添加成功信息给管理员。

2. 案卷管理员录入案卷的时序图

如图 12-17 所示，案卷输入员首先用自己拥有的用户名和密码登录系统。在登录时，登录模块会将案卷输入员的 ID 保存在系统的缓存中并提交给下一页面。进入案卷管理模块，只有他和比他权限大的用户才可以进去。然后提交"案卷录入"命令，要求案卷输入员输入案卷的相关信息，注意录入信息的具体要求。录入完毕后单击"保存"按钮即可完成案卷的录入工作，并提示案卷录入成功信息。

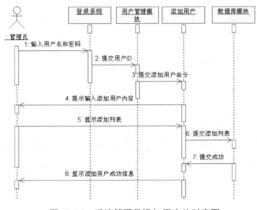

图 12-16 系统管理员添加用户的时序图

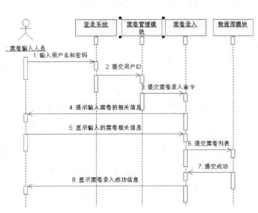

图 12-17 案卷管理员录入案卷的时序图

3. 借阅管理员管理借阅案卷的时序图

如图 12-18 所示，借阅管理人员用系统管理员分配的用户名和密码登录系统，进入借阅管理模块。在登录时，登录模块会将借阅管理人员的 ID 保存在系统的缓存中并提交给下一页面。想借阅必须先登记，提交"借阅登记"命令，进入借阅登记页面，要求借阅管理人员输入相关借阅的内容，注意内容的输入要求。单击"查询"命令寻找满足用户需求的文件，如果有，单击"借阅"命令即可完成借阅操作。

4. 一般人员查询文件的时序图

如图 12-19 所示，一般人员的权限非常小，他根据管理员分配的用户名和密码登录档案管理系统，同时提交 ID 给文件管理模块。这样就可以操作文件管理模块中的某项功能了，比如查询文件功能。在档案管理系统的界面中单击"文件查询"命令，将进入查询文件界面，然后按要求输入查询条件并提交，这时，系统将根据提交的信息显示出结果给一般人员，至此完成文件查询操作。

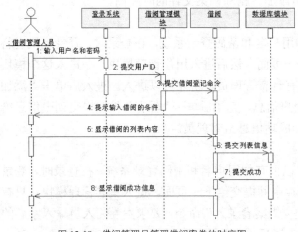

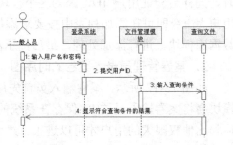

图 12-18　借阅管理员管理借阅案卷的时序图　　　　图 12-19　一般人员查询文件的时序图

5．系统管理员备份数据的时序图

如图 12-20 所示，系统管理员拥有最高的权限级别，几乎可以干任何事情。首先还是要登录档案管理系统，并且提交 ID 给数据管理模块，然后单击"数据备份"命令，系统提示输入想要备份的文件路径。管理员输入信息后提交该信息给数据库，保存该条信息，以便日后查询，最后显示备份成功信息给管理员。

6．系统管理员添加档案的时序图

如图 12-21 所示，系统管理员做的第一步就是登录系统，并提交他的 ID 给档案管理模块。在档案管理系统的后台界面中单击"档案录入"命令，进入添加档案界面，该界面要求输入待添加档案的基本信息。添加完毕提交档案信息并保存到数据库中，最后显示添加档案成功信息给管理员，至此添加档案动作完成。

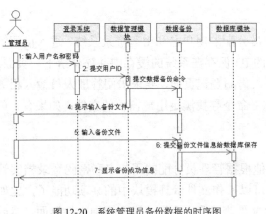

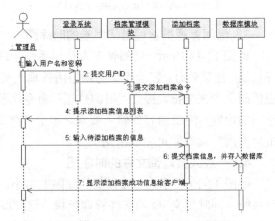

图 12-20　系统管理员备份数据的时序图　　　　图 12-21　系统管理员添加档案的时序图

12.3.4　系统的协作图

协作图用来表现系统的对象间的另一种交互，即时间和空间顺序上的交互。虽然和时序图表现交互的方式不同，但系统的时序图和协作图一般描述相同的内容。档案管理系统的协作图主要有以下几个。

（1）用户管理模块中的系统管理员添加、删除或修改用户的协作图。

（2）案卷管理模块中的案卷输入员录入或查询案卷的协作图。

（3）借阅管理模块中的借阅管理员管理借阅案卷的协作图。

（4）文件管理模块中的一般人员查询文件的协作图。

（5）数据管理模块中的系统管理员备份或恢复数据的协作图。

（6）系统参数设置模块中的系统管理员添加、删除档案文件的协作图。

其实本系统还有其他的协作图，由于涉及得较多，一些简单的协作图就不列出了。

1．系统管理员添加用户的协作图（图 12-22）

2．案卷管理员录入案卷的协作图（图 12-23）

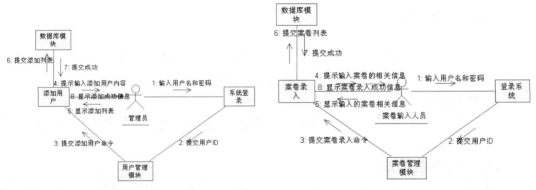

图 12-22　系统管理员添加用户的协作图　　　　图 12-23　案卷管理员录入案卷的协作图

3．借阅管理员管理借阅案卷的协作图（图 12-24）

4．一般人员查询文件的协作图（图 12-25）

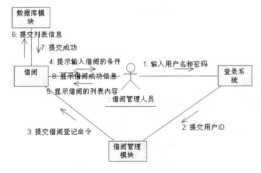
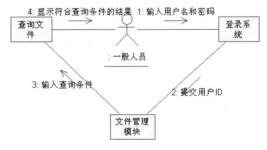

图 12-24　借阅管理员管理借阅案卷的协作图　　　图 12-25　一般人员查询文件的协作图

5．系统管理员备份数据的协作图（图 12-26）

6．系统管理员添加档案的协作图（图 12-27）

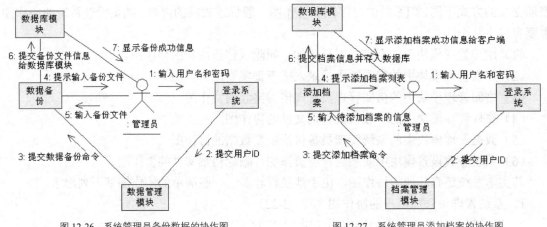

图 12-26　系统管理员备份数据的协作图　　　　图 12-27　系统管理员添加档案的协作图

12.3.5　系统的状态图

在档案管理系统中，有明确状态转换的类有档案和借阅者的账户（相当于包含特定个人信息的电子借阅证）。可以在系统中为这两类事物建立状态图。

1．档案的状态图

如图 12-28 所示，档案处于外借状态时，可以借阅，借阅后就变为借阅状态。外借档案归还后又变为可外借状态。

2．借阅者账户的状态图

如图 12-29 所示，借阅者的账户刚被管理员添加时处于借阅账户可用状态，当所借档案数达到规定的借阅数目上限后，变为不可用状态。当账户被管理员删除后，变为删除状态。

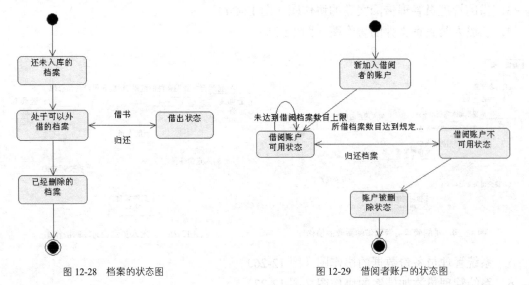

图 12-28　档案的状态图　　　　　　　　图 12-29　借阅者账户的状态图

12.3.6　系统的活动图

活动图描述活动是如何协同工作的。当一个操作必须完成一系列事情，而又无法确定以什么样的顺序来完成这些事情时，活动图可以更清晰地描述这些事情。在档案管理系统中，有明确活动的类有系统管理员、案卷输入人员、借阅管理人员、一般人员。可以在系统中为这几个类建立活动图。

1．一般人员的活动图

如图 12-30 所示，一般人员首先登录系统，然后进行网上借阅、借阅登记、借阅查询等活动，注意这几个活动都是并列的。完成活动后退出系统。

2．借阅管理人员的活动图

如图 12-31 所示，借阅管理员可以处理两种情况，借阅申请处理和借阅归还处理。当一般人员申请借阅档案时，借阅管理员要检查一般人员的凭证是否满足借阅条件；当一般人员归还档案时，借阅管理员要检查所借档案是否超时，如果超时，将采取一定的惩罚措施。

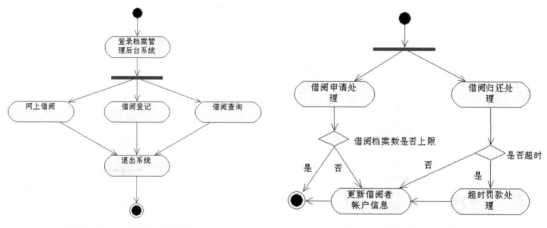

图 12-30　一般人员的活动图　　　　　　　　　图 12-31　借阅管理人员的活动图

3．案卷输入人员的活动图

如图 12-32 所示，案卷输入人员的活动比较简单，主要负责案卷的录入工作。

4．系统管理员的活动图

系统管理员拥有最高的权限，几乎可以做任何工作，所以相对处理的内容比较多，活动图也就大大增加。这里只列举部分活动图进行说明。

（1）系统管理员维护系统数据的活动图

如图 12-33 所示，系统管理员在维护系统数据的活动中，可以进行两种操作，即数据备份和数据恢复。

（2）系统管理员维护用户的活动图

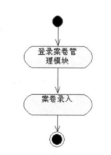

图 12-32　案卷输入人员的活动图

如图 12-34 所示，系统管理员在维护用户的活动中，可以对用户实行管理，在用户管理中可以添加、删除用户，还可以查看、修改用户权限；在权限管理中，系统管理员还可以对用户实现权限管理，进行删除用户权限和添加用户权限操作。

（3）系统管理员设置系统参数的活动图

如图 12-35 所示，系统管理员在设置系统参数的活动中，涉及多个并列的小活动。如修改单位名称及卷宗号、添加/删除档案种类、添加/删除文件种类、添加/删除文件类目，还有其他参数设置。这些操作都将在设置系统参数的大活动中进行。

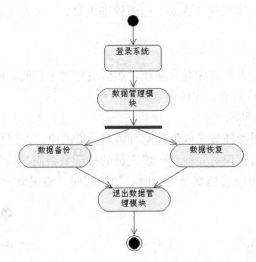

图 12-33　系统管理员维护系统数据的活动图

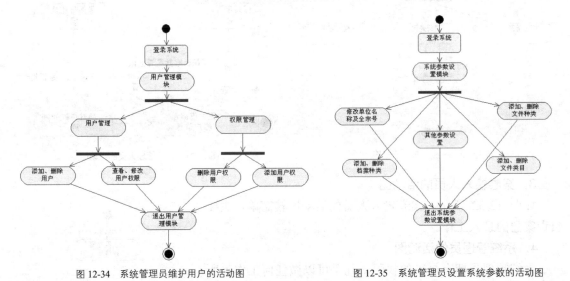

图 12-34　系统管理员维护用户的活动图　　　　图 12-35　系统管理员设置系统参数的活动图

12.4　系统中的类

　　类图的设计是系统设计最核心的部分，明确基本的类以及相互的关系有助于后续的工作。本节将详细介绍档案管理系统的类图设计。

12.4.1　类图的生成

1．和数据库字段相关的基础类

　　在档案管理系统中最基本的几个类：User、fVolum、Archive、FileType、RoleUser，如图 12-36 所示。

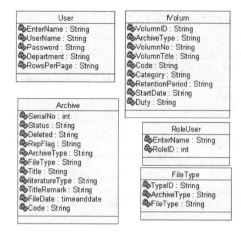

图 12-36　数据库字段相关的类

User 类是用户信息类，它的属性很多，包括用户登录所用名（EnterName）、用户姓名（UserName）、用户密码（Password）、用户所属部门（Department）、每页显示查询条数（RowsPerPage）。

fVolum 类是档案案卷信息数据描述类，包括案卷编号（VolumnID）、档案种类（ArchiveType）、案卷号（VolumnNo）、案卷标题（VolumnTitle）、工程代号（Code）、类目号（Category）、保管期限（RetentionPeriod）、案卷起始年月（StartDate）、案卷截止年月（EndDate）、案卷总件数（TotalNum）、案卷总页数（TotalPage）、责任者（Duty）等属性。

Archive 类是档案管理类，包括档案序号（SerialNo）、状态（Status）、删除标记（Deleted）、同步标记（RepFlag）、档案种类（ArchiveType）、文件种类载体种类（FileType）、题名分说明（Title）、一般文献类型标识（literatureType）、题名说明（TitleRemark）、成文日期载体形成时间（FileDate）、文件年代工程代号载体年代（Code）等属性。

FileType 类是档案种类类。

RoleUser 类是用户角色类。

2．系统中其他的类

系统中用户管理模块的类图如图 12-37 所示。

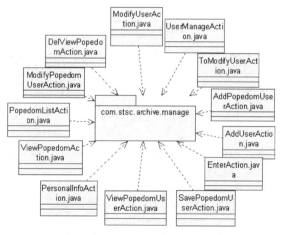

图 12-37　系统中用户管理模块的类图

系统中系统参数设置模块的类图如图 12-38 所示。

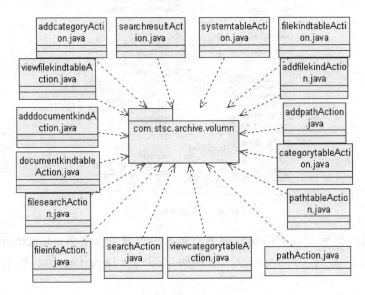

图 12-38　系统中参数设置的类图

系统中借阅管理模块的类图如图 12-39 所示。

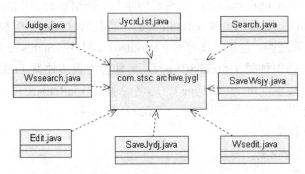

图 12-39　系统中借阅管理模块的类图

系统中案卷管理模块的类图如图 12-40 所示。

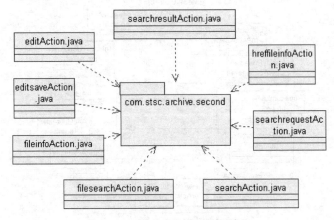

图 12-40　系统中案卷管理模块的类图

系统中文件管理模块的类图如图 12-41 所示。

系统中备份管理模块的类图如图 12-42 所示。

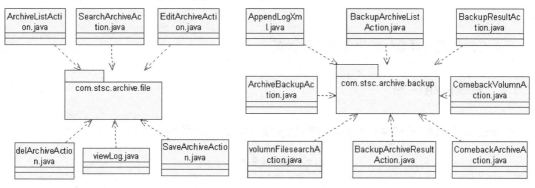

图 12-41　系统中文件管理模块的类图　　　　图 12-42　系统中备份管理模块的类图

12.4.2　各类之间的关系

下面来看一下数据库表类之间的关系，如图 12-43 所示。

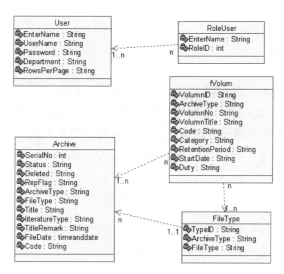

图 12-43　数据库表类之间的关系

　　User 类表示档案管理系统中的用户，RoleUser 类指用户的权限。在现实世界中，一个用户只能拥有一个权限，但是一种权限可以分配给多个用户，所以 User 和 RoleUser 之间是多对一的关系。

　　fVolum 记录的是案卷的基本信息，FileType 记录了案卷的种类，Archive 是档案管理的类，所以 fVolum 与 FileType 是多对一的关系，Archive 与 FileType 是一对一的关系，fVolum 与 Archive 是多对一的关系。

12.5　系统的配置与实现

下面介绍档案管理系统的组件图与配置图。

12.5.1　系统的组件图

系统的组件图如图 12-44 所示，包括系统服务和数据服务两个组件。

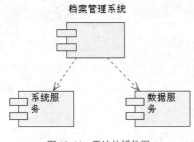

图 12-44　系统的组件图

12.5.2　系统的配置图

配置图主要是用来说明如何配置系统的软件和硬件。系统由多个节点构成，应用服务器负责整个系统运行的总体协调工作，数据库负责数据管理。Web 应用程序模块用于参与者进行各自权限的操作。管理员可以通过管理应用服务器来管理整个系统。一般人员可以通过互联网访问应用服务器来操作服务。系统的配置图如图 12-45 所示。

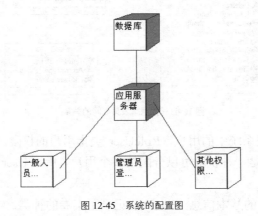

图 12-45　系统的配置图

第 13 章　新闻中心管理系统

本章将通过一个新闻中心管理系统的建模案例帮助读者进一步加深对 UML 的理解和掌握。

13.1　新闻中心管理系统的需求分析

首先分析新闻中心管理系统的整体需求，以便为接下来的 UML 建模提供一个详细的功能说明。此处介绍的这个新闻中心系统功能相对简单，在实际运用中，读者可以根据不同的需求，对本系统进行扩展。

13.1.1　系统功能需求

新闻中心管理系统主要是为了实现某些企业商务网站实时动态新闻的显示及管理的系统。

一个典型的新闻中心管理系统一般都会提供新闻标题分类显示、新闻详细内容显示等功能。同时也应该为新闻中心后台管理的管理员提供对应的新闻信息维护及管理的功能，其中包括添加新的新闻、编辑修改新闻、删除新闻等功能。

根据企业商务新闻的基本要求，本系统需要完成的主要任务如下。

（1）新闻标题信息分类显示

在进入新闻中心主页时，应该能够根据数据库中存放的信息分类显示最新的新闻标题。本系统的新闻类型分为两类，一类是热点新闻，另一类是行业新闻。例如，在热点新闻中显示所有最新的标题信息，在行业新闻中显示最新标题信息。每个新闻标题都应该提供对应的超链接，用户单击这个新闻标题后，就可以跳转到有关该新闻详细内容的页面上，让用户对这个新闻有更详细的了解。

（2）新闻详细内容及相关新闻列表显示

单击某个新闻标题后，应该可以查看该新闻的详细内容，同时提供与该新闻相关的新闻标题信息的显示，以便于客户查询与该新闻相关的其他信息。

（3）新闻中心后台管理功能

新闻中心的管理员可以根据企业的需求随时向数据库中添加最新的新闻标题及相关内容。管理员还可以随时删除过时的新闻标题及内容，以及对一些原有新闻做必要的修改。

为了更好地说明该系统的功能，将其分成两大模块，分别是：信息浏览模块和后台管理模块，如图 13-1 所示。

信息浏览模块主要完成新闻分类标题的展示，以及详细新闻内容的查看功能。后台管理模块主要完成新闻内容的添加、修改、删除功能。

13.1.2 信息浏览模块

信息浏览模块包含如图 13-2 所示的几个方面。

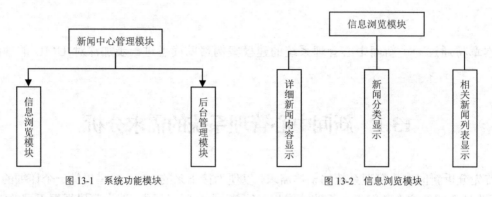

图 13-1 系统功能模块　　　　图 13-2 信息浏览模块

（1）新闻分类显示

负责将新闻标题显示给客户端，并提供新闻标题的超链接。

（2）详细新闻内容显示

负责新闻内容的显示。

（3）相关新闻列表显示

负责在具体新闻内容显示的同时提供其他新闻标题列表的显示功能。

13.1.3 后台管理模块

后台管理模块包含如图 13-3 所示的几个方面。

（1）添加新闻

负责添加新的新闻到新闻中心。

（2）修改新闻

负责对现有新闻进行修改。

（3）删除新闻

负责删除新闻中心过时的新闻。

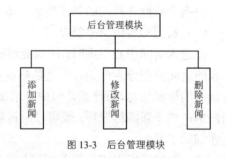

图 13-3 后台管理模块

13.2 系统的 UML 基本模型

通过对新闻中心管理系统进行模块划分，读者已经明确了每个模块的大致功能。本节将正式进入建模阶段，即用可视化的模型将该系统用直观的图形显示出来。

13.2.1 UML 初始模型

在 Rational Rose 的工作界面中，选择【File】→【New】打开如图 13-4 所示的【Create New

Model】对话框，选择 J2SE 1.2 模式，然后单击【OK】按钮。

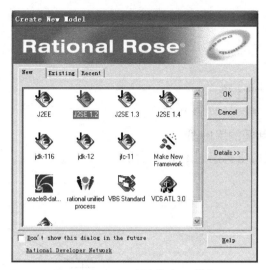

图 13-4　新建模型

此时，Rational Rose 会自动加载 J2SE 本身的一些构架模型。加载完成后，就可以开始设计自己的模型了，在此之前先保存该模型，并且将该模型命名为"新闻中心管理系统"。

13.2.2　系统的用例图

用例图是作为参与者的外部用户所能观察到的系统功能的模型图,在需求分析阶段起着重要作用，整个开发过程都是围绕需求阶段的用例进行的。

创建用例图之前首先需要确定参与者。

（1）一般浏览者

在新闻中心管理系统中，因为在客户端界面不需要特殊的功能，只需要上网客户浏览就可以了，所以需要上网客户参与。

（2）后台管理员

网站需要一个专门的管理者对网站进行日常维护与管理，所以有一个系统管理员的参与者。

在本系统的 UML 建模中，可以创建以下的参与者，如图 13-5 所示。

有了参与者，就可以为本系统创建用例，根据需求分析，可以创建以下用例，如图 13-6 所示。

图 13-5　系统的参与者

图 13-6　创建系统的用例

（1）浏览新闻

（2）添加新闻

（3）修改新闻

（4）删除新闻

下面来创建用例图。

1．浏览者浏览新闻的用例图

浏览者浏览新闻的用例图如图 13-7 所示。

2．系统管理员管理新闻的用例图

系统管理员管理新闻的用例图如图 13-8 所示。

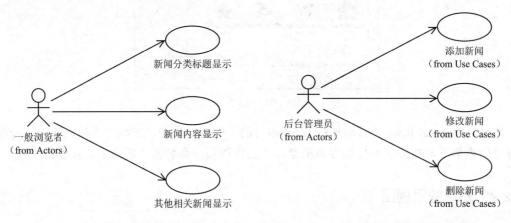

图 13-7　浏览者浏览新闻的用例图　　　　　　图 13-8　系统管理员管理新闻的用例图

13.2.3　系统的时序图

新闻中心管理系统的时序图主要包括以下几个部分。

（1）一般浏览者上网浏览新闻的时序图。

（2）系统管理员添加新闻的时序图。

（3）系统管理员修改新闻的时序图。

（4）系统管理员删除新闻的时序图。

1．一般浏览者上网浏览新闻的时序图

一般浏览者上网浏览新闻的时序图如图 13-9 所示。

2．系统管理员添加新闻的时序图

系统管理员添加新闻的时序

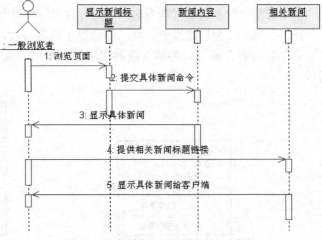

图 13-9　一般浏览者上网浏览新闻的时序图

图如图 13-10 所示。

3．系统管理员修改新闻的时序图

系统管理员修改新闻的时序图如图 13-11 所示。

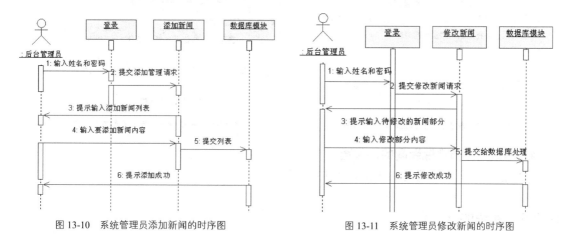

图 13-10 系统管理员添加新闻的时序图   图 13-11 系统管理员修改新闻的时序图

4．系统管理员删除新闻的时序图

系统管理员删除新闻的时序图如图 13-12 所示。

13.2.4 系统的协作图

交互图用来说明系统如何实现一个用例或用例中的一个特殊场景。UML 提供两类交互图：时序图和协作图。时序图按时间顺序描述系统元素之间的交互；协作图则按照时间和空间顺序描述系统元素之间的交互。

根据 13.2.3 小节描述的时序图，下面给出相应的协作图。

1．一般浏览者上网浏览新闻的协作图

一般浏览者上网浏览新闻的协作图如图 13-13 所示。

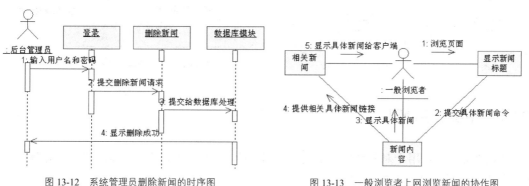

图 13-12 系统管理员删除新闻的时序图   图 13-13 一般浏览者上网浏览新闻的协作图

2．系统管理员添加新闻的协作图

系统管理员添加新闻的协作图如图 13-14 所示。

3．系统管理员修改新闻的协作图

系统管理员修改新闻的协作图如图 13-15 所示。

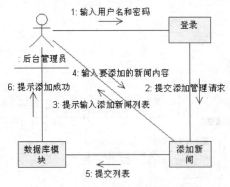

图 13-14　系统管理员添加新闻的协作图

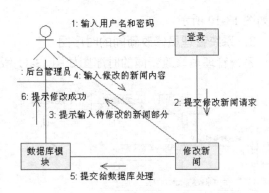
图 13-15　系统管理员修改新闻的协作图

4．系统管理员删除新闻的协作图

系统管理员删除新闻的协作图如图 13-16 所示。

13.2.5　系统的状态图

在新闻中心管理系统的后台管理中，主要有添加新闻、修改新闻以及删除新闻 3 种状态，这 3 种状态完成的过程都非常相似，所以下面仅列举系统管理员添加新闻的状态图来说明状态图的绘制。

系统管理员添加新闻的状态图如图 13-17 所示。

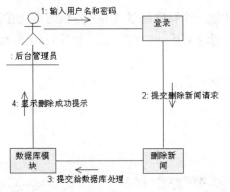
图 13-16　系统管理员删除新闻的协作图

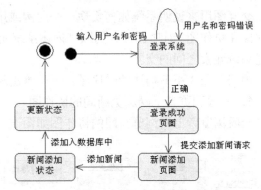
图 13-17　系统管理员添加新闻的状态图

13.2.6　系统的活动图

活动图是 UML 用于对系统的动态行为建模的另一种常用工具，它描述活动的顺序，展现从一个活动到另一个活动的控制流。

新闻中心管理系统前台信息浏览活动图如图 13-18 所示。

新闻中心后台管理活动图如图 13-19 所示。由此活动图可以看出，只有具有合法身份的管理员才可以进入。该系统的 3 个子模块（添加新闻、修改新闻和删除新闻）在操作上都是平行的，其内在关系通过后续数据库的设计和程序流程来控制。

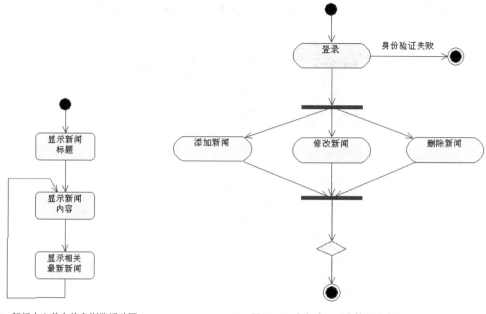

图 13-18 新闻中心前台信息浏览活动图   图 13-19 新闻中心后台管理活动图

13.3 系统中的类

类图的设计是系统设计最核心的部分,明确基本类以及基本类之间的相互关系有助于开发者的后续设计。本节将利用 UML 中的双向工程对新闻中心管理系统的类图进行设计。

13.3.1 类图的生成

1.参与者相关的类

因为浏览新闻的可以是任何人,所以此处不考虑一般浏览者,剩下的就是系统管理员了,那么系统中和参与者相关的类图只有一个类 Admin,如图 13-20 所示。

Admin 类是管理员类,管理员类有自己的属性,主要是管理员姓名(username)和管理员密码(password)。

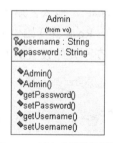

图 13-20 参与者相关的类图

2.系统中用到的其他类

系统中用到的其他类如图 13-21 所示。

(1)News 类表示基本新闻信息的类

包含的属性有新闻编号(id)、新闻标题(title)、新闻内容(content)、新闻作者(author)、新闻发表时间(time)、新闻关键字(keyword)、新闻类别(type)。

(2)NewsAction 类表示新闻的增删改除的类

主要提供了业务逻辑的方法。

(3)NewsService 类表示实现增删改除的类

同时提供了前台获得新闻列表的方法。该类执行具体的业务逻辑。

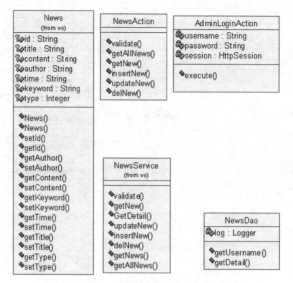

图 13-21　系统中其他类的类图

（4）AdminLoginAction 类表示管理员登录后台系统时的验证类

包含的属性有登录名（username）、登录密码（password）和 session。

（5）NewsDao 类表示和数据库连接的类

此类有一个日志属性。

13.3.2　双向工程

根据类图的展现，读者可以利用 UML 的双向工程的正向工程建立.java 代码。以上面的类图为例，下面选择比较简单的 News 类来展示正向工程的魅力。

首先选中这个类，然后选择【Tools】→【Java/J2EE】→【GenerateCode】。如果设置了Classpath，那么会弹出一个对话框，要求选择 Classpath，然后选中这个类，最后单击【OK】按钮，Rose 就开始生成 Java 代码。

在刚开始设置的 Classpath 下可以找到 Java 代码，例如 News 类的源代码如下所示：

```
//Source file: E:\\任务3\\第12章\\UML\\News.java

package com.org.hibernate.vo;

import java.io.Serializable;

public class News implements Serializable
{
   protected String id;
   protected String title;
   protected String content;
   protected String author;
```

```
protected String time;
protected String keyword;
protected Integer type;

/**
 * @param nid
 * @roseuid 4573DC56002E
 */
public News(String nid)
{
    super();
}

/**
 * @roseuid 4573DC56001F
 */
public News()
{

}

/**
 * @param id
 * @roseuid 4573DC560030
 */
public void setId(String id)
{
    this.id=id;
}

/**
 * @return java.lang.String
 * @roseuid 4573DC56003F
 */
public String getId()
{
    return id;
}

/**
 * @return java.lang.String
 * @roseuid 4573DC56004E
 */
public String getAuthor()
{
    return author;
}
```

```
/**
 * @param author
 * @roseuid 4573DC56005D
 */
public void setAuthor(String author)
{
    this.author = author;
}

/**
 * @return java.lang.String
 * @roseuid 4573DC56006E
 */
public String getContent()
{
    return content;
}

/**
 * @param content
 * @roseuid 4573DC56007D
 */
public void setContent(String content)
{
    this.content = content;
}

/**
 * @return java.lang.String
 * @roseuid 4573DC56008D
 */
public String getKeyword()
{
    return keyword;
}

/**
 * @param keyword
 * @roseuid 4573DC56009C
 */
public void setKeyword(String keyword)
{
    this.keyword = keyword;
}

/**
 * @return java.lang.String
 * @roseuid 4573DC5600AB
```

```
    */
public String getTime()
{
    return time;
}

/**
 * @param time
 * @roseuid 4573DC5600CB
 */
public void setTime(String time)
{
    this.time = time;
}

/**
 * @return java.lang.String
 * @roseuid 4573DC5600DB
 */
public String getTitle()
{
    return title;
}

/**
 * @param title
 * @roseuid 4573DC5600EA
 */
public void setTitle(String title)
{
    this.title = title;
}

/**
 * @return java.lang.Integer
 * @roseuid 4573DC5600FB
 */
public Integer getType()
{
    return type;
}

/**
 * @param type
 * @roseuid 4573DC560109
 */
public void setType(Integer type)
{
```

```
        this.type = type;
    }
}
```

代码生成后，编程人员就可以在这个代码的基础上实现具体的功能了，大大节省了开发的时间。

13.3.3　各类之间的关系

新闻中心管理系统各个类之间的关系如图 13-22 所示。

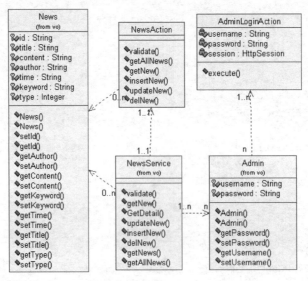

图 13-22　各类之间的关系

管理员可以处理多个新闻的增删改查，所以 NewsService 和 Admin 之间应该是一对多的关系；同时一种类别的新闻只能对应一种新闻服务，所以 NewsService 和 NewsAction 之间只能是一对一的关系。

13.4　系统的配置和实现

下面介绍系统的组件图和配置图。

13.4.1　系统的组件图

新闻中心管理系统的组件如图 13-23 所示。组成 Web 应用程序的页面包括：前台浏览页面、后台维护页面、新闻添加页面、新闻修改页面、新闻删除页面和登录页面。

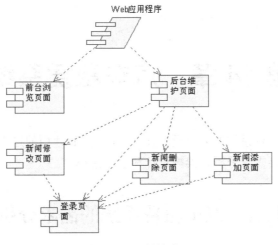

图 13-23　系统的组件图

13.4.2　系统的配置图

配置图主要用来说明如何配置系统的软件和硬件。新闻中心管理系统的应用服务器主要负责保存整个 Web 应用程序，数据库则是负责数据管理。此外还有多个终端作为系统的客户端。

客户端的客户机可以通过互联网与应用服务器连接，管理员也可以通过互联网管理整个应用服务器。

根据分析本系统的配置图如图 13-24 所示。

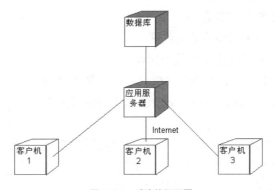

图 13-24　系统的配置图

第 14 章　汽车租赁系统

本章将通过对汽车租赁系统的分析设计介绍使用 UML 建模的过程。整个过程按照软件设计的实际流程进行，包括需求分析、架构设计和系统建模等。

14.1　汽车租赁系统的需求分析

首先进行系统的需求分析。这里介绍的汽车租赁系统的需求分析只是一个简单的版本，在实际应用中，应根据客户的不同需求，在此基础上进行扩展。

14.1.1　系统功能需求

系统的功能需求包括以下几个方面。

（1）客户可以通过不同的方式（包括电话、前台、网上）预订车辆。

（2）能够保存客户的预订申请单。

（3）能够保存客户的历史记录。

（4）工作人员可以处理客户申请。

（5）技术人员可以保存对车辆检修的结果。

满足上述需求的系统主要包括以下几个模块。

（1）基本数据维护模块。基本数据维护模块提供了使用者录入、修改并维护基本数据的途径。例如对客户的个人信息、租赁信息、车辆的基本信息等的录入和修改。

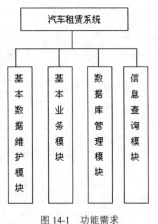

图 14-1　功能需求

（2）基本业务模块。基本业务模块中，客户可以填写汽车租赁申请表，工作人员负责处理处理这些表格。同时，技术人员还可以提交每辆车的状态，以便工作人员根据这些资料决定是否批准客户的请求。

（3）数据库管理模块。在汽车租赁系统中，对所有客户、工作人员以及车辆的信息都要进行统一管理，车辆的租赁情况也要进行详细的登记。

（4）信息查询模块。信息查询模块主要用于查询相关信息，例如工作人员查询车辆信息和客户信息等。

图 14-1 所示表示汽车租赁系统的功能需求。

14.1.2 基本数据维护模块

基本数据维护模块包括如图 14-2 所示的几个方面。

（1）添加车辆信息。汽车租赁商的车辆信息需要保存到数据库，车辆信息包括车辆的车型、车牌号码和车辆的状态等。

（2）修改车辆信息。车辆被租借以后状态会发生变化，要根据具体情况修改车辆的状态，如预留、租赁和空闲。

（3）添加员工信息。公司员工的信息应该保存到系统数据库中，以便管理人员根据员工的表现对员工进行考核。

（4）修改员工信息。交易的任务完成率要保存在员工信息中，员工完成一笔交易，要更新员工的个人信息。

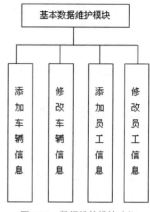

图 14-2 数据维护模块功能

14.1.3 基本业务模块

基本业务模块包括如图 14-3 所示的几个方面。

（1）用户填写预订申请。客户在租赁汽车之前首先要填写预订申请。

（2）工作人员处理预订请求。工作人员要处理客户的预订申请，可以根据客户租赁的历史记录和目前车辆的状况决定是否同意客户的预订请求。

（3）技术人员填写服务记录。公司的技术人员在客户归还车辆以后要对车辆进行彻底的检查，以确定车辆目前的状况，检查完要填写服务记录。

（4）工作人员处理还车请求。工作人员将根据车辆的状况和租赁的时间收取此次租赁的费用，如果车辆有损坏，还要收取一定的罚金。

14.1.4 数据库模块

数据库模块包括如图 14-4 所示的几个方面。

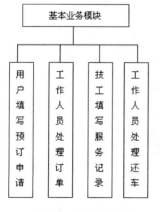

图 14-3 基本业务模块

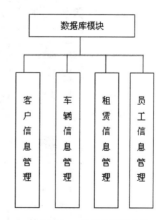

图 14-4 数据库模块功能

（1）客户信息管理。客户信息除了包括客户的基本信息之外，还包括客户的租赁历史记录。

（2）车辆信息管理。车辆信息包括车辆的车型，车辆的新旧程度，车辆的状态等。

（3）租赁信息管理。租赁信息包括客户的租赁申请表记录和技术人员的服务记录等。

（4）员工信息管理。员工信息包括工作人员、技术人员、管理人员的基本信息以及工作人员的工作记录等。

14.1.5 信息查询模块

信息查询模块主要是查询数据库中的相关信息，如图 14-5 所示。

（1）查询客户信息。负责客户的信息的查询。

（2）查询员工信息。负责公司员工信息的查询。

（3）查询车辆信息。负责车辆信息的查询。

（4）查询客户记录。负责查询客户的车辆租赁历史记录。

图 14-5　信息查询模块功能

14.2　系统的 UML 基本模型

明确了汽车租赁系统每个模块的具体功能以后，就可以对系统建立 UML 模型了。本节将介绍如何使用面向对象的方法分析系统，并使用可视化的 UML 模型将系统表示为直观的图形形式。

14.2.1　UML 模型框架

要建立 UML 模型框架，可以选择 Rational Rose 的菜单栏的【File】→【New】菜单项，打开如图 14-6 所示的 "Create New Model" 对话框，选择 J2EE 模式，然后点击【OK】按钮。

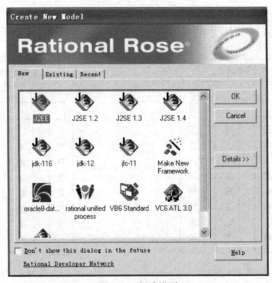

图 14-6　新建模型

此时，Rational Rose 会自动加载 J2EE 本身的一些构架模型。加载完成后，就可以开始设计自己的模型了，在此之前应保存该模型，并且将模型取名为"汽车租赁系统"。

14.2.2 系统的用例图

创建用例图之前首先需要确定参与者。

（1）在汽车租赁系统中，需要客户的参与。客户可以提出预订请求，预订请求得到确认后可以取车，租赁期限到期后还应该将车返还给租赁商。

（2）租赁公司的员工则需要处理客户的租赁申请，并在汽车返还时对车辆状况进行检查。

由以上分析可以看出，所有的动作都是围绕着客户和公司员工进行的。因此，系统中的参与者主要有两类：客户和公司员工。

1. 客户参与的用例图

客户参与的用例主要如下几个，如图 14-7 所示。

（1）预订车辆用例。客户在取车之前应该首先预订车辆。

（2）取车用例。如果客户的车辆预订得到确认，要在确定的日期到前台取车。

（3）还车用例。客户应该在规定时间还车。

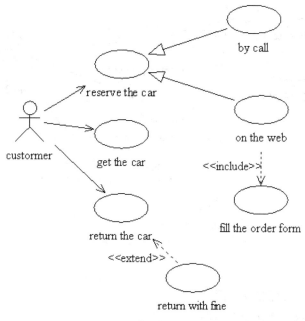

图 14-7　客户参与的用例图

【用例图说明】

（1）reserve the car：预订车辆的用例。

（2）by call：电话预订用例。这是从预订用例扩展出来的一种预订方式。

（3）on the web：网络预订用例。这是从预订用例扩展出来的另一种预订方式，用户可以在公司主页上提交预订申请。

（4）fill the order form：填写预订申请表的用例。如果客户在网上预订，也必须完成预订申请表。

（5）get the car：取车用例。

（6）return the car：还车用例。

（7）return with fine：交纳罚金用例。客户如果不能够按时还车将要交纳罚金。

2．公司员工参与的用例图

员工参与的用例包括以下几个，如图 14-8 所示。

（1）登录系统用例。公司员工输入工作号和密码可以登录系统。

（2）处理预订申请用例。普通工作人员可以处理客户的预订申请。

（3）将预订的车交付客户用例。客户预订请求得到确认后，可以在规定的时间来取车，工作人员应该能够提供取车服务。

（4）结束租赁业务用例。用户还车，技术人员确认车辆无损坏后，工作人员可以确定该租赁交易结束。

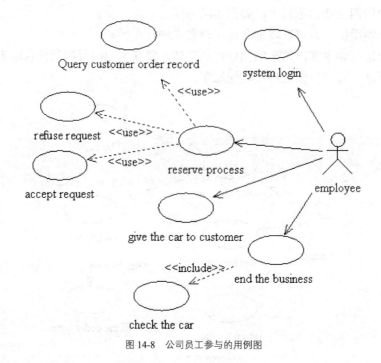

图 14-8　公司员工参与的用例图

【用例图说明】

（1）system login：系统登录用例。

（2）reserve process：预订处理用例。

（3）Query customer order record：查询客户预订历史记录用例。工作人员可以把客户的历史记录作为判断是否接受客户请求的一个依据。

（4）refuse request：拒绝预订请求用例。工作人员可以根据情况拒绝客户的预订请求，例如客户历史记录不良，没有所需车辆等。

（5）accept request：接受预订请求用例。工作人员在核对客户情况及车辆状态后，可以接受客户的请求。

（6）give the car to customer：将预订的车交付客户用例。

（7）check the car：检查车辆状况用例。技术人员可以对车辆进行检查，以确定车辆是否被损坏。

（8）end the business：结束租赁业务用例。

14.2.3 系统的时序图

首先来介绍系统的时序图，汽车租赁系统的时序图主要有如下4个。

（1）管理人员开展工作的时序图，如图14-9所示。

（2）客户预订车辆的时序图。

（3）客户取车时序图。

（4）客户还车时序图。

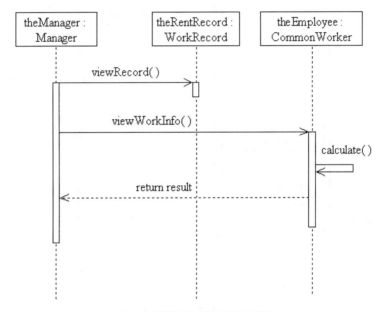

图 14-9 管理人员开展工作的时序图

其余用例的时序图较为简单，系统分析的时候可以不给出。

1. 管理人员开展工作的时序图

【时序图说明】

（1）viewRecord()：查看记录函数。

（2）viewWorkInfo()：查看工作记录函数。

（3）calculate()：计算工作人员的任务完成率的函数。

管理人员既可以查看汽车的租赁记录，又可以查看普通工作人员的工作记录和任务完成情况。

2. 客户预订车辆的时序图（见图14-10）

【时序图说明】

（1）fillOrder()：填写租赁申请表的函数。

（2）checkRequest()：查看申请的函数。

（3）check()：检查历史记录的函数。

（4）InServiced()：判断车辆状态的函数。

（5）Allow()：允许客户租赁车辆的函数。

（6）notify()：通知客户前来取车的函数。

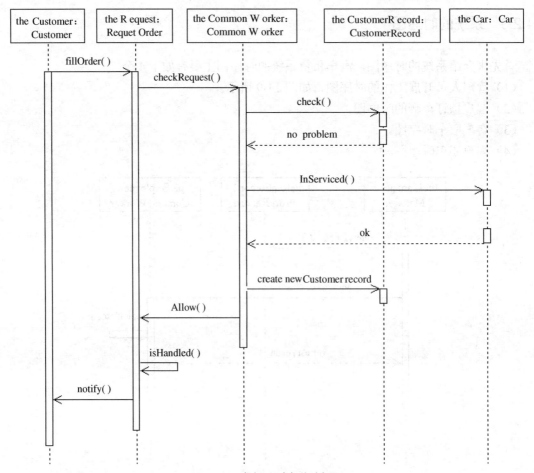

图 14-10　客户预订车辆的时序图

客户要租赁车辆，首先必须填写申请表。公司员工负责处理申请表，他们根据客户租赁的历史记录以及客户申请的车辆的状态决定是否接受客户请求。如果两个条件都满足，那么将接受请求并且为客户预留该车；否则就拒绝请求，处理过的申请表的状态都设为已处理。如果接受用户的租赁请求，首先为该客户添加一条记录，然后通知客户前来取车。

3．客户取车时序图（见图 14-11）

【时序图说明】

（1）show_notice()：向工作人员出示取车通知。

（2）check()：工作人员检查取车通知的合法性。

（3）pay()：客户付款。

（4）fillWorkRecord()：公司员工创建工作记录。

（5）update_carstatus()：更新汽车状态信息。

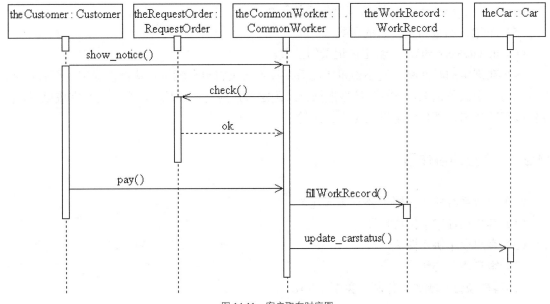

图 14-11 客户取车时序图

客户在约定的时间到前台取车，公司员工首先验证取车通知，验证通过后，将要求客户付款，然后填写一份工作记录，同时修改车辆状态。

4．客户还车时序图（见图 14-12）

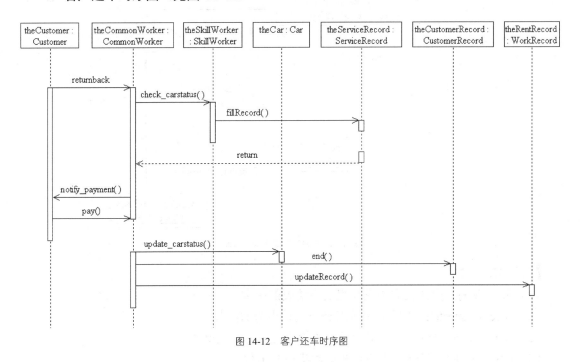

图 14-12 客户还车时序图

【时序图说明】

（1）check_carstatus()：检查车辆状况的函数。

（2）fillRecord()：填写车辆检查记录的函数。

（3）notify_payment()；通知客户支付租赁款项的函数。

（4）update_carstatus()：更新车辆信息的函数。

（5）end()：结束租赁交易的函数。

（6）updateRecord()：更新工作记录的函数。

客户在规定的时间将车返还给租赁商后，技术人员将对车辆进行检修以确定是否有损坏，并且填写一份服务记录，公司职员将根据记录确定客户应付的款项。与客户交易完成以后，需要修改车辆状态、客户记录以及工作记录等。

14.2.4 系统的协作图

汽车租赁系统的协作图主要有如下几个。

（1）客户预订车辆的协作图。

（2）客户取车协作图。

（3）客户还车协作图。

1．客户预订车辆的协作图（见图 14-13）

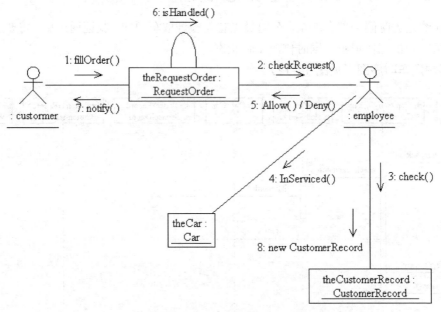

图 14-13 客户预订车辆的协作图

【协作图说明】

（1）fillOrder()：申请表类中填写租赁申请表的函数。

（2）checkRequest()：普通公司员工类中查看申请的函数。

（3）check()：客户租赁历史记录类中的检查历史记录的函数。

（4）InServiced()：车辆类中的判断车辆状态的函数。

（5）Allow()：允许客户租赁车辆的函数。

（6）isHandled()：判断预订表单是否被处理的函数。

（7）notify()：通知客户前来取车的函数。

2．客户取车协作图（见图 14-14）

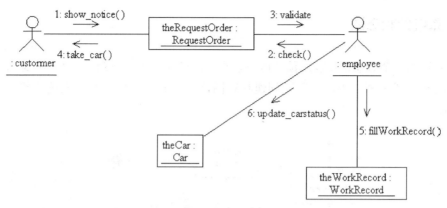

图 14-14　客户取车协作图

【协作图说明】

（1）show_notice()：向工作人员出示取车通知。

（2）check()：工作人员检查取车通知的合法性。

（3）take_car()：客户取车。

（4）fillWorkRecord()：公司员工创建工作记录。

（5）update_carstatus()：更新汽车状态信息。

3．客户还车协作图（见图 14-15）

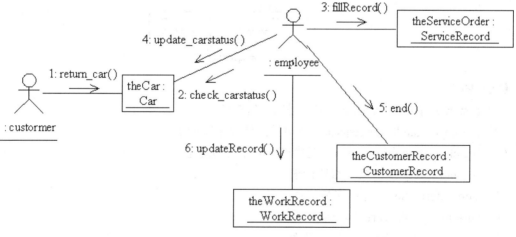

图 14-15　客户还车协作图

【协作图说明】

（1）return_car()：客户还车的函数。

（2）check_carstatus()：检查车辆状况的函数。

（3）fillRecord()：填写车辆检查记录的函数。

（4）update_carstatus()：更新车辆信息的函数。

（5）end()：结束租赁交易的函数。

（6）updateRecord()：更新工作记录的函数。

14.2.5 系统的状态图

由于系统的几个对象，如客户预订申请表类、客户租赁历史记录类、工作记录类、维修记录类和车辆类的状态都很少，不需要创建状态图，所以此处将建立整个系统的状态图，如图 14-16 所示。

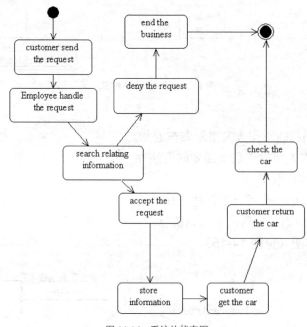

图 14-16　系统的状态图

【状态图说明】

（1）customer send the request：客户提出租赁申请。

（2）Employee handle the request：公司员工处理申请请求。

（3）search relating information：查找租赁的相关历史记录。

（4）accept the request：接受租赁请求。

（5）store information：存储交易信息。

（6）customer get the car：客户取车。

（7）customer return the car：客户还车。

（8）check the car：检查车辆状况。

（9）deny the request：拒绝租赁请求。

（10）end the business：结束交易。

从客户填写预订申请表开始，租赁商收到客户的申请并对其进行处理。根据客户的历史记录以及车辆的状态确定是否接受客户请求。如果某个条件不符合，就向客户发送一个拒绝通知，交易结束；如果条件都符合，则接受该请求并保存相关数据。客户在约定的时间内来取车，取车需要出示相关通知。车辆使用以后，客户必须在规定的时间将车返还给租赁商。还车后技术人员还会对车辆进行检查，根据车辆状况收取相应费用，如果车辆破损还要收取罚金。最后，交易结束。

14.2.6 系统的活动图

汽车租赁系统的活动图如图 14-17 所示。

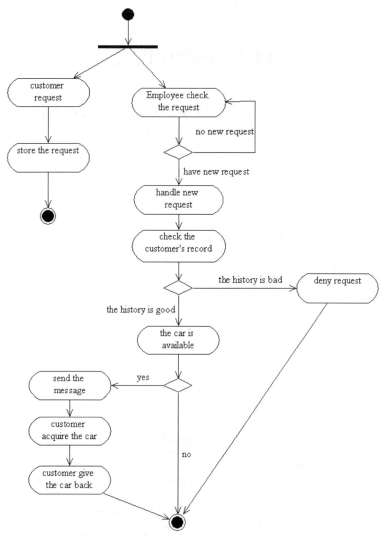

图 14-17 系统的活动图

【活动图说明】

（1）customer request：客户填写租赁申请。

（2）store the request：存储申请表。

（3）Employee check the request：公司员工查看租赁申请。

（4）handle new request：处理新的租赁申请。

（5）check the customer's record：查看客户租赁的历史记录。

（6）deny request：拒绝租赁请求。

（7）the car is available：车辆为可用。

（8）send the message：发送取车通知。

（9）customer acquire the car：客户取车。

（10）customer give the car back：客户还车。

汽车租赁活动的大致流程和系统的状态变化类似，不再详述。要注意的一点就是，租赁者填写租赁申请表和公司员工处理申请可以并发执行。

14.3　系统中的类

类图的设计是系统设计最核心的部分，明确基本类以及基本类之间的相互的关系有助于开发者的后续设计。本节将详细介绍汽车租赁系统的类图设计。

14.3.1　类图的生成

1．客户和公司员工类

系统中公司员工和客户类图如图 14-18 所示。

提示：这里省略了一些普通方法，例如 get 和 set 方法。

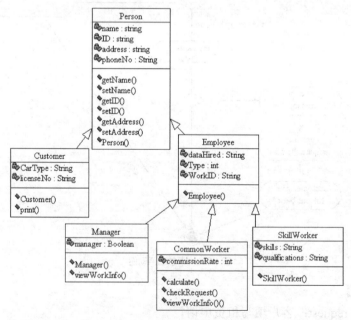

图 14-18　客户及公司员工类图

【类图说明】

（1）Person 类是所有类的父类，它包含 4 个属性：姓名（name）、身份证号（ID）、地址（address）和电话号码（phoneNo）。它包含的方法都是用来设置和获取这些属性值的，这里不一一介绍。

（2）Customer 类是包含客户信息的类，除了继承父类的属性和方法，它还包括车辆类型（CarType）和驾驶证号（licenseNo）等属性。

（3）Employee 类是包含员工信息的类，其中包含了员工的聘用日期等信息。同时，它还是 Manager、CommonWorker、SkillWorker 3 个类的父类。

（4）Manager 类是管理人员的类，管理人员可以查看工作人员的工作记录。CommonWorker 类是普通工作人员的类，commissionRate 属性是该员工任务完成率；方法 calculate()用来计算该工作人员完成的任务率；checkRequest()用来查询是否有没处理的申请单。SkillWorker 类是技术人员的类，skills 属性代表该员工的技术特长，而 qualifications 属性则表示他的技术职称。

2. 一些其他的类

其他的类图如图 14-19 和图 14-20 所示。

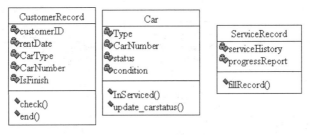

图 14-19 其他类图 1

【类图说明】

（1）CustomerRecord 类表示客户记录。customerID 是客户的身份证号码，rentDate 是租车日期，CarType 是所租车辆的车型，CarNumber 是该车的车牌号码，IsFinish 代表该交易是否结束。check()用来得到该客户的记录，end()用来结束该交易。

（2）Car 类代表车辆记录。Type 是该车的车型，CarNumber 是车牌号码，status 是指该车是否被预订、正在使用中或空闲状态，condition 是指该车的状态。InServiced()用来判断该车是否空闲，update_carstatus()用来修改车辆所处的状态。

（3）ServiceRecord 类表示每一次租赁服务的

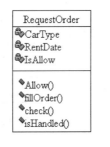

图 14-20 其他类图 2

记录。serviceHistory 是服务的历史记录，progressReport 是指该过程中的报告。fillRecord()用于填写表格。

（4）RequestOrder 类表示的是填写客户申请资料的表格。CarType 表示客户申请的车型，RentDate 是租车的时间，IsAllow 属性表示该客户的申请是否得到批准。Allow()用来接受客户的请求，fillOrder()是指客户填写表格，check()用来检查是否存在这个申请，isHandled()设置该申请已被处理。

（5）WorkRecord 类是职员的工作记录。属性包括交易中涉及的员工、客户、车辆以及租赁信息。fillWorkRecord()用来填写这份记录，viewRecord()用来查看这份记录，updateRecord()

用来修改这份记录。

14.3.2　各个类之间的关系

类不是单独一个模块，各个类之间是存在联系的。汽车租赁系统各个类之间的联系如图 14-21 所示。

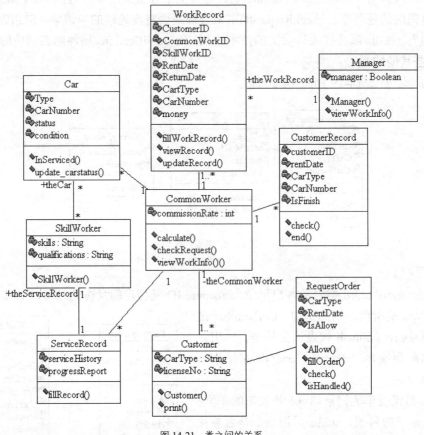

图 14-21　类之间的关系

【类图说明】

从图 14-21 中可以看出，工作人员（CommonWorker）可以查看所有客户（Customer）的租赁历史记录（CustomerRecord），可以处理几个客户的租赁申请（RequestOrder）。由于工作人员可以同时处理多个业务，那么他可以拥有多个服务记录（ServiceRecord）和工作记录（WorkRecord）。技术人员（SkillWorker）需要同时维护多辆车（Car），每辆车也需要多个人员进行维护。经理（Manager）可以查看多个职员的工作记录。

14.4　系统的配置与实现

系统的配置与实现对一个系统来说非常重要，下面介绍系统的组件图与配置图。

14.4.1 系统的组件图

汽车租赁系统建立在一个含有过去租赁记录、汽车信息、服务记录以及客户和员工信息的中央数据库上。系统组件图如图 14-22 所示,包括租赁程序、员工记录、服务记录、工作记录和汽车记录 5 个组件。

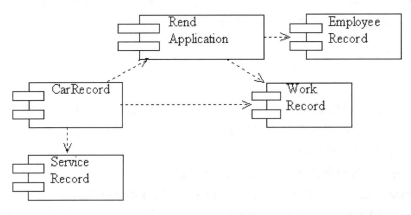

图 14-22 汽车租赁系统的组件图

14.4.2 系统的配置图

汽车租赁系统由 5 个节点构成,应用服务器负责整个系统的总体协调工作;数据库负责数据管理;前台工作人员负责处理客户请求以及进行租赁交易;管理人员管理界面主要用来对员工信息进行查询;而技术工人界面则用于技术人员查询、修改汽车的状态。系统配置图如图 14-23 所示。

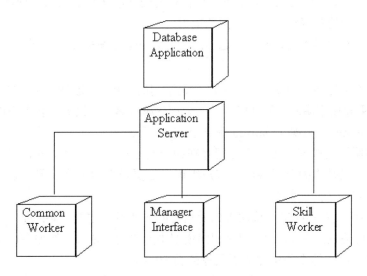

图 14-23 汽车租赁系统的配置图

附录 A 术 语

本词汇表定义了用来描述统一建模语言（UML）的术语。除了 UML 特定的术语外，还包括 OMG 标准和面向对象分析设计方法中的相关术语。

A.1 范围

本词汇表主要包括 UML 语义和 UML 记号法。另外，也包括如下一些使用到的词汇：

（1）对象管理结构的对象模型【OMA】；

（2）CORBA 2.0【CORBA】；

（3）面向对象分析与设计 RFP-1【OA&D RFP】；

（4）Rational Process（正由 Philippe Kruchten 等开发【RATLPROC】）。

【OMA】、【CORBA】和【OA&D RFP】在对 OMG 的适应程度和提供分布式对象的术语两方面对 UML 进行补充（当 OMG 的上述 3 个方面之间出现不一致时，将按照上面列出的顺序确定其权威性）。【RATLPROC】用来在提供关于体系结构和进程的术语方面对 UML 进行补充。

A.2 部分术语

1. 抽象（abstraction）

抽象是对某事物本质特征行为的描述，这种行为使其能区别于别的事物。抽象往往依赖于观察者的视角，不同的观察角度导致不同的抽象。

抽象是一种在不同层次上将同一概念的两种元素联系起来的依赖关系。

语义

抽象的依赖关系是不同抽象层次上的两个元素间的关系。一般情况下，客户元素会描述的更详细些，但如果建模不明确，可以把两个元素都建模成客户。抽象依赖关系的构造型是跟踪（trace）、精化（refine）、实现（realize）和导出（derive）。

<<trace>>声明不同模型中的元素之间存在的一些连接，一般提供者和客户处在不同的位置。例如提供者可以是类的分析视图，客户则可以是更详细的设计视图，系统分析师可以用<<trace>>来描述它们之间的关系。

<<refine>>声明具有不同语义层次上的元素之间的映射。抽象依赖中的<<trace>>是不同模型之间的纯粹历史关系，<<refine>>却是相同模型中元素间的依赖。例如在分析阶段遇到一个类 Student，在设计时，这个类细化成更具体的类 Student。

<<derive>>声明一个类可以从另一个类导出。当想要表示一个事物能从另一事物派生而来时，就使用这个依赖构造型。

表示法

抽象依赖关系用由客户元素指向提供者元素的箭头表示，一般还要附上关键字<<trace>>、<<refine>>或<<derive>>。实现用指向提供者元素的三角形虚线箭头表示。

示例

如图 A-1 所示，类 Account 包含 Transaction 列表，每个 Transaction 包含资金的 Quantity，可以计算当前的资金余额，也就是把所有 Transaction 上的资金 Quantity 相加。类 Account 具有到 Quantity 的派生关联，Quantity 在与 Account 的关联中扮演 balance 的角色。

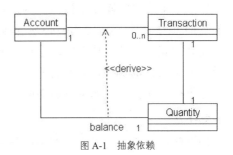

图 A-1 抽象依赖

2．抽象类（abstract class）

抽象类是可能不会被实例化的类。

语义

如果抽象类是不可被实例化的类，即它没有直接的实例，则既可能是因为它的描述是不完整的（如缺少一个或多个操作的方法），也可能是因为即使它的描述是完整的，它也不想被实例化。抽象类必须有可能含有实例的后代才能使用，一个抽象的叶类是没用的（它可以作为叶在框架中出现，但是最终它必须被说明）。

具体类可以没有抽象操作，如果某类只包含抽象操作，那该类一定是抽象类。具体操作是可以被实现一次并在所有子类中不变地使用的操作。继承的目的之一是将这些操作在抽象的超类中分解，以使得它们可以被所有的子类分享，抽象类可以有具体操作。如果一个操作在类中被声明为是抽象的，那么该操作缺少在类中的实现，且类本身也必须是抽象的，操作的实现必须由具体的后代来满足。

表示法

抽象类的名字用斜体表示。在白板或纸张上手工画 UML 草图时，很难区分是否是斜体，因此，一些人建议在这些场合可以在类名的右下角加上{abstract}标记以示区别。标准的 UML 中，关键字 abstract 一般放置在名字下面或后面的特征表中，例如 Account{abstract}。

示例

如图 A-2 所示表示了抽象类的应用。其中的文本编辑器是独立于平台的，为此定义了一个独立于平台的窗口对象类 Window，它是一个抽象类，抽象类的名字用斜体表示。类 Window 包含有两个方法的名称 toFront()和 toBack()，但是没有方法体。类 Window 本身不能有实例，但它有两个特化的子类 Windows Window 和 MAC Window，它们包含了操作 toFront()和 toBack()分别在微软的 Windows 操作平台和 Apple 的 Macintosh 操作平台上的实现。在本例中，对象类 Window

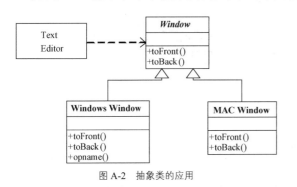

图 A-2 抽象类的应用

的作用是作为文本编辑器类 TextEditor 的一个接口。

3．抽象操作（abstract operation）

抽象操作是指该操作没有实现，即它只有说明而没有方法。抽象操作的实现必须被具体后代类补充。

语义

如果一个类中的操作是被声明为抽象的，那么该操作就只有说明而没有方法，且这个类也必须是抽象的。抽象操作的实现必须被具体后代类补充。如果一个操作在类中被声明是具体的，那么类必须满足或继承从祖先那里得到的实现，这个实现可能是一个方法或调用事件。如果类继承了一个操作的实现但是将操作声明是抽象的，那么抽象的声明就使类中被继承的方法无效。如果操作在类中根本没有被声明，那么类继承从它的祖先那里得到的操作声明和实现。

表示法

抽象操作的名字用斜体来表示，和抽象类的表示方法类似。

示例

如图 A-3 所示，抽象类 Color 具有两个操作，它们分别是抽象操作 draw 和具体操作 change，其中抽象操作用斜体字表示。

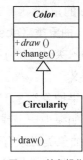

图 A-3　抽象操作

4．访问（access）

访问是一种授权依赖关系，它允许一个包引用另外一个包中的元素。

语义

<<access>>是包间的依赖关系。包用在 UML 中来分组物件。访问依赖<<access>>允许一个包访问另一个包的所有公共内容。然而包定义的命名空间是相互独立的，也就是说，当客户包中的物件要引用提供者包中的物件时，必须使用路径名。

表示法

访问依赖关系用一条虚线箭头表示，该虚线箭头从客户包指向提供者包。箭头用关键字<<access>>作为标号。

示例

如图 A-4 所示。包 package1 和包 package2 通过<<access>>依赖相互关联。<<access>>允许包 package1 中的元素访问 package2 中的公共元素，但不合并这两个包的名字空间。因此，需要在 package1 中引用类 B 时，这里必须使用类 B 的路径名。

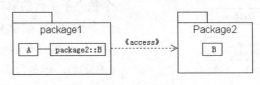

图 A-4　访问依赖

5．动作（action）

动作是定义可执行的语句或计算程序的类。

语义

动作是一个可执行的原子计算，它可以包括操作调用、另一个对象的创建或撤销、向一个对象发送信号。动作也可以是一个动作序列，即包括一序列的简单动作。动作或动作序列的执行不会被同时发生的其他动作所影响。

根据 UML 的概念，动作的执行时间是非常短的，与外界的时间相比几乎可以忽略，这里所指的时间非常短也就是说动作使得系统的反应时间不会被减少，系统中可以同时执行几个动作，但是动作的执行应该是独立的，因此在动作执行过程中不允许被中断，这点正好与活动相反，活动是可以被其他事件中断的。在某动作执行时，一般新进的事件会被安排在一个等待队列里。

动作也可以附属于转换，当转换被激发时动作被执行。它们也可以作为状态的入口动作和出口动作出现。这些动作由进入或离开状态的转换触发。所有动作都是原子的，即它们执行时完全不会被别的动作所干扰。

结构

动作包括一个目标对象集合、一个对将要被发送的信号或将要被执行的动作的引用（即请求）、一张参量值表和一个可选的用于指明迭代的递归表达式。

（1）对象集合。对象集合表达式产生一个对象的集合。在许多情况下，这个集合包含一个独立的固定的对象。给定参量表的消息复制被同时发送到集合中的每个对象，即广播到每个对象。每个目标都是独立接收和处理消息的单独的实例。如果集合是空的，那么什么都不会发生。

（2）请求。指明一个信号或声明一个操作。信号被发送到对象，操作被调用（对于具有返回值的操作，对象集合必须包含一个对象）。

（3）参量表和参量列表。当赋值的时候，参量表中的值必须与信号或操作的参数相一致。参量被作为发送或调用的一部分。

（4）再发生。一个迭代表达式，说明需要执行多少次动作，并指定迭代变量（可选）。这个表达式也可以描述一个条件动作（即进行一次或不进行）。

以下介绍几种动作。

（1）赋值动作。赋值动作将一个对象的属性值设置为给定值。该动作包含一个对目标对象的表达式、对象属性的名字和一个被分配到对象内属性槽的值的表达式。

（2）调用动作。调用动作导致一个对象上操作的发生，即该对象上操作的调用。该动作包含一个消息名、一张参量表达式的表和一个目标对象集合表达式。目标可能是一个对象集合。在这种情况下，调用同时发生并且操作不会有返回值。如果操作有了返回值，那么它必须有一个对象作为目标。调用动作是同步的。调用者再次接收控制之前要等待被调用操作的完成。如果操作被作为调用事件实现，那么调用者再次接收控制之前一直等待，直到接收者执行被调用触发的转换。如果操作的执行返回了值，那么调用者在它再次接收到控制时接受了这些值。

（3）创建动作。创建动作导致了对象的实例化和初始化。该动作包含一个对类的引用和一个可选的带有参量表的类作用域操作。动作的执行创建了一个类的新实例，其属性值从计算它们的初始值表达式中得到。如果一个明确的创建动作被给定，那么它将被执行。操作常常会用创建动作的参量值覆盖属性值的初始值。

（4）销毁动作。销毁动作导致目标对象的销毁，该动作有一个针对对象的表达式。销毁动作没有其他的参量。执行该动作的结果是销毁对象及它的所有链接及其组成部分。

（5）返回动作。返回动作导致了一个到操作调用者的控制转换。该动作只允许在被调用的操作中存在。该动作包含一个可选的返回值表，当调用者接收到控制时，该表对调用者是有效的。如果包含的操作被异步使用，那么调用者必须明确地选择返回消息（作为一个信号），否则它将会遗失。

（6）发送动作。发送动作创建了一个信号实例，并且用通过计算动作中的参量表达式得到的自变量初始化这个信号实例。信号被送到对象集合里，这些对象通过计算动作中的目标表达式而得到。每一个对象接收它自己的信号复制。发送者保持其控制线程和收益，且发送信号是异步的。该动作包含信号的名称、一张信号参量表达式表和对目标对象的对象集合表达式。

（7）如果对象集合被遗漏，那么信号被发送到由信号和系统配置决定的一个或多个对象。例如，一个异常被发送到由系统策略决定的包含作用域。

（8）终止动作。终止动作引起某种对象的销毁，这个对象拥有包含该动作的状态机，即该动作是一种"自杀"行为。其他对象会对对象的销毁事件做出反应。

（9）无解释动作。这是一种控制构造的动作。

表示法

UML 没有一种固定的动作语言，它希望建模者使用一种实际的编程语言去编写动作。下面对 OCL 的改编是为了写动作伪代码，但这并不是标准的一部分。

赋值动作：

    target: =expression

调用动作：

    object-set.operation-name（argrment list,）

创建动作：

    new class-name（argument list,）

销毁动作：

    object.destroy()

返回动作：

    return expression list,

发送动作：

    object-set.signa-name（argument list,）

终止动作：

    terminate

无解释动作：

    if（expression）then（action）else（action）

如果需要明确区别调用与发送，关键字 call 和 send 可以作为表达式的前缀，它们是可选的。

6．活动（activity）

活动是状态机内正在进行的非原子执行。

语义

活动是状态机内子结构的执行，子结构允许中断点的存在。活动并不由内部转换的激发终止，因为并没有状态的改变。内部转换的动作会明确地终止活动。

　　动作和活动的区别：活动是在状态机中一个非原子的执行，它由一系列的动作组成，动作由可执行的原子计算组成，这些计算能够使系统的状态发生变化或返回一个值。

　　活动也是一种计算，但是它可以有内部结构并且会被外部事件的转换中断，所以活动只能附属于状态中，不能附属于转换。与动作不同，虽然活动自己也能中断，但是如果外界不中断它，它可以无限期地持续下去。而动作则不能从外部中断并且可以附属于转换或状态的入口或出口，而非状态本身。

　　活动可以由嵌套状态、子机引用或活动表达式建模。

示例

　　如图 A-5 所示是一个接听电话的过程，它说明了动作和活动的区别。当事件 detect be called（侦测到被呼叫）发生时，系统激发一个转换。作为转换的一部分，动作 show number（显示来电号码）发生。它是一个动作，所以通常是原子的。当动作被执行时，没有事件会被接受。当动作被执行后，系统进入 Ringing 状态。当系统处于这个状态时，它执行 ring（振铃）活动。活动需要时间来完成，只有用户接听来电或者拒绝来电，该活动才会停止。当 finish（完成呼叫）事件发生时，转换被激发并将系统返回到 Waiting 状态。当 Ringing 状态不再是活动的，它的活动 ring 也被终止了。

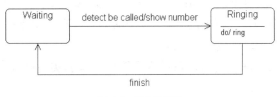

图 A-5　动作和活动

7．活动图（activity diagram）

　　活动图是 UML 中描述系统动态行为的图之一，它用于展现参与行为的类的活动或动作。

语义

　　状态机是展示状态与状态转换的图。通常一个状态机依附于一个类，并且描述这个类的实例对接受到的事物的反应。状态机有两种可视化方式，它们分别为：状态图和活动图。活动图被设计用于描述一个过程或操作的工作步骤，从这方面理解，它可以算是状态的一种扩展方式。其实质性区别在于，活动图描述的是响应内部处理的对象类的行为，状态图描述的是对象类响应事件的外部行为。活动图着重表现的是从一个活动到另一个活动的控制流，是内部处理驱动的流程。而状态图着重表现的是从一个状态到另一个状态的流程，常用于有异步事件发生的情形。

　　从一定的意义上说，活动图是一种特殊的状态图。如果在一个状态图中的大多数的状态是表示操作的活动，而转移则是由状态中的动作的完成来触发的，即全部或绝大多数的事件是内部产生的动作完成的，这就是活动图。因此，活动图的许多术语和状态图是相似的。活动图和状态图都用于为一个对象（或模型元素）的生命周期中的行为建立模型。

表示法

　　UML 中，活动图里的活动用圆角矩形表示。一个活动结束自动引发下一个活动，则两个活动之间用带箭头的连线相连接，连线的箭头指向下一个活动。活动图的起点也是用实心圆表示，终点用半实心圆表示。

示例

如图 A-6 所示，初始状态变迁到动作状态 Get mail，当该状态完成工作时，变迁到分支，该分支有两种可能的变迁。如果邮件是邮件宣传品，那么[is junk]计算为真，从而触发右边的变迁，进入状态 Bin mail，最后到终止状态。如果触发的是左边的变迁，进入 Open mail，最后到终止状态。

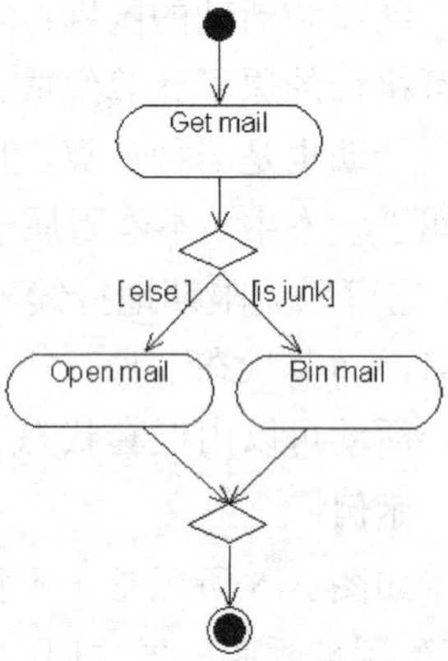

图 A-6　活动图

8．活动状态（activity state）

活动状态是具有内部计算和至少一个输出完成转换的状态。

语义

对象的活动状态可以被理解成一个组合，它的控制流由其他活动状态或动作状态组成。因此活动状态的特点是：它可以被分解成其他子活动或动作状态，它能够被中断，它占有有限的事件。动作状态可以被理解成原子的活动状态，即当它活动时不会被转换中断。动作状态可以被建模成只有一个入口动作的活动状态。

动作状态和活动状态仅仅是状态机中状态的特殊种类。当系统进入一个动作或活动状态时，系统只是简单地执行该动作或活动；当结束一个动作或活动时，控制权就传递给下一个动作或活动。因此，活动状态有点类似于速记。一个活动状态在语义上等同于在适当地方展开它的活动图，直到图中仅看到动作为止。

从程序设计的角度来理解，活动状态对应于软件对象的实现过程中的一个子过程。

表示法

动作状态和活动状态的图标没有什么区别，都是圆端的方框。只是活动状态可以有附加的部分，如可以指定入口动作、出口动作、状态动作以及内嵌状态机，如图 A-7 所示。

图 A-7　活动状态

9．参与者（actor）

参与者是系统外部的一个实体（可以是任何的事物或人），它以某种方式参与了用例的执行过程。

语义

参与者是用户作用于系统的一个角色（Role）。参与者有自己的目标，通过与系统的交互达到目标。参与者用来建立一个系统的外部用户模型，参与者直接与系统交互作用。参与者是对系统边界之外的对象的描述，在系统边界之外的是参与者。参与者对系统的交互包括信息交换（数据信息和控制信息）和与系统的协作。

参与者包括人参与者（Human Actor）和外部系统参与者（System Actor）。系统的用户是人参与者，用户通过与系统的交互，操纵系统，完成所需要的工作。参与者不一定是人，它也可以是一个外部系统，该系统与本系统相互作用，交换信息外部系统可以是软件系统，也可以是硬件设备，例如在实时监控系统中的数据采集器，自动化生产系统上的数控机床等。

在建模参与者过程中，记住以下要点。

（1）参与者对于系统而言总是外部的，因此它们在你的控制之外。

（2）参与者直接同系统交互，这可以帮助定义系统边界。

（3）参与者表示人和事物同系统发生交互时所扮演的角色，而不是特定的人或特定的事物。

（4）一个人或事物在与系统发生交互时，可以同时或不同时扮演多个角色。例如某研究生担任某教授的助教，从职业的角度看，他扮演了两个角色：学生和助教。

（5）每一个都参与者需要有一个具有业务一样的名字，在建模中，不推荐使用诸如NewActor 这样的名字。

（6）每个参与者都必须有简短的描述，从业务角度描述参与者是什么。

（7）像类一样，参与者可以具有分栏，表示参与者属性和它可接受的事件。一般情况下，这种分栏使用的并不多，很少显示在用例图中。

表示法

在图形上，参与者用人形图符表示，参与者的名字在图的下面，如图 A-8 所示。

图 A-8 参与者

10．关联（association）

关联是描述一组具有共同结构特征、行为特征、关系和语义的链接。

语义

关联是一种结构关系，它指明一个事物的对象与另一个事物的对象间的联系。也就是说，如果两事物间存在链接，这些事物的类间必定存在着关联关系，因为链接是关联的实例，就如同对象是类的实例一样。举例来说，学生在大学里学习，大学又包括许多的学院，我们可以清楚地了解在学生、学院和大学间存在着某种链接。在 UML 建模设计类图时，就可以在学生（Student）、学院（Institute）和大学（University）3 个类间之间建立关联关系。

关联可以有个名称，用于描述该关系的性质。此关联名应该是动词短语，因为它表明源对象正在目标对象上执行动作。名称也可以用一个指引阅读方向的小黑箭头，为的是消除名称含义上可能存在的歧义。但关联的名称并不是必需的，当要明确地给关联提供角色名或当一个模型存在许多关联且要对这些关联进行查阅和区别时才要给出关联名，如图 A-9 所示。

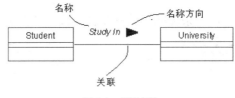

图 A-9 关联名称

对于关联可以加上一些约束，以规定关联的含义。约束的字符串括在花括号{}内。UML定义了 6 种约束可以施加在目标关联端点上，这 6 种约束分别如下。

（1）implicit：规定该关联只是概念性的，在模型的箱化中不会再用。

（2）ordered：规定一个具有多重性大于一的关联的一端对象是有序的。

（3）changeable：规定被关联的对象之间的链接（Link）是可变的，可以被任意添加、删除和改变。

（4）addonly：规定可以在任何时间从源对象添加新的链接。

（5）frozen：规定当源对象已经创建和初始化后，冻结它的链接，不能再添加、修改或删除它的链接。

（6）xor：使用了约束 xor 的关联称为 xor 关联，它代表一组关联的互斥的情况。xor 关联规定在某一时刻，对于每一个被关联的对象，只有其中的一个关联的实例是当前的关联实例。xor 约束用关联之间的虚线加"{xor}"表示。例如在图 A-10 中，对象类 Account（账户）与对象类 individual（个人）的关联、对象类 Account 与对象类 corporation（企业）

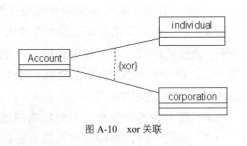

图 A-10 xor 关联

的关联之间存在约束 xor，它表示一个 Account 不是属于 individual 就是属于 corporation，二者必居其一。

11．关联类（association class）

关联类既是关联又是类。

语义

关联类有着关联和类的特性，它将多个类连接起来又有着属性和操作。可以这样理解，关联类是具有类属性的关联，或具有关联属性的类。

关联类的名称可以置于关联路径上和关联类符号中。当同时出现在这两个位置上时，关联类名称必须相同。关联类的名称可置于关联路径上，并从关联类符号中省略。这种做法一般用于具有属性、但没有操作或其他关联的关联类，它强调的是关联的关联性本质或关联在联系其他类时扮演的角色。关联类的名称还可以置于类符号中，并从关联路径上省略。这种做法一般用于具有操作或其他关联的关联类，它强调关联的类本质或者关联作为类所扮演的角色。

关联类可以有操作，这些操作可以改变连接的属性或者增加连接本身和移走它。因为关联类也是一个类，它也可以参与到关联本身。

关联类可以不把自己作为参与类中的一个（虽然有些人能够确切地找到这种递归结构的意义）。

表示法

关联类用类的符号表示，由一条虚线与关联路径连接，如图 A-11 所示。

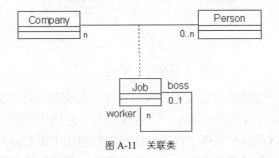

图 A-11 关联类

12．关联端点（association end）

关联包含一张有多个关联端点的有序表（也就是说这些端点是可以被区分的并且是不可替换的）。每个关联端点定义了在关联中给定位置的一个类（角色）的参与。关联端点是关联的一个结构部分，它定义了在关联中类的参与。在同一个关联中一个类可以连接到多个端点。

语义

关联端点保持一个目标类元的引用。它定义了在关联中类元的参与。每个关联端点指定了应用于对应对象的参与特性，例如在关联中一个独立的对象在链接中会出现多少次（多重性）。某些特性，如导航性只应用于二元关联，但是多数可以应用于 n 元关联。

一个关联端点有如下的特性。

聚合（aggregation）：聚合关系是一种特殊的关联关系，它表示类间的关系是整体与部分的关系。更简单地说，关联关系中一个类描述了一个较大的事物，它由较小的事物组成，这种关系就是聚合，它描述了"has-a"的关系，即整体对象拥有部分对象。

可修改性（changeability）：判定与对象有关的连接集合是否可修改，有枚举值{changeable，frozen，addOnly}。缺省情况下是 changeable。

接口说明（interface specifier）：相关对象及类元的说明类型的可选的约束（某些人称之为角色）。

多重性（multiplicity）：定义了一个类型 A 的实例在一段特定的时间里能够和多个类型 B 的实例发生关联。

导航性（navigability）：导航性表示可从源类的任何对象到目标类的一个或多个对象遍历。也就是说给定源类的一个对象，可以达到目标类的所有对象。

定序（ordering）：判定一组不相关对象是否是有序的，枚举值有{unordered，ordered}。出于设计的目的，sorted 值也可以被用到。

限定符（qualifier）：寻找与关联相关的对象的选择器的属性表。

角色名（rolename）：关联端点的名称，一个标识符字符串。该名称标识关联内对应类的特定角色。角色名在关联中以及在源类的直接和继承的伪属性（属性及类可见的其他角色名）中必须是唯一的。

目标范围（target scope）：判定链与对象或整个类是否相关，枚举值有{ instance，classifier }，缺省为 instance。

可见性（visibility）：连接是否可访问类而不能访问关联中相反的一端。可见性位于连接到目标类的一端。转换的每个方向都有它自己的可见性值。

表示法

关联路径的端点连接到对应类符号的矩形边缘上。关联端点特性表示为在路径端点上或旁边的符号，这条路径连接到一个类元符号。下面是对每个特性的符号的简要的总结。

聚集（aggregation）：位于聚集端的一个空的菱形，对于组成来说是一个实菱形。

可修改性（changeability）：目标端的文字属性{frozen}或{addOnly}，通常省略{changeable}。

接口说明（interface specifier）：角色名上的名字后缀，形式是 typename。

多重性（multiplicity）：靠近路径端点的文字标记，形式是 min..max。

导航性（navigability）：路径端点上的箭头表示了导航的方向。如果两个端点都没有箭头，就是假设关联在两个方向上都是可导航的。

定序（ordering）：靠近目标端点的文字属性{ordered}，有目标类实例的有序表。

限定符（qualifier）：路径端点和源类之间的一个小矩形。矩形内包含了一个或多个关联的属性。

角色名（rolename）：靠近目标端的一个名字标签。

目标范围（target scope）：类作用域角色名是加下划线的，除非是实例范围。

可见性（visibility）：可见性符号{+ # -}位于角色名前。

如果在一个独立的角色上有多个符号，那么从连接类的路径的一端读起。

13．属性（attribute）

类的属性描述了类的所有对象所共有的特征。

语义

类的属性是类的一个组成部分，它描述了类在软件系统中代表的事物所具备的特性。类可以有任意数目的属性，也可以没有属性。属性描述了正在建模的事物的一些特性，这些特性是所有的对象所共有的。

类的属性的选取可以参考以下原则：

（1）原则上，类的属性应能描述并区分每个特定的对象；

（2）只有与系统有关的特征才包含在类的属性中；

（3）系统建模的目的也会影响到属性的选取，因此，相同的事物在不同的系统中可能具有不同的属性。

在 UML 中类属性的语法为：

[可见性]　属性名　［：类型］　[= 初始值]　[{属性字符串}]

其中[ ]中的部分是可选的。类中的属性的可见性主要包括 public、private 和 protected 3 种，它们分别用"+"、"–"、"#"来表示。

根据定义，类的属性首先是类的一部分，并且每个属性都必须有一个名字以区别于类的其他属性，通常情况下属性名由描述所属类的特性的短名词或名词短语构成（通常以小写字母开头）。类的属性还有取值范围，因此还需为属性指定数据类型。例如布尔类型的属性可以取两个值 TRUE 和 FALSE。当一个类的属性被完备的定义后，它的任何一个对象的状态都由这些属性的特定值所决定。

14．行为（behavior）

一个操作或一个事件的可见的影响，包括结果。

15．行为特征（behavioral feature）

表示动态行为的模型元素，比如操作或方法，它可以是类元的一部分。一个类元处理一个信号的声明也是一个行为特征。

标准元素

创建（create）、销毁（destroy）和叶（leaf）。

16．调用（call）

用于激活一个操作。

语义

调用是在一个过程的执行点上激发一个操作。它将一个控制线程暂时从调用过程转换到被调用过程。调用是使用依赖关系建模的一种情况，在这个情况中一个客户类的操作（或操作本身）调用提供者类的操作（或操作本身）。它用<<call>>构造型表示。

表示法

在时序图或协作图上，调用表示成指向目标对象或类的文字消息。调用依赖关系表示从调用者指向调用类或操作的含有构造型<<call>>的虚线箭头。在编程语言中，大多数的调用可以表示成文本过程的一部分。这种类型的依赖在 UML 建模中趋于不被广泛使用，它适用于更深的建模层次。同样，现在也很少有 CASE 工具支持操作之间的依赖。

17. 规范表示法（canonical notation）

UML 定义了规范表示法，它用单色线和文字表示模型。这就是 UML 模型的标准"出版格式"，可用于印刷图。

图形编辑工具可以扩展规范表示法并且提供交互能力。交互显示减少了模棱两可的弊端。所以，UML 标准的焦点是印刷的规范形式，一个交互工具可以而且应该提供交互扩展。

18. 类（class）

类是一种重要的分类器（Classifier），分类器主要用来描述结构和行为特性的机制，它包括类、接口、数据类型、信号、组件、节点、用例和子系统。类是任何面向对象系统中最重要的构造块。

语义

类是对一组具有相同属性、操作、关系和语义的对象的描述。这些对象包括现实世界中的软件事物和硬件事物，甚至也可以包括纯粹概念性的事物，它们是类的实例。一个类可以实现一个或多个接口。结构良好的类具有清晰的边界，并成为系统中职责均衡分布的一部分。

类定义了一组有着状态和行为的对象。属性和关联用来描述状态。属性通常用没有身份的纯数据值表示，如数字和字符串。关联则用有身份的对象之间的关系表示。个体行为由操作来描述，方法是操作的实现。对象的生命期由附加给类的状态机来描述。类的表示法是一个矩形，由带有类名、属性和操作的分格框组成。

一组类可以用泛化关系和建立在其内的继承机制分享公用的状态和行为描述。泛化使更具体的类（子类）与含有几个子类共同特性的更普通的类（超类）联系起来。一个类可以有零个或多个父类（超类）和零个或多个后代（子类）。一个类从它的双亲和祖先那里继承状态和行为描述，并且定义它的后代所继承的状态和行为描述。

（1）边界类

边界类处理系统环境和系统内部之间的通信，边界类为用户或另一个系统提供了一个接口。边界类组成了系统中依赖于环境的部分，边界类用于为系统的接口建模，边界类代表了系统和系统外的一些实体之间的接口。它是系统与外界交换信息的媒介，并将系统与系统环境中的变化隔离开来。

（2）实体类

实体类是模拟必须被储存的信息和关联行为的类。实体对象是实体类的实例，被用来保存或更新关于某现象（例如某事件、某对象）的信息，它们通常是永久性的（persistent）。实体类通常是独立于它们的环境的，也就是说，实体类对于系统环境如何与系统通信是不敏感的。大多数情况下，它们是独立于应用程序的，也就是说它们可以被用于多个应用程序。实体类通常是那些系统用来完成某些责任的类。

（3）控制类

控制类是用来为特定的一个或几个用例的控制行为建模的类。控制对象是控制类的实例，它通常控制其他对象，所以控制对象的行为是协调类型的，控制类协调实现用例的规定行为所需要的事件。控制类封装了特定于用例的行为，控制类通常是依赖于应用程序的类。

（4）参数类

参数类又称为模板类，模板类定义了类族。模板包含类槽、对象槽和值槽，这些槽可以充当模板的参数。模板不能直接使用，使用前必须实例化模板类，实例化包括将这些形式的模板参数绑定到实际的参数中。

命名

类的名称是每个类所必有的构成，用于和其他类相区分。名称（name）是一个文本串，可分为简单名称和路径名称。单独的名称，即不包含冒号的字符串叫做简单名（single name）；用类所在的包的名称作为前缀的类名叫做路径名（path name），如图 A-12 所示。

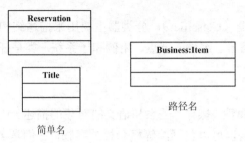

图 A-12　类的命名

类也是一个命名空间，并为嵌套类元声明建立了作用域。嵌套类元并不是类的实例的结构性部分。在类对象与嵌套类对象之间并没有数据联系。嵌套类是一个可能被外层类的方法所使用的类的声明。在类内的类声明是私有的，除非清楚的设定为可见，否则在该类的外部是不可访问的。没有可见的标识符来表示嵌套类的声明，只有在利用超级链接工具时，才有可能对它们进行访问。嵌套的名字必须用路径名来指定。

表示法

类在 UML 中由专门的图符表达，它是一个分成 3 个分隔区的长方行。其中顶端的分隔区为类的名字，中间的分隔区存放类的属性、属性的类型和值（在 UML 符号表示中给出类的初始值），第 3 个分隔区存放操作、操作的参数表和返回类型，如图 A-13 所示。

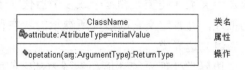

图 A-13　类的表示法

在给出类的 UML 表示时，可以根据建模的实际情况来选择隐藏属性区或操作区或者两者都隐藏。例如图 A-14 和图 A-15 所示表示了图书馆信息管理系统中借书信息类，但图 A-15 中左边类的操作的分隔区为空，这并不代表没有操作，只是因为没有显示，右边类则隐藏了属性分隔区。

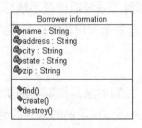

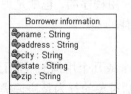

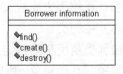

图 A-14　类　　　　　　　　　　　　　　　　　　图 A-15　类的省略表示法

类表示格式指导

① 用正常字体在类名字的上方书写构造类型。

② 用黑体字居中或者左对齐书写类名。

③ 用正常字体，左对齐书写属性和操作。

④ 用斜体字书写抽象类的名字，或者抽象操作的符号。

⑤ 在需要处表示类的属性格和操作格（在一套图中至少出现一次），在其他上下文或提及处可以隐藏它们。最好为一套图中的每个类定义一个"原始位置"（home），并在此处对类进行详细描述。在其他位置，可以使用类的最小化表示形式。

19．类图（class diagram）

类图是描述类、接口、协作以及它们之间关系的图。它是系统中静态视图的一部分，静态视图可以包括许多的类图。

语义

类图是面向对象系统建模中最常用的图，它是定义其他图的基础，在类图的基础上，状态图、协作图、组件图和配置图等可以进一步描述系统的其他方面的特性。

类图的用途如下。

（1）对系统的词汇建模

在用 UML 构建系统的开始通常是从构造系统的基本词汇开始的，用于描述系统的边界，也就是说用来决定哪些抽象是要建模系统中的一部分，哪些抽象是处于要建模系统之外。这是非常主要的一项工作，因为系统最基本的元素在这里被确定。系统分析师可以用类图描述抽象和它们的职责。

（2）对简单协作建模

现实世界中的事物大多都是相互联系、影响的，将这些事物抽象成类后，情况也是如此。所要构造软件系统中的类很少有孤立存在的，它们总是和其他类协作工作，以实现强于单个类的语义。因此，在抽象了系统词汇后，系统分析师还必须将这些词汇中对事物协作工作的方式进行可视化和详述。

（3）对逻辑数据库模式建模

在设计一个数据库时，通常使用数据库模式来描述数据库的概念设计。数据库模式建模是对数据库概念设计的蓝本。可以使用类图对这些数据库的模式进行建模。

表示法

类图是用图形方式表示静态视图。通常，为了表示一个完整的静态视图，需要几个类图。每个独立的类图不需要说明基础模型中的划分，即使是某些逻辑划分，例如包是构成该图的自然边界。

20．类名（class name）

每个类都必须有一个非空的类名，这在类的外壳（例如包或者包含类）内对于类元而言是唯一的。在实践中，类名通常用问题域中的短名词或名词词组来表示。如果类名用英文来表示，那么通常情况下，类名中每一个组成词的第一个字母应该大写，例如 Teacher、MobilePhone。

21．包（package）

包是一个用来将模型的单元分组的通用机制。可以把一个系统看作是一个单一的、高级的包。

语义

包是模型的一部分，模型的每一部分都必须属于某个包。系统建模人员可以将模型的内容分配到包中。但为了使其能工作，分配必须遵循一些合理的原则，如公共规则、紧密耦合的实现和公共观点等。UML 对如何组包并不强制使用什么规则，但是良好的解组会极大的增强模型的可维护性。

包被作为访问及配置控制机制，以便允许开发人员在互不妨碍的情况下组织大的模型并实现它们。更为特殊的是，要想能够起作用，包必须遵循一定的语意规则。因为它们是作为配置控制单元，所以应该包含那些可能发展到一起的元素。包也必须把一并编译的元素分组。如果对一个元素的改变会导致其他元素的重新编译，那这些元素也应该放到相同的包内。

每个模型元素必须包含在一个且仅一个包或别的模型元素里。否则的话，模型的维护、修改和配置控制就成为不可能的。拥有模型元素的包控制它的定义。它可以在别的包里被引用和使用，但是对这个包的改变会要求访问授权并对拥有该包的包进行更新。

UML 的扩充机制同样适用于包。可以使用标记值来增加包的新特性，用构造型来描述包的新种类。UML 定义了 5 种构造型来为其标准扩充。它们分别是：虚包（facade）、框架（framework）、桩（stub）、子系统（subsystem）和系统（system）。

虚包（facade）是包的一种扩充，它只拥有对其他包内元素的引用，自己本身不包括任何定义的模型元素。

框架（framework）是一个主要由样式（pattern）组成的包。

桩（stub）描述一个作为另一个包的公共内容代理的包。

子系统（subsystem）代表系统模型中一个独立的组成部分。子系统代表系统中一个语义内聚的元素的集合，可以用接口来指定与外界的联系和其外部行为特征。

系统（system）代表当前模型描述的整个软件系统。

表示法

包用一个矩形框来表示，矩形框的左上角带一个突出的小矩形。

可以画出包符号之间的关系以显示包中的一些元素之间的联系。特别的，包之间的依赖关系（不同于授权依赖关系，比如访问和导入）表明元素之间存在一种或多种的依赖关系。

工具可以通过选择性地显示某种可见性级别的元素，比如所有的公共元素，来说明可见性。工具也可以通过图像标记，比如颜色或字体来说明可见性。

一个包（Package）元素对外的可见性可以通过在该元素的名字前面添加可见性标志来加以说明（"+"表示公共，"–"表示私有，"#"表示被保护）。

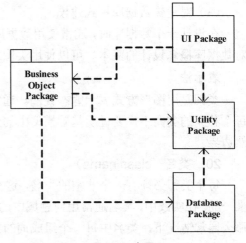

图 A-16　包图

示例

图 A-16 所示描述了一个图书馆信息系统的包图。它把整个系统分为了 4 个包，分别为 Business Object Package、Utility Package、Database

Package、UI Package。包间的依靠关系使用虚线来表示。

标准元素

访问、扩展、虚包（Facade）、框架、桩（Stub）和系统。

22．类元（classifier）

类元是模型中的离散概念，拥有身份、状态、行为和关系。有几种类元包括类、接口和数据类型。其他几种类元是行为概念、环境事物、执行结构的具体化。这些类元中包括用例、参与者、组件、节点和子系统。

类是最常见的类元。虽然每种类元都有各自的元模型为代表，但是它们都可以按照类的概念来理解，只是在内容和使用上有某些特殊限制。类的大多数特性都适用于类元，通常只是为每种类元增加了某些特殊限制条件。

标准元素

枚举（enumeration）、位置（location）、元类（metaclass）、持久性（persistence）、强类型（powertype）、进程（process）、语义（semantics）、构造型（stereotype）、线程（thread）、效用（utility）。

23．静态视图（static view）

静态视图用于对应用领域中的概念以及系统实现有关的内部概念建模，它将行为实体描述成离散的模型元素，但不描述与时间有关的系统行为。静态视图包含类元和它们相互之间的联系：关联、泛化、依赖和实现。有时它也被称为类视图。

语义

静态视图是 UML 的基础。模型中静态视图的元素是应用中有意义的概念，这些概念包括真实世界中的概念、抽象的概念、实现方面的概念和计算机领域的概念，即系统中的各种概念。静态视图显示了系统的静态结构，特别是存在事物的种类（例如类或者类型），它们的内部结构，相互之间的联系。尽管静态视图可能包含具有或者描述暂时行为的事物的具体发生，但静态视图不显示暂时性的信息。

静态视图说明了对象的结构。一个面向对象的系统使数据结构和行为特征统一到一个独立的对象结构中。静态视图包括所有的传统数据结构思想，同时也包括了数据操作的组织。数据和操作都可量化为类。根据面向对象的观点，数据和行为是紧密相关的。

静态视图将行为实体描述成离散的模型元素，但是不包括它们动态行为的细节。静态视图将这些行为实体看作是将被类所指定、拥有并使用的物体。这些实体的动态行为由描述它们内部行为细节的其他视图来描述，包括交互视图和状态机视图。动态视图要求静态视图描述动态交互的事物——如果不首先说清楚什么是交互作用，就无法说清楚交互作用是怎样进行的。静态视图是建立其他视图的基础。

静态视图中的关键元素是类元及它们之间的关系。类元是描述事物的建模元素。有几种类元，包括类、接口和数据类型。包括用例和信号在内的其他类元具体化了行为方面的事物。实现目的位于子系统、组件和节点这几种类元之后。

类元之间的关系有关联、泛化及各种不同的依赖关系，包括实现和使用关系。

24．协作（collaboration）

协作定义了对某些服务有意义的一组参加者和它们的联系，这些参加者定义了交互中的对象所扮演的角色。在协作中规定了它的上下文和交互。从系统的外部可以把协作作为一个单独的文体。

语义

协作描述了在一定的语境中一组对象以及用以实现某些行为的这些对象间的相互作用。它描述了为实现某种目的而相互合作的"对象社会"。协作中有在运行时被对象和连接占用的槽。协作槽也叫做角色，因为它描述了协作中的对象或连接的目的。类元角色表示参与协作执行的对象的描述；关联角色表示参与协作执行的关联的描述。类元角色是在协作中被部分约束的类元；关联角色是在协作中被部分约束的关联。协作中的类元角色与关联角色之间的关系只在特定的语境中才有意义。通常，同样的关系不适用于协作外的潜在的类元和关联。

一个协作有两个方面：结构和行为。在结构方面，协作可以包含任意的分类符的组合，如类、接口、组件、节点，以及它们的联系等。但是，一个协作并不拥有参与协作的这些模型元素，而只是引用它们。协作只是一种概念性的结构块，而不是系统的一个物理性的结构块，在这一点上协作与包、子系统是不同的。在行为方面，一个协作规定了参与协作的模型元素相互交互的动态行为。

当在系统分析中建立了系统的 Use Case 模型后，需要进一步把它映射为设计模型，即需要实现这些 Use Case，则要描述每一个 Use Case 的具体结构和行为，这就要使用协作。一个 Use Case 可以用一个或多个协作实现。协作本身则用协作图、时序图、类图或对象图分别展开表示。

参数化协作（Parameterized Collaboration）定义一个协作家族，家族中的协作有共同的形式，但是参与协作的对象类等模型元素是不同的。参数化协作又称为方案（Pattern）或模板协作（Template Collaboration）。

参数化协作中的参数代表参与协作的角色。把一个参数化协作中的参数绑定到具体的模型元素，就产生一个实例协作。一个参数化协作可以生成多个实例协作。

表示法

参数化协作的图形表示是在一个虚线椭圆的右上角嵌一个虚线矩形，在虚线椭圆中有参数化协作的名字，还可以包含表达协作结构的类及其联系，在虚线矩形中列出参数名。

示例

如图 A-17 所示表示一个"商品经销"参数化协作，它有参数"顾客"、"供应商"、"提供"和"商品批次"。在图中给出了由参与协作的角色"顾客"、"供应商"、"提供"和"商品批次"所构成的协作的结构。

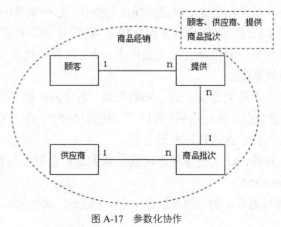

图 A-17　参数化协作

25. 协作图（Collaboration diagram）

协作图是一种类图，它包含类元角色和关联角色，而不仅仅是类元和关联。协作图强调参加交互的各对象的组织。协作图只对相互间有交互作用的对象和这些对象间的关系建模，而忽略了其他对象和关联。

语义

协作图是表示角色间交互的视图，也就是协作中的实例及其链。在形成协作图时，首先将参与交互作用的对象放在图中，然后连接这些对象，并用对象发送和接收的消息来修饰这些连接。协作图描述了两个方面的内容：第一是对交互作用的对象的静态结构的描述，包括相关的对象的关系、属性和操作，这也就是对协作所提供的语境建模；第二是为完成工作在对象间交换的消息的时间顺序的描述。

时序图和协作图都可用于对系统的动态方面的建模，而协作图更强调参加交互的各对象的组织。以下是协作图有别于时序图的两点特性。

（1）协作图有路径

为了说明一个对象如何与另一个对象链接，可以在链的末路上附上一个路径构造型。例如构造型<<local>>，它表示指定对象对发送者而言是局部的。

（2）协作图有顺序号

为了描述交互过程中消息的时间顺序，需要给消息添加顺序号。顺序号是消息的一个数字前缀，它是一个整数，由 1 开始递增，每个消息都必须有唯一的顺序号。可以通过点表示法代表控制的嵌套关系，也就是说在激活期 1 中，消息 1.1 是嵌套在消息 1 中的第 1 个消息，它在消息 1.2 之前，消息 1.2 是嵌套在消息 1 中的第 2 个消息，它在消息 1.3 之前。嵌套可以有任意深度。与时序图相比，协作图能显示更为复杂的分支。

协作图中包括如下元素：类角色（class role）、关联角色（association role）和消息流（message flow）。

类角色代表协作图中对象在交互中所扮演的角色。

关联角色代表协作图中链接在交互中所扮演的角色。

消息流代表协作图中对象间通过链接发送的消息。

表示法

UML 中，交互图中的对象用矩形表示，矩形内是此对象的名字，链接用对象间相连的直线表示，连线可以有名字，它标于表示链接的直线上。如果对象间的链接有消息传递，则把消息的图标沿直线方向绘制，消息的箭头指向接受消息的对象，消息上保留对应时序图的消息顺序号。

示例

如图 A-18 所示是订单购物的协作图。

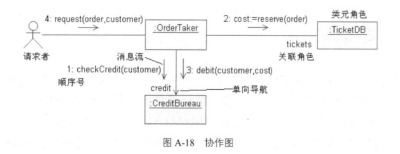

图 A-18 协作图

26．组合（combination）

组合是对不同类或包进行性质相似的融合。

语义

组合描述符的其他两种方法是使用扩展和包含关系。（泛化本来也可以列在该条目下，但是由于其特殊的重要性，所以将它作为独立的基本关系）。

表示法

组合用带有构造类型关键字的虚线箭头表示。

27．注释（comment）

注释是一个图框内的文字说明，它不对模型元素的语义产生影响。注释没有直接的语义，但是它可以表示对于建模者或工具有意义的语义信息或者其他信息。

语义

在机械制图和电子线路图中，注解是大量存在的，设计者用这些注解说明、表示产品的工艺要求。

在 UML 中，注释用来描述施加于一个或多个模型元素的限制或对模型元素的语义加以说明。注释包含文本字符串，如果工具允许，也可以带有嵌入的文件。注释可以附在模型元素，或者元素集上。

表示法

注释在 UML 模型图中用折了右上角的长方形表示，并且用虚线与被注释的一个或几个元素相连，如图 A-19 所示。在此长方形中写注释的内容，注释的内容可以是形式或非形式化的文本，也可以是图形。

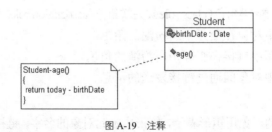

图 A-19　注释

工具可以使用其他的形式来表示或者导航注释信息，例如弹出式备注、特殊字体等。

标准元素

需求（requirement），职责（responsibility）。

28．组件（构件，component）

组件是定义开发时和运行时的物理对象的类。组件是系统中可替换的物理部件，它包装了实现而且遵从并统一提供一组接口的实现。

语义

组件是定义了良好接口的物理实现单元，它是系统中可替换的部分。每个组件体现了系统设计中特定类的实现。良好定义的组件不直接依赖于其他组件而依赖于组件所支持的接口。在这种情况下，系统中的一个组件可以被支持正确接口的其他组件所替代。

组件具有它们支持的接口和需要从其他组件得到的接口。接口是被软件或硬件所支持的一个操作集。通过使用命名的接口，可以避免在系统的各个组件之间直接发生依赖关系，有利于新组件的替换。组件视图展示了组件间相互依赖的网络结构。组件视图可以表示成两种形式，一种是含有依赖关系的可用组件（组件库）的集合，它是构造系统的物理组织单元。它也可以表示为一个配置好的系统，用来建造它的组件已被选出。在这种形式中，每个组件与给它提供服务的其他组件连接，这些连接必须与组件的接口要求相符合。

常见的组件有系统的配置组件，如 COM+组件、Java Beans 等。组件也可以是软件开发过程中的产物，如软件代码（源码、二进制码和执行码）等。

按照组件的作用可以把组件分为以下 3 种。

配置组件（Deployment Component）是构成一个可执行的系统的必需的组件，如动态链接库（DLL）、执行程序（EXE）等。UML 的组件可以表达典型的对象模型，如 COM+、CORBA、Java Beans、Web 页和数据库库表等内容。

工作产品组件（Work Product Component）是在软件开发阶段使用的组件，它们包括源程序文件、数据文件等。这些组件并不直接构成可执行系统，它们是系统开发过程中的产品，配置组件是根据工作产品组件建立的。

执行组件（Execution Component）是执行系统的部件，如 COM+的一个对象，它是一个动态链接库（DLL）的实例。

UML 的所有扩展机制都可以用于组件。例如，可以在组件上加上标记值，描述组件的性质。使用构造型规定组件的种类。UML 定义了以下 5 个用于组件的标准构造型。

构造型<<executable>>说明一个组件在系统的节点上执行。

构造型<<library>>说明一个组件是一个静态的或动态的对象库。

构造型<<table>>说明一个组件代表的是一个数据库表。

构造型<<file>>说明一个组件代表的是一个文档，它包含的是源代码或数据。

构造型<<document>>说明一个组件代表的是一个文档。

表示法

在 UML 中，图形上组件使用左侧带有两个突出的小矩形的矩形表示。

组件的名字位于组件图标的内部，组件名是一个文本串（如图 A-20 左边图标所示）。如果组件被某包所包含，可以在它的组件名前加上它所在包的名字（如图 A-20 中间图标所示），Reservation.java 组件是属于事务包（Business）的。图 A-20 右边的图标还增加了一些表达组件的细节信息，它在图标中添加了实施该组件所需要的类。

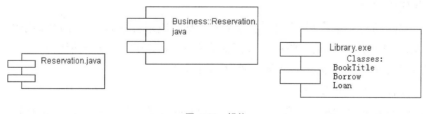

图 A-20　组件

下列扩展定义说明了设立组件的意图，以及确定系统的一个部分是否被作为有意义组件的考虑。

① 组件是重要的，在功能和概念上都比一个类或者一行代码强。典型的，组件拥有类的

一个合作的结构和行为。

② 一个组件基本独立于其他组件，但是很少独立存在。一个给定组件与其他组件协作完成某种功能，为了完成这项功能，组件假设了一个结构化的上下文。

③ 组件是系统中可以替换的部分。它的可替换性使得可以用满足相同接口的其他组件进行替换。替换或者插入组件来形成一个运行系统的机制一般对组件的使用者是透明的。对象模型不需要多少转换就可使用或利用某些工具自动实现该机制。

④ 组件完成明确的功能，在逻辑上和物理上有粘聚性，因此它表示一个更大系统中一段有意义的结构和/或行为块。

⑤ 组件存在于具有良好定义结构的上下文中。它是系统设计和组建的基石。这种定义是递归的，在某种层次上抽象的系统仅是更高层次抽象上的组件。

⑥ 组件不会单独存在，每一个组件都预示了它将处于的结构和/或技术的上下文。

⑦ 一个组件符合一系列接口。符合一个接口的组件满足接口指定的约定，在接口适用的所有上下文中都可替换。

标准元素

文档（document）、可执行（executable）、文件（file）、库（library）、位置（location）、表（table）。

29．组件图（component diagram）

组件图描述软件组件以及组件之间的关系，组件本身是代码的物理模块，组件图则显示了代码的结构。

语义

组件图由组件、接口和组件之间的联系构成，其中的组件可以是源码、二进制码或可执行程序。组件图表示系统中的不同物理部件及其联系，它表达的是系统代码本身的结构。

组件图只有型（type）的形式，没有实例形式。为了显示组件的实例需要使用配置图。

一个包含了组件型和节点型的组件图用于表示系统的静态依赖关系，例如程序间的编译依赖，它用虚线箭头从一个客户组件（Client Component）指向供应者组件（Supplier Component）。依赖的种类则是由实现决定的，可用依赖的构造型表示。

组件图中可以包括包和子系统，它们可以将系统中的模型元素组织成更大的组块。有时，当系统有需要可视化一个基于组件的实例时，还需要在组件图中加入实例。

在对系统的静态实现视图建模时，通常将按下列 4 种方式之一来使用组件图。

（1）对源代码建模

当前大多数面向对象编程语言，使用集成化开发环境来分割代码，并将源代码存储到文件中。如果用 Java 语言开发系统，要将源代码储存在.java 文件中。如果使用 C++开发系统，要将源代码存储在头文件（.h 文件）和体文件（.cpp 文件）中。

（2）对可执行体的发布建模

当用组件图对发布建模时，其实是在对构成软件的物理部分所做的决策进行可视化、详述、文档化。用组件图来可视化、详述、构造和文档化可执行体的发布配置，包括形成每个发布的实施组件以及这些组件间的关系。

（3）对物理数据库建模

可以把物理数据库看作模式（schema）的具体实现。可以用组件图表示这些以及其他种类的物理数据库。组件可以有属性，所以对物理数据库建模常用的做法是用这些属性来指定每个表的列。组件也可以有操作，这些操作可以用来表示存储的过程。

（4）对可适应的系统建模

某些系统是相对静态的，其组件进入现场，参与执行，然后离开。另一些系统则是较为动态的，其中包括一些活动代理或者为了负载均衡和故障恢复而进行迁移的组件。可以将组件图与对行为建模的 UML 的一些图结合起来表示这类系统；

在实际建模过程中，读者可以参照以下步骤进行：对系统中的组件建模；定义相应组件提供的接口；对它们间的关系建模；对建模的结果进行精化和细化。

表示法

可以用包含组件类元和节点类元的图来表示编译依赖关系，这种依赖关系用带箭头的虚线表示，箭头从用户组件指向它所依赖的服务组件。依赖关系的类型是用语言说明的，可作为依赖关系的构造型显示。

图还可以用于表示组件之间的接口和调用关系。虚线箭头从一个组件指向其他组件上的接口。

示例

组件图表示了组件之间的依赖关系（如图 A-21 所示）。每个组件实现（支持）一些接口，并使用另一些接口。如果组件间的依赖关系与接口有关，那么组件可以被具有同样接口的其他组件替代。

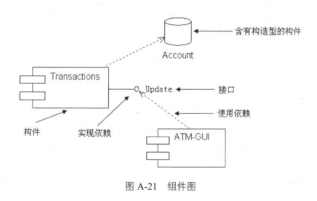

图 A-21　组件图

30．复合状态（composite state）

复合状态是指包含一个或多个嵌套状态机的状态，也称为子状态机。

语义

复合状态由状态和子状态组成。对这些状态而言，复合状态是超状态，每个子状态是所属超状态的全部迁移。

每个子状态本身可能就是复合状态。显然，应该对嵌套个数有所限制。为了系统建模结构的清晰，一般情况下，嵌套级数不超过二级或三级。如果超状态只含有一个嵌套状态机，那么它就是顺序复合状态。如果超状态含有两个或多个状态机，这些状态机将并发执行，这个超状态被称为并发复合状态。

表示法

组成状态是包含从属细节的状态。它带有名字分格、内部转换分格和图形分格。图形分格中有用于表示细节的嵌套图。所有的分格都是可选的。为了方便起见，文本分格（名称分格和内部转换分格）可以缩略为图形分格内的制表符，而无需水平延伸它。

将图形分格用虚线分成子区域，表示将并发组成状态分为并发子状态。每个子区域代表一个并列子状态，它的名字是可选的，但必须包括带有互斥的子状态的嵌套状态图。用实线将整个状态的文字分格与并发子状态分格分开。

在图形分格中，用嵌套的状态表图表示将状态扩展为互斥的子状态。

初始状态用小实心圆表示。在顶层状态机中，源自初始状态的转换上可能标有创建对象的事件，否则转换必须是不带标签的。如果没有标签，则它代表所有到封装状态的转换。初始转换可以有一个动作。初始状态是一个符号设备，对象可以不处于这种状态中，但必须转换到实际的状态中。

终态用外面套了圆环的实心圆表示。它表示封装状态中的活动完成。它触发标有隐含的完成事件活动的封装状态上的转换（通常为无标签转换）。

示例

如图 A-22 所示表示包含两个互斥子状态的顺序组成状态，一个初始状态和一个终态。当组成状态为活动时，子状态 Start（初始状态的目标状态）首先变为活动的。

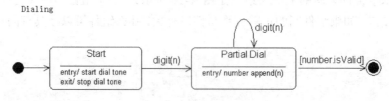

图 A-22　顺序组成状态

图 A-23 所示表示带有 3 个正交状态的并发组成状态。每个并发子状态又进一步分为顺序子状态。当组成状态 Incomplete 成为活动状态时，初始状态的目标状态成为活动的。当 3 个子状态都达到终态后，外部组成状态的完成转换被触发，Passed 成为活动状态。如果在 Incomplete 为活动状态时发生 Fail 事件，则所有的 3 个并发子状态结束，Failed 成为活动状态。

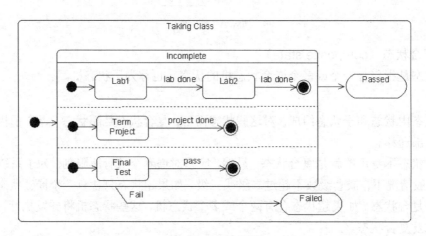

图 A-23　并发组成状态

31．并发（concurrency）

在同一时间间隔内，两个或两个以上的活动的执行。每个活动对象具有自身的控制线程，并不隐含的要求这些活动同步。通常，除了明确的同步点之外，它们的活动是相互独立的，可以通过插入或者同时执行多个线程来实现并发。

32．并发子状态（concurrency substate）

一个可以与同一个组成状态中的其他子状态同时存在的子状态。

33．约束（constraint）

约束是一种为模型元素指定必须为真的语义或条件机制。UML 预定义了某些约束，其他可以由建模者自行定义。

语义

约束是 UML 3 种扩展机制之一，另外两种是标记值和构造型。需要一提的是，UML 的扩展机制是违反 UML 的标准形式的，并且使用它们会导致相互影响。在使用扩展机制之前，建模者应该仔细权衡它的好处和代价，特别是当现有机制能够合理工作时。典型的，扩展用于特定的应用域或编程环境，但是它们导致了 UML 方言的出现，包括所有方言的一些优点和缺点。

在 UML 中，约束用来扩展 UML 建模的语义，以便增加新的规则或修改已经存在的规则。在 UML 中，每一个建模元素都有明确的语义。语义规定了建模元素为软件系统建模的规则。如果在建模时，有些特定的规则不包含在现有的 UML 语义中，就可以使用约束对建模元素的现有建模规则进行扩展。约束为对应的建模元素规定了一个条件，对于一个完备的模型而言，此建模对象必须使该条件被满足。

表示法

约束是用文字表达式表达的语义限制。每个表达式有一种隐含的解释语言，这种语言可以是正式的数学符号，如集合论表示法；或是一种基于计算机的约束语言，如 OCL；或是一种编程语言，如 Java；或是伪代码或非正式的自然语言。当然，如果这种语言是非正式的，那么它的解释也是非正式的，并且要由人来解释。即使约束由一种正式语言来表示，也不意味着它自动为有效约束。

约束可以表示不能用 UML 表示法来表示的约束关系。当陈述全局条件或影响许多元素的条件时约束特别有用。

在 UML 中，约束被图形化为一个文本串，此文本串被括在一对大括号内，并被放置在被约束的建模元素附近。

对于简单图形符号（例如类或者关联路径）：约束字符串可以标在图形符号边上，如果图形符号有名字，就标在名字边上。

对于两个图形符号（例如两个类或两个关联）：约束用虚线箭头表示。箭头从一个元素连向另一个，并带有约束字符串（在大括号内）。箭头的方向与约束的信息相关。

对于 3 个或更多的图形符号：约束用注释符号表示，并用虚线与各个图形符号相连。这种表示法适用于其他情况。对 3 个或更多的同类路径（例如泛化路径或者关联路径），约束标在穿过所有路径的虚线上。为避免混淆，不同的连线可以标号或加标签，从而建立它们与约束之间的对应关系，如图 A-24 所示。

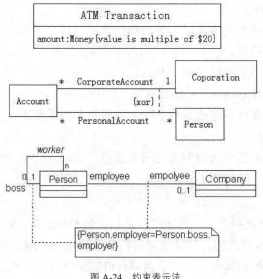

图 A-24　约束表示法

标准元素

不变量（invariant），后置条件（postcondition），前置条件（precondition）。

34．数据类型（data type）

没有标识符的一组值的描述符（独立存在，可能有副作用）。数据类型包括原始预定义的类型和用户自定义的类型。原始类型有数字、字符串、乘方。

语义

数据类型是用户可定义类型所需的预定义的基础。它们的语义是在语言结构之外用数字定义的。数字是预定义的，包括实数和整数。字符串也是预定义的。这些类型是用户不可定义的。

数据类型的值没有标记，如基本类型 int、float 和 char，系统开发人员可以在诸如 C++和 Java 等语义中找到它们。例如，int 的所有实例具有值 5，并且完全相同、相互无法区分。纯面向对象语言，例如 Smalltalk 没有数据类型。

35．数据值（data value）

数据值是数据类型的实例，是不带标识符的值。

语义

数据只是一个数学域的号码，一个纯数值。因为数据值没有标识符，两个表示法相同的数据值是无法区分的。在程序设计语言中，数据值使用值传递。用引用传递数据值是没有意义的，变换数据值也是没有意义的，它的值是永远不变的。实际上，数据值就是值本身。通常所说的变换数据值，是指变换一个有数据值的变量的内容，使其带有新的数据值。而数据值本身是不变的。

36．默认值（default value）

作为某些程序设计语言或者工具的一部分而自动提供的值。元素属性的默认值不是 UML 语义的组成部分，在模型中不出现。

37．依赖（dependency）

依赖是两个（或两组）模型元素间的语义联系，依赖双方某一个模型元素的变化必影响到另一个模型元素。

语义

依赖表示两个或多个模型元素之间语义上的关系。它只将模型元素本身连接起来而不需要用一组实例来表达它的意思。它表示了这样一种情形，提供者的某些变化会要求或指示依赖关系中客户的变化。根据这个定义，关联和泛化都是依赖关系，但是它们有更特别的语义，故它们有自己的名字和详细的语义。

UML 定义了 4 种基本依赖类型。它们分别是使用（Usage）依赖、抽象（Abstraction）依赖、授权（Permission）依赖和绑定（Binding）依赖。在定义依赖关系时，要用到两个概念：客户和提供者。客户是指依赖关系起始的模型元素，提供者是指依赖关系箭头所指的模型元素。

（1）使用依赖

所有的使用依赖都是非常直接的，它通常表示客户使用有提供者提供的服务，以实现它的行为。以下给出 5 种使用依赖定义的应用于依赖关系的原型。

<<use>>依赖是类间最常用的依赖。它声明使用一个模型元素需要用到已存在的另一个模型元素，这样才能正确实现使用者的功能（包括了调用、实例化、参数和发送）。

<<call>>是操作间的依赖，它声明了一个类调用其他类的操作的方法。这种类型的依赖在 UML 建模中趋于不被广泛使用，它适用于更深的建模层次。同样，现在也很少有 CASE 工具支持操作之间的依赖。

<<parameter>>是操作和类之间的依赖，它描述的是一个操作和它的参数之间的关系。同样，这种依赖方式在实际中也较少被使用。

<<send>>描述的是信号发送者和信号接收者之间的关系，它规定客户把信号发送到非指定的目标。

<<instantiate>>是关于一个类的方法创建了另一个类的实例声明，它规定客户创建目标元素的实例。

（2）抽象依赖

抽象依赖建模表示客户和提供者之间的关系，它依赖于在不同抽象层次上的物件。以下给出 3 种抽象依赖定义的应用于依赖关系的原型。

<<trace>>声明不同模型中的元素之间存在的一些连接。例如提供者可以是类的分析视图，客户则可以是更详细的设计视图，系统分析师可以用<<trace>>来描述它们之间的关系。

<<refine>>声明具有不同语义层次上的元素之间的映射。抽象依赖中的<<trace>>可以用来描述不同模型中的元素间的连接关系，<<refine>>则用于相同模型中元素间的依赖。例如在分析阶段遇到一个类 Student，在设计时，这个类细化成更具体的类 Student。

<<derive>>声明一个类可以从另一个类导出。当想要表示一个事物能从另一事物派生而来时就使用这个依赖构造型。

（3）授权依赖

授权依赖表达一个事物访问另一个事物的能力。提供者可以规定客户的权限，这是提供者控制和限制对其内容访问的方法。以下给出 3 种授权依赖定义的应用于依赖关系的原型。

<<access>>是包间的依赖，它描述允许一个包访问另一个包的内容。<<access>>允许一个包（客户）引用另一个包（提供者）内的元素，但客户包必须使用路径名称。

<<import>>是与<<access>>概念相似的依赖，它允许一个包访问另一个包的内容并为被访

问包的组成部分增加别名。<<import>>将提供者的命名空间整合到客户的命名空间中，但当客户包中的元素与提供者的元素同名时会产生冲突。在这种情况下，可以使用路径名或增加别名来解决冲突。

<<friend>>允许一个元素访问另一个元素，不管被访问的元素是否可见，这大大的便利了客户类访问提供者的私有成员。但并不是所有的计算机语言都支持<<friend>>依赖，C++允许类间的<<friend>>依赖，而 Java 和 C＃则不支持。

（4）绑定依赖

绑定依赖是较高级的依赖类型，它用于绑定模板以创建新的模型元素。

<<bind>>规定了客户用给定的实际参数实例化提供者模板。

表示法

依赖用一个从客户指向提供者的虚线箭头表示，用一个构造型的关键字来区分它的种类。箭尾处的模型元素（客户）依赖于箭头处的模型元素（服务者），如图 A-25 所示。

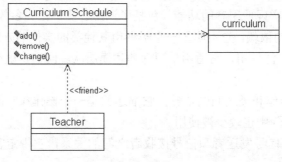

图 A-25　依赖

有几种其他的关系也使用有关键字的虚线箭头表示，但它们不是依赖关系。这些元素有流（成为和复制）、组合（扩展和包含）、约束和注释。如果注释或者约束是元素之一，可以省略箭头，因为约束或者注释总是在箭尾处。

图 A-25 所示表示一个教学管理系统的对象类 Curriculum（课程）与对象类 Curriculum Schedule（课表）之间、对象类 Curriculum Schedule 与对象类 Teahcher（教师）之间的依赖联系，其中类 Curriculum 是独立的提供者，类 Curriculum Schedule 是依赖于类 Curriculum 的客户。Curriculum Schedule 的操作 add、remove 和 change 都使用了 Curriculum，在这里类 Curriculum 是这两个操作的参数的类型，这是使用依赖的最常见的情况。一旦 Curriculum 发生改变，Curriculum Schedule 必定也随之改变。

在类 Curriculum Schedule 与类 Teahcher 之间的依赖有一个构造型<<friend>>，说明它们之间不是使用关系，而是友元关系，正如 C++语言中的友元那样。

标准元素

成为（become）、绑定（bind）、调用（call）、复制（copy）、创建（create）、派生（derive）、扩展（extend）、包含（include）、导入（import）、友元（friend）、～的实例（instanceOf）、实例化（instantiate）、强类型（powertype）、发送（send）、跟踪（trace）、使用（use）。

38．配置（deployment）

描述现实世界环境运行系统的配置的开发步骤。在这一步骤中，必须决定配置参数、实现、资源配置、分布性和并行性。

39.配置图（deployment diagram）

配置图描述系统硬件的物理拓扑结构以及在此结构上执行的软件。配置图可以显示计算结点的拓扑结构和通信路径、结点上运行的软件组件、软件组件包含的逻辑单元（对象、类）等。配置图常常用于帮助理解分布式系统。

语义

配置图是对面向对象系统的物理方面建模时使用的两种图之一，另一种图是组件图。配置图显示了运行软件系统的物理硬件，以及如何将软件配置到硬件上。也就是说，这些图描述了执行处理过程中系统资源元素的配置情况以及软件到这些资源元素的映射。

配置图中可以包括包和子系统，它们可以将系统中的模型元素组织成更大的组块。有时，当系统有需要可视化硬件拓扑结构的一个实例时，还需要在配置图中加入实例。配置图中还可以包含组件，这些组件都必须存在于配置图中的节点上。

配置图有描述符形式和实例形式。实例形式（前文已经介绍过）表现了作为系统结构的一部分的具体节点上的具体组件实例的位置，这是配置图的常见形式。描述符形式说明哪种组件可以存在于哪种节点上，哪些节点可以被连接，类似于类图。

配置图描述了运行系统的硬件拓扑。在实际使用中，配置图常被用于模拟系统的静态配置视图。系统的静态配置视图主要包括构成物理系统的组成部分的分布和安装。

表示法

配置图是节点符号与表示通信的路径构成的网状图（如图 A-26 所示）。节点符号可以带有组件实例，说明组件存在或运行于该节点上。组件符号可以带有对象，说明对象是组件的一部分。组件之间用虚线箭头相连（可能穿过接口），说明一个组件使用了另一个组件的服务。必要时可以用构造类型说明依赖关系。

配置图类似于对象图，通常用于表示系统中的各个节点的实例。很少用配置图定义节点的种类和节点之间的关系。

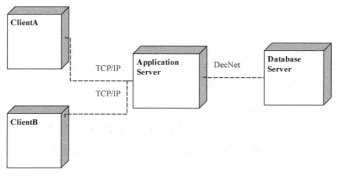

图 A-26 配置图

40.配置视图（deployment view）

建模把组件物理地配置到一组物理的、可计算的节点上，如计算机和外设上，它允许开发人员建模横跨分布式系统节点上的组件的分布。

配置视图描述了系统的拓扑结构、分布、移交和安装。

41．派生（derivation）

两个元素间的一种关系，可从一个元素计算出另一个元素。派生可建模成一个带有关键字 derive 的抽象依赖的构造型。

42．设计（design）

系统的一个阶段，它从逻辑层次说明系统将如何实现。在设计中，系统开发人员需要确定如何满足功能需求和质量要求。这一步的成果体现为设计层模型，特别是静态视图、状态机图和交互视图。

43．设计时间（design time）

设计时间是指在软件开发过程的设计活动中出现的情况。

44．开发过程（development process）

开发过程是软件系统的创建、提交和维护等相关活动的组织方式。

UML 是一种建模语言，而不是过程。它的目的是描述模型，而该模型可以用不同的开发过程实现。为了标准化，描述开发工作的结果比解释开发过程更为重要。

从根本上讲，一个软件开发过程的描述应该包括从需求分析一直到软件提交的全过程。除此之外，一个完整的开发过程还涉及软件产品化相关的更广泛的方面。例如软件产品的生命周期、文档的生成和管理、技术支持和培训、各个系统开发工作小组之间的并行工作和相互协作等。

图 A-27 所示表示了在后继步骤和迭代过程中的着重程度的对比。在初期，主要着重于分析；在加工中建立面向设计和实现的元素过程模型；在构造和转变中完成所有元素。

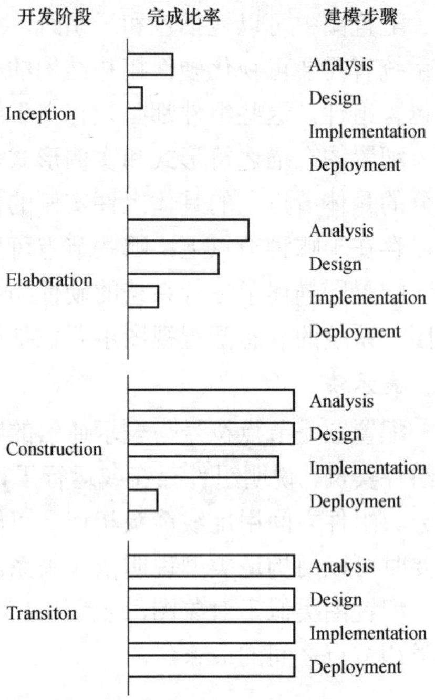

图 A-27　开发阶段后的进展

45．分布单元（distribution unit）

定位于一个操作系统进程或者处理器中成组存在的一些对象或组件，可以表现为运行时的组成或者聚集。它是配置视图中的一个设计概念。

46．动态视图（dynamic view）

动态模型描述了系统随时间变化的行为，这些行为是用从静态视图中抽取的系统的瞬间值的变化来描述的。UML 的动态视图由状态机视图、活动视图和交互视图组成。

语义

在 UML 的表现上，动态模型主要是建立系统的交互图和行为图。其中交互图包括时序图和协作图；行为图则包括状态图和活动图。

时序图用来显示对象之间的关系，并强调对象之间消息的时间顺序，同时显示对象之间的交互；协作图主要用来描述对象间的交互关系；状态图通过对类对象的生存周期建立模型来描述对象随时间变化的动态行为；活动图是一种特殊形式的状态机，用于对计算流程和工作流程建模。一个完整的动态视图包括这 4 种图，每种图分别描述对象之间动态关系的一个侧面。

47．元素（element）

组成模型的原子。此处所说的是可以用于 UML 模型的元素——即表达语义信息的模型元素以及用图形表示模型元素的表达元素。

语义

元素的意义相当广泛，没有什么具体的语义。

48．入口动作（entry action）

入口动作是在状态被激活的时候执行的动作，在活动状态机中，动作状态所对应的动作就是此状态的入口动作。

语义

入口动作通常用来进行状态所需要的内部初始化。因为不能回避一个入口动作，任何状态内的动作在执行前都可以假定状态的初始化工作已经完成，不需要考虑如何进入这个状态。

出口动作可以处理这种情况以使对象的状态保持前后一致。入口动作和出口动作原则上依附于进来的和出去的转换，但是将它们声明为特殊的动作可以使状态的定义不依赖状态的转换，因此起到封装的作用。

表示法

入口活动按照内部转换的语法编码，带有虚拟事件名字 entry（entry 是保留字，不能用作实际事件的名字）。

讨论

入口和出口活动在语义上不是必需的（入口活动可以从属于所有进入状态），但它们实现了状态的封装，从而使外部使用与内部结构分开。它们允许定义初始化和终态活动，而不必担心会被略过。对于异常尤其有用，因为它定义的活动即使出现异常时也会被执行。通常，出口活动与入口活动一起使用。入口活动分配资源，出口活动释放它们。即使出现外部转换，资源也会被释放。

49．事件（event）

事件是对一个在时间和空间上占有一定位置的有意义的事情的规格说明。

语义

在状态机中，一个事件是一次激发产生的，激发能够触发一个状态的转换。信号是一种事件，表示一个实例间进行通信的异步激发规格说明。

事件可以是内部的事件和外部的事件。外部的事件是在系统和它的参与者之间传送的事情。例如电脑 Reset 键的按下就是一个外部事件。内部事件是在系统内部的对象之间传送的事件。内存溢出事件就是一个内部事件。

实际建模过程中，一般使用 UML 对 4 种事件建模：信号、调用、事件推移和状态的一次改变。

对事件建模可以参照以下原则：建立信号的层次关系，以便发掘相关信号的公共特性；不要使用发送信号，特别是不要发送异常来代替正常的控制流；确保每个可能接收事件都对应于一个适当的状态机；建模过程中，不仅要对接收事件的元素建模，还要对发送事件的元素建模。

标准元素

创建（create），销毁（destroy）。

50．出口动作（exit action）

退出某状态时执行的动作。

语义

无论何时从一个状态离开都要执行一个出口动作来进行后期处理工作。当出现代表错误情况的高层转换使嵌套状态异常终止时，出口动作特别有用。

出口动作可以处理这种情况以使对象的状态保持前后一致。入口动作和出口动作原则上依附于进来的和出去的转换，但是将它们声明为特殊的动作可以使状态的定义不依赖状态的转换，因此起到封装的作用。

表示法

出口动作的语法是：exit/执行的动作。这里所指的动作可以是原子动作，也可以是动作序列（action sequence）。

51．异常（exception）

类、接口的操作执行失败行为引起的信号。

语义

开发人员在对系统的类或接口的行为建模时，有必要说明它们的操作会产生的异常情况。在使用某类或接口时，每个调用操作可能发生的异常并不清楚，这就需要对它们进行可视化的建模。

在 UML 中，异常是一种信号，并被建模为构造型化的类。异常可以被附加到操作说明中。对异常建模在某种程度上与对信号的一般建模相反。对一个信号的族建模主要是说明一个主动对象接收的各种信号；而对异常建模主要是说明一个对象可能通过它的操作来发出的各种异常。

表示法

用构造类型<<exception>>来区别声明和异常。状态机中的事件名字不用标以构造型。

52．框架（framework）

为某个域中的应用程序提供可扩展模板的泛化结构。

53．功能视图（functional view）

传统开发方法中，数据流图是功能视图的核心。UML 不直接支持这种视图，但是活动图中有一些功能特性。功能视图将系统分解为功能或者提供功能的操作。通常认为功能视图不是面向对象的，可能导致不易维护的结构。

54．可泛化元素（generalizable element）

可以参与泛化关系的模型元素。

语义

可泛化元素可以有父和子，被类元成带有元素的变量可以带有该元素后代的实例。

可泛化元素包括类、用例、其他类元、关联、状态和协作，它们继承其祖先的特征。每种可泛化元素的哪个部分是继承来的，要看元素的种类。例如类继承属性、方法、操作、关联中的地位和约束；关联继承参与类（本身可被特化）和关联端的特性；用例继承属性、操作、与参与者的关联、与其他用例的扩展和包含关系、行为序列。状态继承转换。

结构

可泛化元素的属性声明它可以在泛化关系中的何处出现。

抽象：说明可泛化元素是描述直接实例的，还是抽象元素的。True 表示元素是抽象的（不能有直接实例）；False 表示它是具体的（可以有直接实例）。抽象元素的实体后代才能使用。带有无方法操作的类是抽象的。

叶：说明可泛化元素是否可以特化。True 表示元素不能有后代（叶）；False 表示可以有后代（无论当前是否有后代）。作为叶的抽象类只能起组织全局属性和操作的作用。

根：说明元素是否必须为无祖先的根。True 表示元素必须为根；False 表示不必为根，可以有祖先（无论当前是否有祖先）。

声明叶或者根不影响语义，但这种声明可以给设计者提示。如果能避免对全局变量的分析或者对多态操作的全局保护，就可以有更高的编译效率。

标准元素

叶（leaf）。

55．泛化（generalization）

泛化是一般事物（称为超类或父类）和该事物的较为特殊的种类（称为子类）之间的关系，子类继承父类的属性和操作，除此之外通常子类还添加新的属性和操作，或者修改了父类的某些操作。

语义

泛化关系是类元的一般描述和具体描述之间的关系，具体描述建立在一般描述的基础之上，并对其进行了扩展。具体描述与一般描述完全一致，具有其所有特性、成员和关系，并且包含补充的信息。例如，抵押是借贷中具体的一种，抵押保持了借贷的基本特性并且加入了附加的特性，如房子可以作为借贷的一种抵押品。一般描述被称作父，具体描述被称作子，如借贷是父而抵押则是子。泛化在类元（类、接口、数据类型、用例、参与者和信号等）、包、状态机和其他元素中使用。在类中，术语超类和子类代表父和子。

泛化有两个用途。第一个用途是用来定义下列情况的：当一个变量（如参数或过程变量）被声明承载某个给定类的值时，可使用类（或其他元素）的实例作为值，这被称作可替代性原则（由 Barbara Liskov 提出）。该原则表明无论何时祖先被声明了，则后代的一个实例可以被使用。例如，如果一个变量被声明拥有借贷，那么一个抵押对象就是一个合法的值。

泛化的另一个用途是在共享祖先所定义的成分的前提下允许它自身定义增加的描述，这被称作继承。继承是一种机制，通过该机制类的对象的描述从类及其祖先的声明部分聚集起来。继承允许描述的共享部分只被声明一次就可以被许多类所共享，而不是在每个类中重复声明并使用它，这种共享机制减小了模型的规模。更重要的是，它减少了为了模型的更新而必须做的改变和意外的前后定义不一致。对于其他成分，如状态、信号和用例，继承通过相似的方法起作用。

约束

约束可以应用于一列泛化关系，以及有同一个父的子。可以规定下列属性。

（1）互斥：一个祖先不能有两个子（多重继承时），实例不能同时成为两个子的间接实例（多重类元语义）。

（2）重叠：一个祖先可以有两个或者更多的子，实例可以属于两个或者更多的子。

（3）完整：列出了所有可能的子，不能再增加。

（4）不完整：没有列出所有可能的子，有些已知子没有声明，还可以增加新的子。

表示法

在图形上，泛化用从子类指向父类的空心三角形箭头表示，多个泛化关系可以用箭头线表示的树来表示，每一个分支指向一个子类（如图 A-28 所示）。指向父的线可以是组成或者树（如图 A-29 所示）。

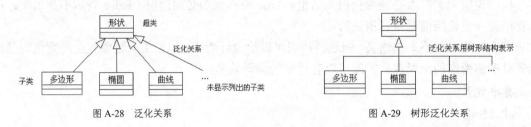

图 A-28　泛化关系　　　　　　　　　　　　　图 A-29　树形泛化关系

泛化还可以应用于关联，但是太多的线条可能使图很乱。为了标明泛化箭头，可以将关联表示为关联类。

如果图中没有标出模型中存在的类，应该在相应位置上用省略号（...）代替（这不表示将来要加入新的类，而是说明当前已经有类存在，这种方法表示忽略的信息，而不是语义元素）。一个类的子类表示为省略号说明当前至少有一个子类没有在视图中标出。省略号可以有描述符。这种表示法是由编辑工具自动维护的，不用手工输入。

标准元素

完整、互斥、实现、不完整、重叠。

56．书名号（guillemets）

书名号（<< >>）在法语、意大利语和西班牙语中表示引用。在 UML 表示法中表示关键字和构造类型。许多字体中都有，必要时可以用两个尖括号代替。

57．交互图（interaction view）

交互图描述了一个交互，它由一组对象和它们之间的关系组成，并且还包括在对象间传递的信息。交互图表达对象之间的交互，是描述一组对象如何协作完成某个行为的模型化工具。

语义

一张交互图显示的是一个交互，由一组对象和它们之间的关系组成，包含它们之间可能传递的消息。时序图和协作图都是交互图，时序图是强调消息时间顺序的交互图；协作图则是强调接收和发送消息的对象的结构组织的交互图。

交互应用于对一个系统的动态方面建模。在多数情况下，它包括对类、接口、组件和节点的具体的或原型化的实例以及它们之间传递的消息进行建模，所有这些都位于一个表达行为的脚本的语境中。交互图可以单独使用，来可视化、详述、构造和文档化一个特定的对象群体的动态方面，也可以用来对一个用例的特定的控制流进行建模。

交互图不仅对系统的动态方面建模是重要的，而且对通过正向和逆向工程构造可执行的系统也是重要的。

在绘制交互图时，可以参考如下原则。

（1）给出一个能表达其目的的名称。

（2）如果想强调消息的时间顺序，则使用时序图；如果想强调参加交互对象的组织结构，则使用协作图。

（3）合理地摆放元素以尽量减少线的交叉。

（4）用注解和颜色作为可视化提示，以突出图形中重要的特征。

（5）尽量少使用分支，用活动图来表示复杂的分支要更好些。

58．生命线（lifeline）

生命线代表时序图中的对象在一段时期内的存在。每个对象底部中心都有一条垂直的虚线，这就是对象的生命线，对象间的消息存在于两条虚线间。

59．状态（state）

状态是状态机的重要组成部分，它描述了状态机所在对象的动态行为的执行所产生的结果。这里的结果一般是指能影响此对象对后续事件响应的结果。

语义

状态描述了一个类对象生命期中的一个时间段。它可以用 3 种附加方式说明：在某些方面性质相似的一组对象值；一个对象等待一些事件发生时的一段时间；对象执行持续活动时的一段时间。虽然状态通常是匿名的并仅用处于该状态时对象进行的活动描述，但它也可以有名字。

在状态机中，一组状态由转换相连接。虽然转换连接着两个状态（或多个状态，如果图中含有分支和结合控制），但转换只由转换出发的状态处理。当对象处于某种状态时，它对触发状态转换的触发器事件很敏感。

一个完整的状态有 5 个组成部分。

（1）名字（name）

状态的名字由一个字符串构成，用以识别不同的状态。状态可以是匿名的，即没有名字。状态名一般放置在状态图的顶部。

（2）入口/出口动作（entry/exit action）

入口/出口动作表示进入/退出这个状态所执行的动作。

（3）内部转换（internal transition）

内部转换是不会引起状态变化的转换，此转换的触发不会导致状态的入口/出口动作被执行。定义内部转换的原因是有时候入口/出口动作显得是多余的。

（4）延迟事件（deferred event）

延迟事件该状态下暂不处理，但将推迟到该对象的另一个状态下的事件处理队列。也就是所延迟事件是事件的一个列表，此列表内的事件在当前状态下不会处理，在系统进入其他状态时再行处理。

具有某些动态行为的对象在运行过程中，在某个状态下，总会有一些事件被处理，而另一些事件不能被处理。但对于这个对象来说，有些不能被处理的事件是不可以被忽略的，它们会以队列的方式被缓存起来，等待系统在合适的状态下再处理它们。对于这些被延迟的事件，可以使用状态的延迟事件来建模。

（5）子状态（substate）

在复杂的系统中，当状态机处于特定的状态时，状态机所在的对象在此刻的动态行为可以使用另一个状态机来描述。也是说在状态的内部构成另一个状态机。

表示法

在 UML 中，图形上每一个状态图都有一个初始状态（实心圆），用来表示状态机的开始，还有一个终止状态（半实心圆），用来表示状态机的终止，其他的状态用一个圆角的矩形表示。

状态名称部分。容纳状态的（可选）名称作为一个字符串。没有名称的状态是匿名的，而且互不相同。但是不能在同一个图里重复相同的命名状态符号，因为易使人混淆。

内部转换部分。容纳一系列活动或者动作。这些活动或者动作是在对象处于该状态时，接收到事件而做出响应执行的，结果没有状态改变。

内部转换具有下面的形式：事件名称（参数表）[监护条件]/动作表达式。

动作表达式可以使用拥有对象的属性和连接以及进入转换的参数（如果它们出现在所有的进入转换里）。

参数列表（包括圆括弧）如果没参数就可以省略。监护条件（包括方括弧）和动作表达式（包括斜杠）是可选的。

进入和退出动作使用相同的形式，但是它们使用不能用作事件名称的相反的词汇：进入和退出。进入和退出动作不能有参数或者监护条件。为了在进入动作上获得参数，当前事件可以通过动作访问。这一点在获得新对象的生成参数时特别有用。

60．子状态（stub state）

子状态被定义成包含在某一状态内部的状态。

语义

在复杂的应用中，当状态机处于某特定的状态时，状态机所在的对象在此刻的行为还可以用一个状态机来描述，也就是说，一个状态内部还包括其他状态。在 UML 里子状态被定义成状态的嵌套结构，即包含在某状态内部的状态。

在 UML 里，包含子状态的状态被称为复合状态（composite state），不包含子状态的状态被称为简单状态（simple state）。子状态以两种形式出现：顺序子状态（sequential substate）和并发子状态（concurrent substate）。

（1）顺序子状态（sequential substate）

如果一个复合状态的子状态对应的对象在其生命期内任何时刻都只能处于一个子状态，即不会有多个子状态同时发生的情况，这个子状态被称为顺序子状态。

当状态机通过转换从某状态转入复合状态时，此转换的目的可能是这个复合状态本身，也可能是复合状态的子状态。如果是前者，状态机所指的对象首先执行复合状态的入口动作，然后子状态进入初始状态并以此为起点开始运行。如果此转换的目的是复合状态的子状态，复合状态的入口动作首先被执行，然后复合状态的内嵌状态机以此转换的目标子状态为起点开始运行。

（2）并发子状态（concurrent substate）

如果复合状态内部只有顺序子状态，那么这个复合状态机只有一个内嵌状态机。但有时可能需要在复合状态中有两个或多个并发执行的子状态机。这时，称复合状态的子状态为并发子状态。

顺序子状态与并发子状态的区别在于后者在同一层次给出两个或多个顺序子状态，对象处于同一层次中，来自每个并发子状态的一个顺序子状态中。当一个转换所到的组合状态被分解成多个并发子状态组合时，控制就分成与并发子状态对应的控制流。有两种情况下控制流会汇合成一个。第一，当一个复合状态转出的转移被激发时。这时，所有的内嵌状态机的运行被打断，控制流会汇合成一个，对象的状态从复合状态转出。第二，每个内嵌状态机都运行到终止状态。这时，所有的内嵌状态机的运行被打断，但对象还处于复合状态。

61. 历史状态（history state）

历史状态代表上次离开组合状态时的最后一个活动子状态。

语义

在一个组合状态中所包含的一个由顺序子状态构成的子状态机中，必定有一个子初始状态。每次进入该组合状态，被嵌套的子状态机从它的子初始状态开始运作（除非直接转移到特定的子状态）。

当离开一个组合状态后，又更新进入该组合状态，但是不希望从它的初始状态开始运作，而是直接进入到上次离开该组合状态时的最后一个子状态。这种情况下，使用一般的状态图或顺序状态来表达都不方便。这就需要使用历史状态的概念。

历史状态代表上次离开组合状态时的最后一个活动子状态。每当转移到组合状态中的历史状态时，对象便恢复上次离开该组合状态时的最后一个活动子状态，并执行入口动作。

历史状态只是一个伪状态的图形标记，只能作为一个组合状态中的子状态，不能在顶层状态图中使用。历史状态可以有任意个从外部状态来的入转移，至多有一个无标签的出转移，它进入到一个子状态机。

表示法

浅历史状态用带有 H 的小圆圈表示，如图 A-30 所示。深历史状态用带有 H*的圆圈表示。

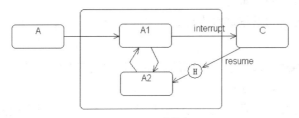

图 A-30　历史状态

62. 对象图（object diagram）

对象图（object diagram）是表示在某一时间上一组对象以及它们之间的关系的图。对象图可以被看作是类图在系统某一时刻的实例。

语义

对象图除了描述对象以及对象间的连接关系外，还可包含标注和约束。如果有必要强调与对象相关类的定义，还可以把类描绘到对象图上。当系统的交互情况非常复杂时，对象图还可包含模型包和子系统。

和类图一样可以使用对象图对系统的静态设计或静态进程视图建模，但对象图更注重于现实或原型实例。这种视图主要支持系统的功能需求，也就是说，系统提供给其最终用户的服务。对象图描述了静态的数据结构。

表示法

在图形上，对象图由节点以及连接这些节点的连线组成，节点可以是对象也可以是类，连线表达对象间的关系。

63．用例（use case）

用例是对一个系统或一个应用的一种单一的使用方式所作的描述，是关于单个活动者在与系统对话中所执行的处理行为的陈述序列。

语义

用例是一个叙述型的文档，用来描述一个参与者（Actor）使用系统完成某个事件时的事情发生顺序。用例是系统的使用过程。更确切的说，用例不是需求或者功能的规格说明，但用例也展示和体现出了其所描述的过程中的需求情况。

从这些定义可知，用例是对系统的用户需求（主要是功能需求）的描述，用例表达了系统的功能和所提供的服务。

用例描述活动者与系统交互中的对话。例如，活动者向系统发出请求，做某项数据处理，并向系统输入初始数据，系统响应活动者的请求，进行所要求的处理，把结果返回给活动者。这种对话表达了活动者与系统的交互过程，它可以用一系列的步骤来描述。这些步骤构成一个"场景"（Scenario），而"场景"的集合就是用例。全部的用例构成了对于系统外部是可见的描述。

在识别用例的过程中，通过以下的几个问题可以帮助系统开发人员识别用例。

（1）特定参与者希望系统提供什么功能？

（2）系统是否存储和检索信息？如果是，这个行为由哪个参与者触发？

（3）当系统改变状态时，通知参与者吗？

（4）存在影响系统的外部事件吗？

（5）是哪个参与者通知系统这些事件？

表示法

图形上用例用一个椭圆来表示，用例的名字可以书写在椭圆的内部或下方。

64．用例图（use case diagram）

用例图是用例的可视化工具，它提供计算机系统的高层次的用户视图，表示以外部活动者的角度来看系统将是怎样使用的。

语义

UML 中的用例图是对系统的动态方面建模的 5 种图之一。用例图主要用于对系统、子系统或类的行为进行建模。每张图都显示一组用例、参与者以及它们之间的关系。用例图用于对一个系统的用例视图建模。多数情况下包括对系统、子系统或类的语境建模，或者对这些元素的行为需求建模。

对系统语境建模。在 UML 建模过程中，系统分析师可以使用用例图对系统的语境进行建模，强调系统外部的参与者。系统语境是由那些处于系统外部并且与系统进行交互的事物所构成。语境定义了系统存在的环境。

对需求建模。软件需求就是根据用户对产品的功能的期望，提出产品外部功能的描述。需求分析师的工作是获取系统的需求，归纳系统所要实现的功能，使最终的软件产品最大限度地贴近用户的要求。需求分析师一般只考虑系统做什么（what），而尽可能的不去考虑怎么做（how）。UML 用例图可以表达和管理系统大多数的功能需求。

表示法

参与者用人形图标表示，用例用椭圆形符号表示，连线描述它们之间的关系。

示例

图 A-31 所示是一个图书管理系统中读者得到服务的用例图。其中系统名称为图书管理系统；Librarian（图书馆工作人员）和 Borrower（读者）是参与者；箭头表示参与者之间、参与者与用例之间或用例与用例之间的关联；Return of item、Lend item、Remove Reservation 和 Make Reservation 都是用例名，分别代表还书用例、借书用例、删除预留书籍用例和预留书籍用例。

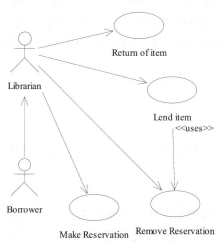

图 A-31 用例图

65．用例视图（use case view）

用例视图是松散的成组的建模概念中的一部分，就像静态视图。当用例视图在外部用户前出现时，它捕获到系统、子系统或类的行为。

附录 B　标准元素

标准元素是为约束、构造型和标签而预定义的关键字。它们代表通用效用的概念，这些通用效用没有足够的重要性或者与核心概念存在足够的差异用以包含在 UML 核心概念中。它们和 UML 核心概念的关系就如同内建的子例程库和一种编程语言的关系。它们不是核心语言的一部分，但它们是用户在使用这种语言时可以依赖的环境的一部分。列表中也包括了表示法关键字——出现在别的模型元素的符号上但代表的是内建模型元素而不是构造型的关键字。为关键字列出了表示法符号。

本附录将交叉引用附录 A 中的术语。

1．访问（access）

（授权依赖的构造型）

两个包之间的构造型依赖，表示目标包的公共内容对于源包的名称空间是可以访问的。

2．关联（association）

（关联端点的构造型）

应用于关联端点（包括链接的端点和关联角色的端点）上的一个约束，声明对应的实例是通过一个实际的关联可见的，而不是像参数或者局部变量一样通过暂时链。

3．变成（become）

（流联系的构造型）

其源和目标代表不同时间点的相同实例的构造型依赖，但源和目标有潜在的不同的值、状态实例和角色。从 A 到 B 的一个变成依赖意味着在时间/空间上的一个不同的时刻实例 A 变成 B，可能具有了新的值、状态实例和角色。变成的表示法是一个从源到目标的虚箭头，带有关键字 become。

4．绑定（bind）

（依赖符号上的关键字）

代表绑定联系的依赖上的关键字。它后面跟着由括弧括起逗号分割的参数列表。

5．调用（call）

（使用依赖的构造型）

源是一个操作而目标也是一个操作的构造型依赖。调用依赖声明源操作激发目标操作。调用依赖可以把源操作连接到范围内的任何目标操作上，包括封闭类元和别的可见类元的操作，但不限制在这些操作上。

6．完全（complete）

（泛化上的约束）

应用于一个泛化集合的约束，声明所有的孩子已经被声明（尽管有的可能被省略）而附加的孩子不应该在后面声明。

7．复制（copy）

（流联系的构造型）

源和目标是不同的实例，但有相同的值，状态实例和角色的构造型流联系。从 A 到 B 的复制依赖意味着 B 是 A 的一个精确复本。A 中的特征改变不必反映到 B 中。复制表示法是一个从源到目标的箭头，带有关键字 copy。

8．创建（create）

（行为特征的构造型）

一个构造型行为特征，表示指定的特征生成该特征所附的类元的一个实例。

（事件的构造型）

一个构造型事件，该事件表示生成一个实例，该实例封装了事件类型所作用的状态机。创建只能作用于该状态机顶层的初始转换。实际上，这是唯一可以作用于初始转换的触发源。

（使用依赖的构造型）

创建是表示客户类元创建了提供者类元的实例的构造型依赖。

9．派生（derive）

（抽象依赖的构造型）

源和目标通常是相同类型的构造型依赖，但不一定总是相同类型。派生依赖声明源可以从目标计算得到。源可以为设计原因而实现，尽管逻辑上它是冗余的。

见派生（derivation）。

10．销毁（destroy）

（行为特征的构造型）

表明指定的特征销毁了该特征所附的类元的一个实例的构造型行为特征。

（事件构造型）

表示封装了事件类型所作用的状态机的实例被销毁的构造型事件。

11．被销毁的（destroyed）

（类元角色和关联角色上的约束）

表示角色实例在封闭交互执行开始时存在而在执行结束之前被销毁。

12．互斥（disjoint）

（泛化上的约束）

作用于泛化集合的约束，声明对象不能是该泛化集合里的多个孩子的实例。这种情况只会出现在多继承中。

见泛化（generation）。

13．文档（document）

（组件的构造型）

代表一个文档的构造型组件。

见组件（component）。

14．文档编制（documentation）

（元素上的标签）

对所附的元素进行的注释、描述或解释。

见注释（comment）。

15．枚举（enumeration）

（类元符号上的关键字）

枚举数据类型的关键字，它的细节声明了由一个标识符集合构成的域，那些标识符是该数据类型的实例的可能取值。

16．可执行（executable）

（组件的构造型）

代表一个可以在某结点上运行的程序的构造型组件。

见组件（component）。

17．扩展（extend）

（依赖符号上的关键字）

表示用例之间的扩展联系的依赖符号上的关键字。

18．虚包（facade）

（包的构造型）

只包含对其他包所具有的元素进行的引用的构造型包。它被用来提供一个包的某些内容的公共视图。虚包不包含任何自己的模型元素。

见包（package）。

19．文件（file）

（组件的构造型）

文件是一个代表包含源代码或者数据的文档的构造型组件。

见组件（component）。

20．框架（framework）

（包的构造型）

包含模式的构造型包。

见包（package）。

21．友元（friend）

（授权依赖的构造型）

一个构造型依赖，它的源是一个模型元素，如操作、类或包，而目标是一个不同的包模型元素，如类或包。友元联系授权源访问目标，不管所声明的可见性。它扩展了源的可见性，使目标可以看到源的内部。

22．全局（global）

（关联端点的构造型）

应用于关联端点（包括链接端点和关联角色端点）的约束，声明由于和链接另一端的对象相比，所附的对象具有全局范围而可见。

见关联（assciation）、关联端点（association end）。

23．实现（implementation）

（泛化的构造型）

一个构造型泛化，它表示客户继承了提供者的实现（它的属性、操作和方法）但没有把提供者的接口公共化，也不保证支持这些接口，因此违反可替代性。这是私有继承。

见泛化（generalization）。

24．实现类（implementationClass）

（类的构造型）

一个构造型类，它不是一个类型，它代表了某种编程语言的一个类的实现。一个对象可以是一个（最多一个）实现类的实例。相反，一个对象可以同时是多个普通类的实例，随时间得到或者丢失类。实现类的实例也可以是零个或者多个类型的实例。

25．隐含（implicit）

（关联构造型）

关联的构造型，说明该关联没有实现（只是概念上）。

见关联（association）。

26．导入（import）

（授权依赖的构造型）

两个包之间的构造型依赖，表示目标包的公共元素加到源包的名称空间里。

27．包含（include）

（依赖符号上的关键字）

表示用例之间的包含联系的依赖符号上的关键字。

28．不完整（incomplete）

（泛化上的约束）

不完整是应用于一个泛化集合的约束，它声明不是所有的孩子都已经被声明，后面还可以增加额外的孩子。

见泛化（generalization）。

29．……的实例（instanceOf）

（依赖符号上的关键字）

其源是一个实例而目标是一个类元的源联系。从 A 到 B 的这种依赖意味着 A 是 B 的一个实例。它的表示方法是一个带有关键字 instanceOf 的虚箭头。

30．实例化（instantiate）

（使用依赖的构造型）

类元之间的构造型依赖，这些类元表明客户的操作创建提供者的实例。

31．不变量（invariant）

（约束的构造型）

必须附在类元或联系集合上的一个构造型约束。它表明必须为类元或联系以及它们的实例维持约束的条件。

32．叶（leaf）

（泛化元素和行为特征的关键字）

不能有后代也不能被重载的元素，即不是多态的元素。

33．库（library）

（组件的构造型）

代表静态或者动态库的一个构造型组件。

见组件（component）。

34．局部（local）

（关联端点的构造型）

关联端点、链接端点或者关联角色端点的构造型，它声明所附的对象在另一端对象的局部范围里。

见关联（association）、关联端点（association end）。

35．位置（location）

（类元符号上的标签）

支持该类元的组件。

（组件实例符号上的关键字）

组件实例所在的结点实例。

见组件（component）。

36．元类（metaclass）

（类元的构造型）

一个构造型类元，它表明这个类是某个其他类的元类。

37．新（new）

（类元角色和关联角色上的约束）

表示角色的实例在封闭交互执行过程中被创建，在执行结束后依然存在。

38．重叠（overlapping）

（泛化上的约束）

应用于一个泛化集合的约束，它声明一个对象可以是泛化集合里的多个孩子的实例。这种情况只在多继承或多类元中出现。

见泛化（generalization）。

39．参数（parameter）

（关联端点的构造型）

关联端点（包括链接端点和关联角色端点）的构造型，它声明所附的对象是对另一端对象操作的调用的一个参数。

40．持久（persistence）

（类元、关联和属性上的标签）

表示一个实例值是否比生成它的过程存在得更久。值是持久或者是暂时的。如果持久被用在属性上，就可以更好地确定是否应该在类元里保存属性值。

41．后置条件（postcondition）

（约束的构造型）

必须附在一个操作上的构造型约束。它表示在激发该操作之后必须保持该条件。

42．强类型（powertype）

（类元的构造型）

一个构造型类元，它表示该类元是一个元类，该元类的实例是别的类的子类。

（依赖符号上的关键字）

其客户是一个泛化集合而提供者是一个强类型的联系。提供者是客户的强类型。

43．前置条件（precondition）

（约束的构造型）

必须附在一个操作上的构造型约束，在激发该操作时该条件必须被保持。

44．过程（process）

（类元的构造型）

一个构造型类元，它是一个代表重量进程的主动类。

见主动类（active class）、过程（process）、线程（thread）。

45．细化（refine）

（抽象依赖上的构造型）

代表细化联系的依赖上的构造型。

46．需求（requirement）

（注释的构造型）

声明职责或义务的构造型注释。

47．职责（responsibility）

（注释上的构造型）

类元的协议或者义务，它表示为一个文本字符串。

48．自身（self）

（关联端点的构造型）

关联端点（包括链接端点和关联角色端点）的构造型，声明一个从对象到其自身的伪链接，目的是为了在交互中调用作用在相同对象上的操作。它没有暗含实际的数据结构。

49．语义（semantics）

（类元上的标签）

对类元含义的声明。

（操作上的标签）

对操作含义的声明。

50．发送（send）

（使用依赖的构造型）

其客户是一个操作或类元，其提供者是一个信号的构造型依赖，它声明客户发送信号到某个未声明目标。

51．构造型（stereotype）

（类元符号上的关键字）

用来定义构造型的关键字。其名称可能用作别的模型元素上的构造型名称。

52．桩（stub）

（包的构造型）

一个构造型包，它代表一个只提供另外一个包的公共部分的包。

注意该词汇也被 UML 用来描述桩转换。

见包（package）。

53．系统（system）

（包的构造型）

包含系统模型构成的集合的构造型包，它从不同的视点描述系统，不一定互斥——在系统声明中的最高层构成物。它也包含了不同模型的模型元素之间的联系和约束。这些联系和约束没有增加模型的语义信息，相反它们描述了模型本身的联系，例如需求跟踪和开发历史。一个系统可以通过一个附属子系统构成的集合来实现，每个子系统由独立的系统包里的模型集合来描述。一个系统包只能包含在另一个系统包里。

见包（package）。

54．表（table）

（组件的构造型）

代表一个数据库表的构造型组件。

见组件（component）。

55．线程（thread）

（类元的构造型）

一个主动类的构造型类元，它代表一个轻量控制流。

注意在本书中该词汇具有更广的含义，可以表示任何独立并发的执行。

56．跟踪（trace）

（抽象依赖的关键字）

代表跟踪联系的依赖符号上的关键字。

57．暂时（transient）

（类元角色和关联角色上的约束）

声明角色的一个实例在封闭交互的执行过程中被创建，但在执行结束之前被销毁。

58．类型（type）

（类的构造型）

和应用域对象的操作一起声明实例（对象）的域的构造型类。一个类型不可能包含任何方法，但是它可以有属性和关联。

59．使用（use）

（依赖符号上的关键字）

代表使用联系的依赖符号上的关键字。

60．效用（utility）

（类元的构造型）

没有实例的构造型类元，它描述了一个由类范围的非成员属性和操作构成的集合。

61．异或（xor）

（关联上的约束）

作用在由共享连到同一个类上的关联构成的集合上的约束，它声明任何被共享的类的对象只能有一个来自这些关联的链接。它是异或（不是或）的约束。

见关联（association）。

附录 C 元 模 型

C.1 简介

在文档 UML 语义中描述的 UML 元模型定义了使用 UML 表示对象模型的完整语义。而它本身是用元递归的方式定义的，即用 UML 记号表示法和语义的一个子集来说明自己。这样，UML 元模型用一种类似于把一个编译器用于编译自己的方式来自扩展。

此处提供了元模型体系结构的一些背景，并且定义了 UML 元元模型。体系结构的方法有以下几点优越性。

（1）通过建立一个体系结构基础，增加了 UML 元模型的严格性。

（2）它有助于对 UML 元模型中的核心元对象的进一步理解。

（3）它为今后对 UML 元模型的扩展定义奠定了体系结构基础。

（4）它提供了把 UML 元模型和其他基于四层元建模体系结构（如 OMG 元对象 Facility 工具，CDIF）的概念统一起来的体系结构基础。

（5）在许多情况下，被称为元模型技术的应用将基于元元模型，而不是元模型。例如，一个用于模型互换的转换传送格式应当基于一个元元模型，这个元元模型很容易映射到所涉及的不同的元模型上。因而，有必要对元元模型加以适当的定义。

C.2 背景

通常公认的元建模的概念框架基于一个四层的体系结构：

（1）元元模型（meta-metamodel）；

（2）元模型（metamodel）；

（3）模型（model）；

（4）用户对象（user object）。

元元建模层（meta-metamodeling）构成了元建模（metamodeling）体系结构的基础结构。这一层的主要责任是定义描述元模型的语言。一个元元模型定义了这样一个模型，它比元模型具有更高的抽象级别，而且比它定义的元模型更加简洁。一个元元模型能够定义多个元模型，而每个元模型也可以与多个元元模型相关联。通常所说的相关联的元模型和元元模型共享同一个设计原理和构造，也不是绝对的准则。每一层都需要维持自己设计的完整性。在元元模型层上的元元对象的例子有元类、元属性和元操作。

一个元模型是一个元元模型的实例。元模型层的主要责任是定义描述模型的语言。一般来说，元模型比定义它的元元模型更加精细，尤其是当它们定义动态语义时。在元模型层上的元对象的例子如类、属性、操作和组件。

一个模型是一个元模型的实例。模型层的主要责任是定义描述信息论域的语言。在建模层上的对象的例子如 StockShare、askPrice、sellLimitOrder 和 StockQuoteServer。

用户对象是一个模型的实例。用户对象层的主要责任是描述一个特定的信息论域。在用户对象层的对象的例子如<Acme_Software_Share 98789>、654.56、sell_limit_order 和<Stock_Quote_Svr 32123>。

对元建模层的描述的总结见表 C-1。

表 **C-1** 四层元建模体系结构

层	说　　明	例　　子
元元模型	元建模体系结构的基础构造，定义了描述元模型的语言	元类、元属性、元操作
元模型	元元模型的实例，定义了描述模型的语言	类、属性、操作、组件
模型	元模型的实例，定义了描述信息论域的语言	StockShare，askPrice，sellLimitOrder，Stock Quote Server
用户对象 （用户数据）	模型的实例，定义了一个特定的信息论域	<Acme_Software_Share98789>，654.56，sell_limit_order，<Stock_ Quote_Svr 32123>

元建模层之间的依赖关系以 UML 的方法表示如图 C-1 所示。

尽管元建模型体系结构可以扩展成含有附加层的结构，但是这一般是没有用的。附加的元层（如元元建模层）之间往往很相似并且在语义上也没有明显的区别。因此，把讨论限定在传统的四层元建模体系结构上。

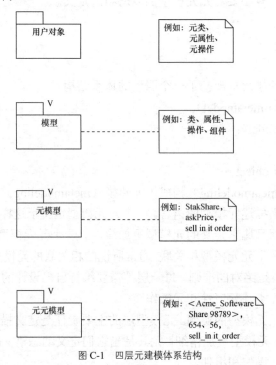

图 C-1　四层元建模体系结构

C.3 元元模型

UML 元元模型描述基本的元元类型、元元属性和元元关系，这些都用于定义 UML 元模型。元模型实现了下述要求的一个基本设计：强调使用少数功能较强的建模成分，而这些成分易于组合起来表达复杂的语义。尽管在本文档中元元模型的提出和定义 UML 元模型有关，但它被设计在一个方法和技术都相对独立的抽象层次上。它可以用于其他用途，例如定义库或者模型转换格式。

由于在四层元模型体系结构中元层次之间的关系是元递归的，需要某些基本的模型概念来定义元元模型本身。因此，假定已有以下的元元对象：元类型、元一般化、元关联、元角色和元属性。

与元建模的元递归特性是相一致的，这些概念将在后面的元元模型中加以说明。

UML 元元模型分成几部分加以描述。

① 元元对象继承层次（层次图、层次结构），提供元元对象在元元模型中的分类法。

② 元元对象。描述这样一些元元对象，它们用于定义元元模型结构上的和行为上的概念。

③ 非对象类型。描述元元模型使用的原始数据类型。

UML 元元模型形成了 UML 元模型的元建模体系的基础结构。特别的，它为描述 UML 元模型的语言定义了语法和语义。它的基本设计要求强调使用少数功能较强的建模成分，而这些成分易于组合起来表达复杂语义。

在元元模型中定义的多数元元对象被看作结构上的定义。只有元操作和元参数被看作是行为上的定义。这些元元对象之所以被包含在元元模型中，是因为元操作是用于定义当前元模型的；行为化的元元对象对于表达动态语义是很重要的，而这种能力将随着建模的进展变得更加重要。

附录 D 软件菜单列表

菜单栏包含了所有可以进行的操作，一级菜单有【File】（文件）、【Edit】（编辑）、【View】（视图）、【Format】（格式）、【Browse】（浏览）、【Report】（报告）、【Query】（查询）、【Tools】（工具）、【Add-Ins】（插入）、【Window】（窗口）和【Help】（帮助），如图 D-1 所示。下面将简要介绍一下各级菜单，在后面的章节中会详细介绍各个菜单项的使用。

图 D-1 菜单栏

（1）【File】菜单的下级菜单如表 D-1 所示。

表 D-1 【File】的下级菜单

二 级 菜 单	三 级 菜 单	快捷键	用 途
New		Ctrl+N	创建新的模型文件
Open		Ctrl+O	打开现有的模型文件
Save		Ctrl+S	保存模型文件
Save As			将当前的模型保存到其他的模型文件中
Save Log As			保存日志文件
AutoSave Log			自动保存日志
Clear Log			清空日志记录区
Load Model Workspace			加载模型工作区
Save Model Workspace			保存模型工作区
Save Model Workspace As			将当前的模型工作区保存为其他的模型工作区
Units	Reload……		重新加载……
	Save……		保存……
	Save……As		另存为……
	Unload……		卸载……
	Control……		控制……
	Uncontrol……		放弃控制……
	Write Protect……		写保护……
	CM		存在 4 级菜单（见表 3-2）

续表

二 级 菜 单	三 级 菜 单	快捷键	用 途
Import			导入模型
Export Activation			导出模型
Update			更新模型
Print		Ctrl+P	打印模型中的图和说明书
Page Setup			打印时的页面设置
Edit Path Map			设置虚拟映射
Exit			退出 Rose

注意：二级菜单选项【Unit】下的三级菜单（【CM】除外）因模型元素的不同而不同。

表 D-2　　　　　　　　　　　　　【CM】的下级菜单

四 级 菜 单	用 途
Add to Version Control	将模型元素加入版本控制
Remove From Version Control	将模型元素从版本控制中删除
Start Version Control Explorer	启动 Rose 里的版本控制系统
Get Latest	获取模型元素的最新版本
Check Out	放弃当前版本
Check In	登记当前版本
Undo Check Out	撤销上一次的【Check Out】操作
File Properties	显示加入版本控制的模型元素的信息
File History	显示加入版本控制的模型元素的历史信息
Version Control Option	版本控制选项
About Rational Rose Version Control Integration	显示 Rational Rose 版本控制的版本信息

（2）不同种类的图，其【Edit】菜单的下级菜单不同，但是有一些选项是共有的，如表 D-3 所示。不同的如表 D-4 所示。

表 D-3　　　　　　　　　不同种类的图共有的【Edit】下级菜单

二 级 菜 单	快 捷 键	用 途
Undo Move	Ctrl+Z	撤销前一次的操作
Redo Move	Ctrl+Y	重做前一次的操作
Cut	Ctrl+X	剪切
Copy	Ctrl+C	复制
Paste	Ctrl+V	粘贴

续表

二 级 菜 单	快 捷 键	用 途
Delete	DEL	删除
Select All	Ctrl+A	全选
Delete from Model	Ctrl+D	删除模型中的元素
Find	Ctrl+F	查找
Reassign		重新指定模型元素

表 D-4　　　　　　　　　**不同种类的图不同的【Edit】下级菜单**

图	二 级 菜 单	三 级 菜 单	用 途
Use Case Diagram、Class Diagram	Relocate		重新部署模型元素
	Compartment		编辑模块
	Change Info	Class	更改类
		Parameterized Class	更改参数化的类
		Instantiated Class	更改示例化的类
		Class Utility	更改类的效用
		Parameterized Class Utility	更改参数化的类的效用
		Instantiated Class Utility	更改示例化的类的效用
		Uses Dependency	更改依赖关系
		Generalization	更改概括
		Instantiates	更改示例
		Association	更改关联关系
		Realize	更改实现
Component Diagram	Relocate		重新部署模型元素
	Compartment		编辑模块
	Change Info	Subprogram specification	更改子系统规范
		Subprogram body	更改子系统体
		Generic subprogram	更改虚子系统
		Main program	更改主程序
		Package specification	更改包规范
		Package body	更改包体
		Task specification	更改工作规范
		Task body	更改工作体
Deployment Diagram	Relocate		重新部署模型元素
	Compartment		编辑模块

续表

图	二级菜单	三级菜单	用 途
Sequence Diagram	Attach Script		添加脚本
	Detach Script		删除脚本
Collaboration Diagram	Compartment		编辑模块
Statechart Diagram	Compartment		编辑模块
	Change Info	State	将活动变为状态
		Activate	将状态变为活动
Activate Diagram	Relocate		重新部署模型元素
	Compartment		编辑模块
	Change Info	State	将活动变为状态
		Activate	将状态变为活动

（3）【View】菜单的下级菜单如表 D-5 所示。

表 D-5　　　　　　　　　　　　　【View】的下级菜单

二级菜单	三级菜单	快捷键	用 途
Toolbars	Standard		显示或隐藏标准工具栏
	Toolbox		显示或隐藏编辑区工具栏
	Configure		定制工具栏
Status Bar			显示或隐藏状态栏
Documentation			显示或隐藏文档区
Browser			显示或隐藏浏览器
Log			显示或隐藏日志区
Editor			显示或隐藏内部编辑器
Time Stamp			显示或隐藏时间戳
Zoom to Selection		Ctrl+M	居中显示
Zoom In		Ctrl+I	放大
Zoom Out		Ctrl+U	缩小
Fit In Window		Ctrl+W	设置显示比例，使整个图放进窗口
Undo Fit In Window			撤销【Fit In Window】操作
Page Breaks			显示或隐藏页的边缘
Refresh		F2	刷新
As Booch		Ctrl+Alt+B	用 Booch 符号表示模型
As OMT		Ctrl+Alt+O	用 OMT 符号表示模型
As Unified		Ctrl+Alt+U	用 UML 符号表示模型

（4）【Format】菜单的下级菜单如表 D-6 所示。

表 D-6 　　　　　　　　　　　　【**Format**】的下级菜单

二 级 菜 单	三级菜单（括号内为快捷键）	用　　途	说　　明
Font Size	8	调整为 8 号字	
	10	调整为 10 号字	
	12	调整为 12 号字	
	14	调整为 14 号字	
	16	调整为 16 号字	
	18	调整为 18 号字	
Font		设置字体	
Line Color		设置线段颜色	
Fill Color		设置图标颜色	
Use Fill Color		使用设置的图标颜色	
Automatic Resize		自动调节图表大小	
Stereotype Display	None	选择空的构造型	
	Label	选择带标签的模板	
	Decoration	选择带注释的模板	
	Icon	选择带图标的模板	
Stereotype Label		显示构造型标签	
Show Visibility		显示类的访问类型	
Show Compartment Stereotype		显示构造型的属性或操作	
Show Operation signature		显示操作的署名（即参数和返回值）	
Show All Attributes		显示所有的属性	
Show All Operations		显示所有的操作	
Show All Columns		显示数据模型图中一张表的所有列	Use Case Diagram 和 Class Diagram 中没有
Show All Triggers		显示数据模型图中一张表的所有触发器	Use Case Diagram 和 Class Diagram 中没有
Suppress Attributes		禁止显示所有类的属性	
Suppress Operations		禁止显示所有类的操作	
Suppress Columns		禁止显示数据模型图中一张表的列	Use Case Diagram 和 Class Diagram 中没有

二 级 菜 单	三级菜单（括号内为快捷键）	用 途	说 明
Suppress Triggers		禁止显示数据模型图中一张表的触发器	Use Case Diagram 和 Class Diagram 中没有
Line Style	Rectilinear	选择垂线样式	Collaboration Diagram 中没有
	Oblique	选择斜线样式	Collaboration Diagram 中没有
	Toggle（Ctrl+Alt+L）	选择折线形式	Collaboration Diagram 中没有
Layout Diagram		根据设置重新排列图中所有的图形	Sequence Diagram 和 Collaboration Diagram 中没有
Autosize All		自动调节图标大小	Component Diagram 和 Deployment Diagram 中没有
Layout Selected Shapes		根据设置重新排列图中选中的图形	Sequence Diagram 和 Collaboration Diagram 中没有

提示：表 D-6 中"说明"一栏没有特别注明的，表示该菜单选项在所有的图中都存在。

（5）不同图【Browse】菜单的下级菜单不同，但是有一些选项是共有的，如表 D-7 所示。不同的如表 D-8 所示

表 **D-7** 不同图中相同的【**Browse**】下级菜单

二 级 菜 单	快 捷 键	用 途
Use Case Diagram		浏览用例图
Class Diagram		浏览类图
Component Diagram		浏览组件图
Deployment Diagram		浏览配置图
Interaction Diagram		浏览交互图
State Machine Diagram	Ctrl+T	浏览状态机图
Expand	Ctrl+E	浏览选中的逻辑包或组件包的主图
Parent		浏览父图
Specification	Ctrl+B	浏览模型元素的规范
Top Level		浏览最上层的图
Previous Diagram	F3	浏览前一个图

表 D-8　　　　　　　　　　不同图中不同的【Browse】下级菜单

图	二 级 菜 单	快 捷 键	用 途
Use Case Diagram、Class Diagram	Referenced Item	Ctrl+R	浏览选中项目相关的图或说明书
	Create Message Trace Diagram	F5	创建消息追踪图
Sequence Diagram	Referenced Item	Ctrl+R	浏览选中项目相关的图或说明书
	Create Collaboration Diagram	F5	根据时序图中的信息创建协作图
Collaboration Diagram	Referenced Item	Ctrl+R	浏览选中项目相关的图或说明书
	Create Sequence Diagram	F5	根据协作图中的信息创建时序图
Component Diagram、Deployment Diagram	Referenced Item	Ctrl+R	浏览选中项目相关的图或说明书

（6）【Report】菜单的下级菜单如表 D-9 所示。

表 D-9　　　　　　　　　　【Report】的下级菜单

二 级 菜 单	用 途	说 明
Show Usage	显示所选项目在哪里被使用	全部图中都有
Show Participants in UC	获得用例中所有参与者列表	全部图中都有
Show Instances	获得所有包含所选类的协作图的列表	用例图和类图中有
Show Access Violations	获得类图中包之间所有拒绝访问的列表	用例图和类图中有
Show Unresolved Objects	获得所有所选项目中未解决的对象列表	时序图和协作图中有
Show Unresolved Messages	获得所有所选项目中未解决的消息列表	时序图和协作图中有

（7）在时序图、协作图和配置图中没有【Query】菜单，在其他的图中【Query】的下级菜单也是不同的，如表 D-10 所示。

表 D-10　　　　　　　　　　【Query】的下级菜单

图	二 级 菜 单	用 途
Use Case Diagram、Class Diagram	Add Class	添加类
	Add Use Case	添加用例
	Expand Selected Elements	扩展所选的元素
	Hide Selected Elements	隐藏所选的元素
	Filter Relationships	过滤关系
Statechart Diagram、Activate Diagram	Add Elements	添加元素
	Expand Selected Elements	扩展所选的元素
	Hide Selected Elements	隐藏所选的元素
	Filter Transitions	过滤转换

续表

图	二 级 菜 单	用 途
Component Diagram	Add Components	添加组件
	Add Interfaces	添加接口
	Expand Selected Elements	扩展所选的元素
	Hide Selected Elements	隐藏所选的元素
	Filter Relationships	过滤关系

（8）【Tools】菜单的下级菜单如表 D-11 所示。

表 D-11 　　　　　　　　　　　　　　　　　　　【Tools】的下级菜单

二 级 菜 单	三 级 菜 单（括号中为快捷键）	四 级 菜 单	用 途
Create	每种图的三级菜单不同，见表 3-12		
Check Model			搜寻模型中未解决的引用，并且在日志区中输出结果
Model Properties	Edit（F4）		编辑模型道具
	View		显示模型道具
	Replace		加载模型道具集合
	Export		导出模型道具集合
	Add		添加新的模型道具
	Update		更新模型道具集合
Options			定制 Rose 选项
Open Script			打开现有的脚本
New Script			创建新的脚本
ANSI C++	Open ANSI C++ Specification		编辑 ANSI C++规范
	Browse Header		浏览 ANSI C++标题
	Browse Body		浏览 ANSI C++主体
	Reverse Engineer		由 ANSI C++代码生成模型
	Generate Code		生成 ANSI C++代码
	Class Customization		定制生成 ANSI C++中的类
	Preferences		定制 ANSI C++中的参数
	Convert From Classic C++		从经典 C++转变为 ANSI C++
Ada 83	Code Generation		生成 Ada 83 代码
	Browse Spec		浏览 Ada 83 说明书
	Browse Body		浏览 Ada 83 主体

二 级 菜 单	三级菜单（括号中为快捷键）	四 级 菜 单	用 途
Ada 95	Code Generation		生成 Ada 95 代码
	Browse Spec		浏览 Ada 95 说明书
	Browse Body		浏览 Ada 95 主体
CORBA	Project Specification		编辑 CORBA 工程规范
	Syntax Check		CORBA 语言检测
	Browse CODBA Source		浏览 CORBA 来源
	Reverse Engineer CORBA		由 CORBA 代码生成模型
	Generate Code		生成 CORBA 代码
J2EE Deploy	Deploy		配置 J2EE
Java / J2EE	Project Specification		编辑 Java / J2EE 工程规范
	Syntax Check		Java / J2EE 语法检测
	Edit Code		编辑 Java / J2EE 代码
	Generate Code		生成 Java / J2EE 代码
	Reverse Engineer		由 Java / J2EE 代码生成模型
	CheckIn		登记当前的 Java / J2EE 代码
	CheckOut		放弃当前的 Java / J2EE 代码
	Undo CheckOut		撤销上次【Checkout】操作
	Use Source Code Control Explorer		使用源码控制探测器
	New EJB		创建新的 EJB
	New Servlet		创建新的 Servlet
	Generate EJB-JAR File		生成 EJB-JAR 文件
	Generate WAR File		生成 WAR 文件
Oracle8	Data Type Creation Wizard		创建 Oracle8 数据类型
	Ordering Wizard		更改 Oracle8 中属性和队列的顺序
	Edit Foreign Keys		创建或编辑关系表的外键
	Analyze Schema		分析 Oracle8 图表
	Schema Generation		生成 Oracle8 图表
	Syntax Checker		Oracle8 语法检测
	Reports		生成 Oracle8 数据模型报告
	Import Oracle8 Data Types		导入 Oracle8 数据类型

续表

二级菜单	三级菜单（括号中为快捷键）	四级菜单	用途
Quality Architect	Console		打开质量结构控制台
	Unit Test	Generate Unit Test	生成单元测试
		Select Unit Test Template	选择单元测试模板
		Create/Edit Datapool	创建或编辑数据池
Quality Architect	Stubs	Generate Stub	生成存根
		Create/Edit Look-up Table	创建或编辑查询表
	Scenario Test	Generate Scenario Test	生成情景测试
		Select Scenario Template	选择情景模板
Model Integrator	Online Manual		打开在线手册
			打开模型集成器
Web Publisher			发布模型
TOPLink			进行 TOPLink 转换
COM	Properties		定制 COM 选项
	Import Type Library		将 COM 组件的类型库导入模型
Visual C++	Model Assistant		打开 Visual C++建模助手
	Component Assignment Tool		打开 Visual C++组件分配工具
	Update Code		打开 Visual C++代码更新工具
	Update Model from Code		打开 Visual C++模型更新工具
	Class Wizard		创建新的 Visual C++类
	Undo Last Code Update		撤销上次的【Code Update】操作
	COM	New ATL Object	将选择的类或接口扩展到一个完全模型化的 ATL 对象中
		Implement interfaces	将选择的接口中的所有方法（操作）写到对应的实现类中

续表

二 级 菜 单	三级菜单（括号中为快捷键）	四 级 菜 单	用 途
Visual C++	COM	Module Dependency Properties	在组件依赖关系上设置 COM 导入选项
		How Do I	介绍如何实现 COM（ATL）中的接口类对应的实现类
	Quick Import ATL 3.0		将 ATL 3.0 类型库中的类导入模型
	Quick Import MFC 6.0		将 MFC 6.0 类型库中的类导入模型
	Model Converter		将 Rose 中的 C++模型转化为 Visual C++形式
	Frequently Asked Questions		打开 Rose 中关于 Visual C++的帮助
	Properties		设置 Visual C++选项
Version Control	Add to Version Control		将模型元素加入版本控制
	Remove From Version Control		将模型元素从版本控制中删除
	Start Version Control Explorer		启动 Rose 里的版本控制系统
	Check In		登记当前版本
	Check Out		放弃当前版本
	Undo Check Out		撤销上一次的【Check Out】操作
	Get Latest		获取模型元素的最新版本
	File Properties		显示加入版本控制的模型元素的信息
	File History		显示加入版本控制的模型元素的历史信息
	Version Control Options		版本控制选项
	About Rational Rose Version Control Integration		显示 Rational Rose 版本控制的版本信息
Visual Basic	Model Assistant		打开 Visual Basic 建模助手
	Component Assignment Tool		打开 Visual Basic 组件分配工具
	Update Code		打开 Visual Basic 代码更新工具
	Update Model from Code		打开 Visual Basic 模型更新工具

续表

二 级 菜 单	三级菜单（括号中为快捷键）	四 级 菜 单	用　　途
Visual Basic	Class Wizard		创建新的 Visual Basic 类
	Add Reference		将 COM 组件的类型库导入模型
	Browse Source Code		浏览 Visual Basic 源码
	Properties		设置 Visual Basic 选项
Web Modeler	User Preferences		设置网络建模器中的用户参数
	Reverse Engineer a New Web Application		由网络应用生成模型
XML_DTD	Project Specification		编辑 XML_DTD 工程规范
	Syntax Check		XML_DTD 语法检测
	Browse XML_DTD Source		浏览 XML_DTD 来源
	Reverse Engineer XML_DTD		由 XML_DTD 代码生成模型
	Generate Code		生成 XML_DTD 代码
Class Wizard			创建新类

表 D-12　　　　　　　　二级菜单选项【Create】的下级菜单

图	三 级 菜 单	用　　途
Use Case Diagram、Class Diagram	Text	新建文本
	Note	新建注释
	Note Anchor	新建注释锚
	Class	新建类
	Parameterized Class	新建参数化的类
	Interface	新建接口
	Actor	新建参与者
	Use Case	新建用例
	Association	新建关联
	Unidirectional Association	新建单向的关联
	Aggregation	新建聚合
	Unidirectional Aggregation	新建单向的聚合
	Association Class	新建关联类
	Generalization	新建一般化关系
	Dependency or Instantiates	新建依赖或示例

图	三 级 菜 单	用 途
Use Case Diagram、Class Diagram	Realize	新建实现关系
	Package	新建包
	Instantiated Class	新建示例化的类
	Class Utility	新建类的效用
	Parameterized Class Utility	新建参数化类的效用
	Instantiated Class Utility	新建示例化类的效用
Statechart Diagram、Activate Diagram	Text	新建文本
	Note	新建注释
	Note Anchor	新建注释锚
	State	新建状态
	Activity	新建活动
	Start State	新建起始状态
	End State	新建结束状态
	Transition	新建转换
	Transition to Self	新建自身转换
	Horizontal Synchronization Bar	新建水平的同步条
	Vertical Synchronization Bar	新建垂直的同步条
	Decision	新建决定
	Swimlane	新建泳道
	Object	新建对象
	Object Flow	新建对象流
Sequence Diagram	Text	新建文本
	Note	新建注释
	Note Anchor	新建注释锚
	Object	新建对象
	Message	新建消息
	Message To Self	新建发给自己的消息
Collaboration Diagram	Text	新建文本
	Note	新建注释
	Note Anchor	新建注释锚
	Object	新建对象

图	三 级 菜 单	用 途
Collaboration Diagram	Class Instance	新建类的实例
	Object Link	新建对象链接
	Link to Self	新建指向自身的链接
	Message	新建消息
	Reverse Message	新建反向消息
	Data Token	新建数据记号
	Reverse Data Token	新建反向的数据记号
Component Diagram	Text	新建文本
	Note	新建注释
	Note Anchor	新建注释锚
	Component	新建组件
	Dependency	新建依赖
	Package	新建包
	Subprogram specification	新建子程序规范
	Subprogram body	新建子程序主体
	Generic subprogram	新建虚子程序
	Main program	新建主程序
	Package specification	新建包规范
	Package body	新建包主体
	Generic package	新建虚包
	Task specification	新建任务规范
	Task body	新建任务主体
Deployment Diagram	Text	新建文本
	Note	新建注释
	Note Anchor	新建注释锚
	Processor	新建处理器
	Device	新建设备
	Connection	新建连线

（9）【Add-Ins】菜单下只有一个【Add-In Manager】选项，其用途是附加选项的状态：活动的或无效的。

（10）【Window】菜单的下级菜单如表 D-13 所示。

表 D-13   **【Window】的下级菜单**

二 级 菜 单	用　　途
Cascade	层叠编辑区窗口
Tile	平均分配编辑区窗口
Arrange Icons	排列编辑区最小化窗口的图标

（11）【Help】菜单的下级菜单如表 D-14 所示。

表 D-14   **【Help】的下级菜单**

二 级 菜 单	三 级 菜 单	用　　途
Contents and Index		显示文档主题的列表
Search for Help On		搜寻一个指定的帮助主题
Using Help		在线查看帮助
Extended Help		查看扩展帮助
Contracting Technical Support		客户支持
Rational on the Web	Rational Home Page	打开 Rational 的主页
	Rose Home Page	打开 Rose 的主页
	Technical Support	打开技术支持的主页
Rational Developer Network		打开 Rational 开发者网站
About Rational Rose		显示 Rational Rose 的产品信息

参 考 文 献

1．James Rumbaugh，Ivar Jacobson，Grady Booch．UML 参考手册．机械工业出版社，2001

2．James Rumbaugh，Ivar Jacobson，Grady Booch．The Unified Modeling Language User Guide．Addison-wesley，2001

3．Ivar Jacobson，Grady Booch，James Rumbaugh．软件统一开发过程．机械工业出版社，2002

4．Karl E，Wiegers. Software Requirements．Microsoft Press，2000

5．齐治平，谭庆平，宁洪．软件工程．高等教育出版社，1997

6．Wendy Boggs，Michael Boggs．Mastering UML with Rational Rose 2002．SYBEX，2002

7．Jim Arlow，Ila Neustadt．UML 和统一过程．机械工业出版社，2003

8．Alistair Cockburn．编写有效用例．机械工业出版社，2002

9．Craig Larman．UML 和模式应用．机械工业出版社，2002

10．Sinan Si Alhir．UML 技术手册．中国电力出版社，2002

11．Joseph Schmuller．UML 基础、案例与应用．人民邮电出版社，2002

12．Klaus Bergner，Andreas Rausch，Marc Sihling．Using UML for Modeling a Distributed Java Application，1997

13．Carol Britton&Jill Doake．Object-Oriented Systems Development：a gentle introduction．McGraw-Hill International Limited，2000

14．UML whitepaper. http://www.rational.com/uml/resource/whitepaper/index.jsp

15．http://www.umlchina.com